KB090536

개정3판

All that Manner

글로벌매너, 비즈니스매너, 공공생활매너

올댓매너

김은정 · 문시정

백산출판사

All that Manner

머리말

약 5천만 명의 대한민국 국민, 70억이 넘는 지구촌 인구.

서로 다른 환경 속에서 각기 다른 생각을 하며 살아온 사람들이 관계를 맺으며 현대사회를 살아가고 있다. 수천 년을 이어온 분쟁과 전쟁 속에서도 지금껏 이 사회를 유지할 수 있었던 것은 나름대로의 규칙과 법규가 있었기에 가능했던 일일 것이다. 그런데 과연 규칙과 법규만이 이를 가능케 한 수단이었을까? 이 질문에 대한 답은 굳이 말하지 않아도 이미 알고 있을 것이다. 규칙과 법규가 지켜짐과 동시에 양보와 이해, 그리고 배려가 더해졌기 때문에 서로 불편함 없이 좀 더 행복한 삶을 유지할 수 있었던 것이다. 그 양보와 이해, 배려가 바로 매너를 통해 보이는 것이다.

미국 컬럼비아 대학 MBA 과정에서 기업 CEO를 대상으로 '성공에 가장 큰 영향을 준 요인은 무엇인가?'에 대한 설문을 한 결과, 응답자의 93%가 '대인관계에 대한 매너'를 꼽았고, 그리고 나머지 7%만이 '실력'이라고 대답했다. 매너는 사회질서를 유지해줄 뿐 아니라 관계회복과 성공까지도 영향을 미치는 중요한 요소가 되고 있다. 이제 매너는 함께 살아가는 사회에서 원만한 관계를 맺고 살아가기를 원하는 현대인이라면 필수불가결의 사항이라 할 수 있다.

이 책의 특성은 학생, 직장인뿐 아니라 현대를 살아가는 누구나, 어디서나 쉽게 이해하고 유용하게 활용할 수 있는 매너사용설명서라는 것이다. 다소 딱딱한 정보 제공으로만 느껴질 수 있는 지식서적이 아닌 가볍고 부담 없이 읽으면서 매너와 에티켓에 대해 느낄 수 있게 하고자 드라마나 영화에서 나온 사례들을 소개했다. 또, 저자 개인과 주변 지인들의 실제 사례, 그리고 언론 기사를 활용하여 상황별 내용을 이해하는데 도움이 될 수 있도록 했다.

책의 구성은 크게 4개 파트로 구성되어 있다.

PART 1에서는 매너와 에티켓의 이해를 소개하고 국내외 어디서나 세련된 면모를 보여주기 위해 글로벌 리더로서 알아야 할 다양한 국가의 문화를 비롯해 해외여행과 호텔매너, 테이블매너와 와인매너에 대한 내용을 담았다.

PART 2에서는 매너의 시작이라 할 수 있는 자기관리 매너, 즉 첫인상과 표정, 용모, 복장, 그리고 자세와 목소리에 대한 내용을 다루었으며 PART 3에서는 관계의 시작이라 할 수 있는 인사매너부터 직장 내 필요한 매너, 그리고 성공적인 비즈니스를 위한 커뮤니케이션과 원만한 인간관계를 지속적으로 유지하기 위해 꼭 필요한 매력적인 대화매너까지 관계형성 매너에 대해 소개했다.

마지막으로 PART 4에서는 센스있는 현대인이 갖춰야 할 공공장소와 일상생활(관람, 경조사, 교통, 음주)에서 실천해야 하는 매너에 대한 내용을 담았다.

"매너는 지식에 광채가 나게 하고 처신에 원활함을 준다."라는 영국의 한 정치가가 한 말이 있다. 매너는 나 자신을 빛나게 해주고 행복한 삶과 성공을 돕는 윤활유이자 최고의 병기가 되어줄 것이다.

그런 의미에서 이 책이 캠퍼스와 일터에서, 공공장소에서, 비즈니스 및 휴식을 위한 해외여행지에서 친절한 가이드가 되기를 바란다. 또한 책을 읽은 독자 모두 어떤 상황에서든 어느 장소에서든 글로벌 리더로서 빛을 발하기를 소망한다.

Special thanks to

이 책이 좀 더 양질의 책이 될 수 있도록 많은 노력을 해주신 백산출판사, 특히 편집부를 비롯해 자료수집에 도움을 주신 국내외 지인들과 블로거들, 마지막으로 가족에게 감사인사를 전합니다.

앞으로 더 명확하고 유용한 최신 정보와 팁을 선사해 줄 수 있기를 바라며 독자들의 많은 관심을 부탁드립니다.

저자 일동

차례

PART 1 | 글로벌 리더, 글로벌 매너

PART 2 | 기초부터 튼튼히, 매너는 자기관리부터

PART 3 | 매력을 부르는 관계형성매너

PART 4 | 센스있는 현대인의 생활매너

PART 1

글로벌 리더, 글로벌 매너

Chapter 1 매너와 에티켓의 의미
Chapter 2 다양한 문화의 이해
Chapter 3 해외여행
Chapter 4 호텔매너
Chapter 5 테이블매너
Chapter 6 와인매너

기계보다는 인간성이 더 필요하고, 지식보다는 친절과 관용이 더 필요하다.

– 찰리 채플린 –

Chapter 1 매너와 에티켓의 의미

영국에 초대된 중국 고위 관계자들이 엘리자베스 여왕과 함께 저녁만찬을 하는 날이었다. 본격적인 식사가 나오기 전 테이블에는 레몬 띄운 물이 담겨진 핑거볼이 놓여 있었다. 핑거볼에 담긴 물이 손 씻는 물이 아닌 마시는 물로 생각한 이들은 핑거볼에 담긴 물을 마셨고 이 모습을 본 영국 관계자들은 당황하거나 비웃으며 수군대기 시작했다. 그런데 잠시 후…
엘리자베스 여왕은 아무렇지도 않은 듯 핑거볼에 담긴 물을 마시기 시작했다.

건물 안으로 들어가는 출입문에서 앞에 가던 사람이 뒤이어 오는 사람을 위해 문을 잡고 기다려 주고 있는 것을 보았거나 경험한 적이 있는가? 아니면 이제 막 닫히려는 엘리베이터 문을 향해 "잠시만요"를 외치며 필사적으로 뛰어가고 있었음에도 불구하고 안에 타고 있는 사람이 닫힘 버튼을 눌렀고 야속하게도 엘리베이터를 타지 못했다면 그때 상대에 대한 느낌, 인상은 어땠는가?

"Manners maketh man(매너가 사람을 만든다)." 이 말은 영화 "킹스맨"에서 주인공(해리)역을 맡은 배우 콜린퍼스가 한 유명한 대사다. 매너가 사람을 만든다는 말이 과연 무슨 뜻일까? 우리는 공적으로나 사적으로 누군가를 만나고 관계를 갖게 될 때면 사전에 그 사람에 대해서 알아보는 경우가 많다. 그 사람에 대해 알아본다는 것을 다른 말로 하면 그 사람의 말과 행동 등을 살펴보고 사람의 됨됨이와 평판 등을 살펴보는 것인데 그것이 바로 매너와 에티켓을 통해 이루어진다는 것이다.

1 매너의 유래와 정의

매너는 라틴어에서 온 것으로 'Manuarius(마누아리우스)'라는 단어에서 그 어원을 찾아볼 수 있다. 'Manuarius'는 'Manus(마누스)'와 'Arius(아리우스)'의 단어가 모인 합성어로 그 뜻을 살펴보면 'Manus'는 영어의 'Hand', '사람의 손'을 뜻하지만 '행동이나 습관'이라는 뜻을 포함하고도 있으며 'Arius'는 '방식, 방법'이라는 뜻을 가지고 있다. 즉, 매너는 사람의 행동방식이나 습관이라 할 수 있는데 그것이 현대에 와서는 일상생활 속 사람들과의 만남에서 바르고 기분 좋게 행동하는 방법의 예의와 절차라는 포괄적인 의미로 사용되기도 한다.

자동차 신호등이 녹색불로 바뀌었지만 미처 횡단보도를 건너지 못한 사람을 위해 기다려 주는 운전자, 유난히 천천히 식사를 하는 후배를 위해 함께 속도를 맞춰주는 선배, 또는 소개팅할 대상자를 빛내주기 위해 일부러 덜 꾸미고 나간 주선자, 이들 모두의 행동이 매너라 할 수 있겠다.

한마디로 좋은 매너는 사람을 위하는 마음, 존중과 배려라고도 할 수 있다.

2 에티켓의 유래와 정의

'Etiquette(에티켓)'의 어원은 프랑스에서 온 것으로 10세기에서 13세기에 '묶다', '붙이다'의 뜻을 갖고 있는 고대 불어 'Estiquier(에스티끼에르)'에서 왔다. 이것이 14세기를 넘어가면서 줄로 연결해 박아놓은 말뚝들을 지칭하는 중세 불어 'Estiquet(에스티께), Tiquet(티께), Estiquette(에스티껫)'으로 진화됐다.

에티켓에 대한 유래는 몇 가지가 있다. 그중 하나가 루이 14세 때 있었던 출입증 이야기를 들 수 있다. 루이 14세는 베르사유 궁전에 출입하는 사람들에게 궁에 들어오는 사람은 아무나 들어올 수 없고 궁에 어울릴 만한 자격을 갖춘 사람, 규범을 지키는 사람만이 들어올 수 있다는 의미로 궁내에서 지켜야 할 사항이 수록된 출입증을 줬다는 데서 유래됐다.

잠깐!

궁에 들어올 수 있는 출입증 또는 입장권이라는 뜻을 갖고 있다는 의미에서 중세 불어의 Tiquet(티께)가 '티켓'을 의미하는 현대 불어의 'ticket(티께)'가 되었다.

또 다른 하나는 정원사가 정원 앞 말뚝에 "정원에 들어가지 마시오."라고 붙여 놓은 푯말에서 유래되었다. 베르사이유 궁전 안에는 화장실이 없었다고 한다. 불결한 오물이 성스러운 궁 안에 있어서는 안 된다는 것인데 이런 이유로 정원에 들어가서 몰래 볼일을 보는 사람들로 인해 정원은 훼손됐고 오물로 인해 심한 악취가 가득했다고 한다. 이를 더 이상 두고 볼 수 없었던 정원사는 출입금지 표지판을 붙이게 된 것이다.

이 이야기들이 현대로 넘어오면서 에티켓은 마땅히 지켜할 규칙, 규범 또는 도리 등의 의미를 담고 있다.

3 매너와 에티켓의 이해

흔히 에티켓과 매너는 동일시되거나 그 표현과 의미가 같이 쓰이기도 한다. 그렇다면 그 차이는 무엇일까? 에티켓이 사람과 사람 사이 서로 지켜야 하는 약속과 같은 것이라면 그 약속을 지키기 위해 하는 행동의 방식을 매너라고 할 수 있다. 즉, 에티켓은 규칙, 규범과 같은 합리적인 행동기준에 맞추는 'Form'에 해당하는 것이고 매너는 그것을 보여주는 하나의 방식인 'Way'에 해당하는 것이다.

예를 들어보자. 약속시간을 지키는 것은 '에티켓'이고 약속시간에 미리 도착해서 기다려주는 것은 '매너'이다. 영화관 입장 시 영화 상영시간을 준수하는 것은 '에티켓'이고 늦었을 경우 스크린이 가려지지 않게 고개를 숙이고 들어오거나 영화 관람에 방해가 되지 않게 조용히 들어오는 것은 '매너'에 해당하는 것이다.

에티켓은 지켜도 되고 안 지켜도 되는 차원의 문제가 아닌 기본적으로 지켜야 하는 것이다. 에티켓을 지키지 않는 사람은 상식이 없는 사람으로 여겨질 수 있다. 그러나 꼭 좋은 매너를 보여주지 않는다 해서 그 사람의 인격이 바닥이라든지 몰상식하다고 말하지는 않는다. 에티켓이 상식에 해당한다면 매너는 그 상식에 플러스를 더한 윤활유와 같은 것이다.

잠깐!

매너의 표현 바로하기

표현에서도 차이가 있는데 에티켓은 보통 '있다, 없다.'로 표현하고 매너는 "좋다, 나쁘다"로 표현한다. 차를 타고 온 남자친구가 문도 열어주지 않은 채 "야… 타"를 외쳤다면 "야… 매너 좀 지켜"가 아니라 "좋은 매너 좀 보여줄래?"라는 표현을, 길을 가고 있는데 자동차가 물을 튀기며 갈 때 재빠르게 여성을 자신의 옷으로 가려줬다면 그건 "매너 있다"가 아니라 "매너가 좋다"로 표현하는 것이 맞다.

엘리자베스 여왕과 중국 고위 관계자들과의 일화에서 중국 고위 관계자들이 물을 마실 때 "어머. 뭐하시는 거죠? 그건 마시는 물이 아니라 손 씻는 물이랍니다"라고 알려 줄 수도 있었을 것이다. 하지만 혹시라도 무안해 할까봐 핑거볼의 물을 함께 마셔 준 엘리자베스 여왕은 비록 에티켓에는 어긋날 수 있으나 자국을 방문한 외교사절단을 배려하는 국왕으로서는 최고로 아름다운, 그리고 최고로 멋진 매너를 보여준 것이 아닐까?

4 매너와 에티켓의 필요성

첫째, 매너는 함께 사는 사회이기에 필요하다.

오른쪽에 보이는 그림은 어떤 한자로 보이는가? 그렇다. 사람인(人)자이다. 우리가 살고 있는 사회는 무인도가 아닌 이상 나 혼자 사는 세상이 아니고 혼자 살아갈 수 없는 사회이다. 함께 사는 사회이기에 서로에게 불편을 끼치지 않으면서 살아가기 위한 규칙이 필요한 것이고 서로 양보하고 배려하는 매너가 필요한 것이다.

둘째, 매너는 아름다운 세상을 만든다.

영화 '아름다운 세상을 위하여'를 보면 '세상을 바꾸기 위한 아이디어를 생각하고 행동하라'는 학교선생님의 과제를 받고난 후 주인공은 한 사람이 세 명씩만 도와주더라도 아름다운 세상으로 바꿀 수 있다는 생각을 하고 실천을 옮기게 된다. 친절을 베풀 때마다 그들도 꼭 다른 세 명에게 선행을 베풀라는 메시지도 함께 전달을 함께 전하게 되고 이야기는 점점 더 아름다운 세상으로 바뀌어가는 모습을 보여주게 된다.

20세기 초 독일 사회학자 노버트 엘리아스는 "매너란 사회적 약자를 보호함으로써 사회적 불평등을 조금이나마 해소하기 위해 만들어진 것"이라 설명했다. 매너가 필요한 이유 그 둘째가 바로 아름다운 세상을 만들기 때문이다.

셋째, 매너는 자신의 인격과 자신이 속한 조직의 이미지를 형성한다.

2014년 12월 초 국내언론에서는 일명 '땅콩사건'으로 떠들썩했다. 대기업 총수의 딸이자 항공회사 부사장이 객실승무원의 마카다미아 제공 서비스를 문제 삼아 항공기를 유턴시킨 사상 초유의 사건으로 세계백과사전에까지 기재된 사건이기도 하다. 한 개인의 심기불편으로 항공기를 유턴시킨 사건도 큰 이슈이겠지만 이에 앞서 기업의 임원이 직원의 아주 작은 실수를 트집 잡아 무릎을 꿇게 할 뿐 아니라 머리를 책자로 때리기까지 한 행동이 국민들의 큰 분노를 산 것이다. 서비스의 기본이 매너일진대 기내 서비스를 총괄한다는 사람에게서 매너는 찾아 볼 수가 없었다. 이 사건으로 인해 대항항공의 이미지는 큰 타격을 입었고 급기야 2천억 원 넘게 주가 손실을 보게 되었다.

넷째, 매너는 폭넓은 인맥을 형성하게 해준다.

『논어』에 '덕불고(德不孤必有隣)필유린'이란 말이 있다. 덕이 있는 사람은 외롭지 않고 반드시 이웃이 따른다는 의미이다.

쓰레기엔 파리가 모이고 꽃에는 꿀벌이 찾아오듯이 좋은 매너를 보여주면 당연히 주변에 따르는 사람들이 많아지면서 다양한 인맥이 자연스럽게 형성되는 것이다.

다섯째, 매너는 성공으로 가는 하이패스다.

미국 컬럼비아 대학 MBA 과정에서 기업 CEO를 대상으로 "성공에 가장 큰 영향을 준 요인은 무엇인가?"라고 질문했다. 설문 결과, 응답자의 93%가 '대인관계에서의 매너'를 꼽았고, 그리고 나머지 7%만이 '실력'이라고 대답했다. 어떻게 그들의 능력과 노력, 남다른 사고력이 성공비율의 극소수를 차지 할 수 있겠는가? 어떻게 보면 겸손한 대답일 수도 있다.

하지만 그 겸손한 답변 또한 매너이고 매너가 바로 CEO가 갖추고 있는 실력이라고도 할 수 있을 것이다.

기억하자! "성공으로 가는 지름길은 바로 매너"라는 사실을.

Point

매너의 필요성

- 혼자가 아닌 함께 사는 사회
- 행복하게 살아가는 아름다운 세상을 위해
- 개인의 인격과 자신이 속한 조직의 이미지 형성
- 폭넓은 대인관계 형성
- 성공으로 가는 하이패스

아직도 잊혀지지 않는 그 남자의 매너

서울 강남 압구정에 로데오 거리가 20~30대 사이에서 패션의 거리로 한창 유행하고 있을 때였다. 워낙 볼거리가 많았던 터라 예쁜 옷들이 자길 보러 오라며 손짓하는 곳마다 구경하느라 하염없이 돌아다녔고 그러다 보니 골목길로 들어가게 되었다. 차도와 인도의 경계가 애매한 좁은 길 한가운데로 천천히 걸어가면서 윈도우 쇼핑을 즐기고 있었다. 그렇게 한참을 걷던 중 왠지 이상한 느낌이 들어서 뒤를 돌아봤더니 한 외제차가 아주아주 천천히 거북이 주행을 하며 우리 뒤를 따라 오고 있는 것이 아닌가? 우리는 목례로 미안함을 표하고 재빨리 자리를 비켜주었고 운전자도 눈을 맞추며 인사를 한 후에야 속도를 내며 우리의 시야에서 유유히 사라졌다. 아마 내가 뒤를 돌아보지 않았다면 운전자는 골목길이 끝날 때까지 계속 우리 뒤를 따라와 주지 않았을까? 보통의 경우라면 경적을 요란하게 울릴 법도 한데 말없이 기다려준 젠틀하고 심지어 잘생기기까지 한 핸섬 가이! 그는 오랜 세월이 지난 지금까지도 추억 속의 멋진 남자로 기억되고 있다.

생각해 보기

1. 매너와 에티켓의 의미를 이해했는가?
2. 매너를 나만의 한마디로 정의한다면?
3. 내가 가장 지켜야 할 매너와 궁금한 매너는 무엇인가?

Chapter

다양한 문화의 이해

유튜브 채널 'asian boss'에서 한국인의 생활, 언어, 문화를 소개해 전 세계에서 큰 인기를 끌고 있는 유튜버 스티븐 박은 거리에서 매너손에 대해 외국인들의 생각을 물었다.

스티븐 박 : 매너손. 어떻게 생각하세요?
한국인(여1) : 매너손이요? 남자가 어느 정도 여자의 공간을 존중해 주는 거라고 생각해요
한국인(여2) : 남자들이 그렇게 해주는 게 여자를 더 존중해 주는 거 아닐까요?

스티븐 박은 매너손의 의미 자체를 모르는 외국여성에게 어깨에 직접 손을 대지 않고 살짝 얹은 것처럼만 매너손 포즈를 취하고 사진을 찍은 후에 똑같은 질문을 한다.

스티븐 박 : 매너손. 어떻게 생각하세요?
외국인(여1) : 어색해요. 대체 왜 그러는거죠?
외국인(여2) : 이성에게 손끝 하나 대지도 못하고 지질해 보이네요.
외국인(여3) : 내가 손끝도 대기 싫을 만큼 이상한 사람이라는 건가요?
이런 사진 SNS에 절대 안 올릴거에요. 절대!!

출처: 유튜브

"다른 문화의 사람들도 다 '나처럼 생각할 것'이라는 생각이야말로 가장 위험한 것이다"

- 새뮤얼 헌팅턴(하버드 대학 교수) 『문명의 충돌』 중에서 -

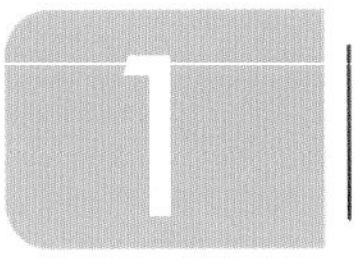

동양 예절의 의미와 기능

예절의 사전적 의미는 예의에 관한 모든 절차나 질서를 말한다. 예절(禮節)이란 예의(禮儀)와 범절(凡節)이 합쳐진 말로 흔히 줄여서 예절이라고 한다.

예의란 남과의 관계에 있어서 지켜야 하는 마음과 몸가짐의 도리로 내적인 규범을 의미하며 이것은 서양의 에티켓의 의미와 유사하다. 범절은 인간관계를 원만하게 하기 위해 만들어낸 모든 일의 순서와 절차, 즉 예의를 외적으로 표현하는 형식, 행동을 뜻하는 것으로 서양의 매너의 개념으로 여겨진다.

유교의 영향을 받은 동양의 예절은 오랜 전통을 갖고 있다. 서양보다 그 시기가 훨씬 앞선 2천 5백 년 전 공자의 『예기(禮記)』에서는 "예가 없다면 개인이나 가정은 물론 국가도 바로 설 수 없다"는 말로, 그리고 맹자는 '사양지심예지단야(辭讓之心禮之端也)'라 하여 겸허하게 양보하는 마음이 예의 근본임을 밝히며 예절의 중요성을 강조했다.

예절의 기능

○ 수기(修己)와 치인(治人)

예절은 크게 수기(修己)와 치인(治人)의 두 가지 기능으로 나뉜다. 먼저 첫째로 수기는 자신을 다스리는 수양으로 스스로 사람다워지려는 생각과 자기 스스로를 부단히 관리하는 기능으로 이는 인격적 성장을 이루고 자존감을 향상시켜 자기 성숙을 가져온다.

둘째로 치인이라 함은 타인을 공경하고 존중하는 행위로 원만한 대인관계를 갖게 한다. 관습을 준수함으로써 공동체 생활에서 상호간의 편의는 물론 합리적인 생활을 영위할 수 있게 되는 것이다.

❍ 수기와 치인의 방법

조선시대 전성기를 누렸던 유교사상은 오랜 세월이 지난 지금까지도 우리 의식 깊숙이 자리하고 있다. 부모를 공경하고 스승을 존경하며 친구와 형제간의 우애를 위한 마음과 몸가짐을 위해 차(茶)문화 체험을 통해 다도와 전통예절을 배우는 교육프로그램이 학교에서 진행되는가 하면 지리산 청학동, 안동 전통마을 등지에서 이루어지는 예절학교에 참여하는 체험프로그램도 꾸준한 사랑을 받고 있다. 이를 통해 배우게 되는 대표적인 기본정신이 3가지 기본강령(綱領)과 5가지 도덕 강목으로 인륜(人倫)인 삼강오륜(三綱五倫)이다.

▌삼강오륜

삼강(三綱)	군위신강(君爲臣綱)	임금은 신하의 본보기가 되어야 한다.
	부위자강(父爲子綱)	아버지는 아들의 본보기가 되어야 한다.
	부위부강(夫爲婦綱)	남편은 아내의 본보기가 되어야 한다.
오륜(五倫)	부자유친(父子有親)	아버지와 자식 사이에는 친함이 있어야 한다.
	군신유의(君臣有義)	신하는 임금에 대하여 의로서 충성을 다한다.
	부부유별(夫婦有別)	부부 사이에는 구별이 있어야 한다.
	장유유서(長幼有序)	어른과 아이 사이에는 차례와 질서가 있어야 한다.
	붕우유신(朋友有信)	친구 사이에는 신뢰가 있어야 한다.

유교사상을 바탕으로 한 마음과 몸 수양의 또 다른 예는 학자들의 기초학문서인 율곡 이이가 쓴 『격몽요결(擊蒙要訣)』에서 말한 구용구사(九容九思)인데 구용구사라 함은 군자가 명심해야 할 아홉 가지 몸가짐과 마음가짐으로 조선시대 교육지침서로 널리 인용되었다.

여기서 군자는 학문과 덕이 높고 행실이 바르며 품위를 갖춘 사람을 일컫는 말로 이와 비슷한 의미로 사용되는 것이 서양에서는 '젠틀맨(gentleman)'이다. 보통은 '신사'라고 칭하는데 그 단어 속에는 예절과 신의를 갖춘 교양 있는 남성이라는 의미를 포함하고 있는 것이다.

구용구사는 행동을 통해 그 사람 생각과 인격을 알 수 있고 마음을 바로 하는 데서 바른 행동이 나올 수 있다는 것인데 먼저 몸가짐을 살피는 구용을 살펴보면 아래와 같다.

▌구용

족용중(足容重)	거동을 가볍게 하지 않는다.
수용공(手容恭)	손가짐을 공손히 한다.(손을 가지런히 모은다.)
목욕단(目容端)	시선을 바로 한다.(흘려보거나 간사하게 보지 않는다.)
구용지(口容止)	말하거나 음식을 먹을 때를 제외하고 입은 조용히 한다.
석용정(聲容靜)	말소리는 조용히 한다.(가래침을 뱉거나 재채기 시 소리 내지 않는다.)
두용직(頭容直)	머리 가짐을 항상 곧게 한다.(몸은 한쪽으로 기울이지 않는다.)
기용숙(氣容肅)	숨쉬기를 정숙히 한다.(소리 내서 숨 쉬지 않는다.)
입용덕(立容德)	설 때는 덕스럽게 한다.(한쪽으로 비뚤어지지 않게 똑바로 선다.)
색용장(色容莊)	얼굴 모습은 장엄하게 한다.(태만한 기색이 없어야 한다.)

이어서 행동의 근원이라 할 수 있는 마음가짐인 구사를 살펴보면 다음과 같다.

▌구사

사사명(視思明)	사물을 볼 때는 바르게 본다.
청사총(聽思聰)	듣는 것에는 명확히 듣고 의미를 분명히 한다.
색사온(色思溫)	안색은 밝고 온화한 빛을 띤다.
모사공(貌思恭)	모습은 공손하고 단정하게 한다.
언사충(言思忠)	한 가지라도 충신이 아닌 말은 하지 않는다.
사사경(事思敬)	한 가지라도 경건하지 않은 일은 하지 않는다.
의사문(疑思問)	의심나는 것은 반드시 물어 알도록 한다.
분사난(忿思難)	화는 이성으로 억제한다.
견득사의(見得思義)	재물은 의리의 분별을 밝혀 의에 합당한 연후에 취한다.

율곡은 항상 구용, 구사를 마음에 두고 몸을 살펴 잠시라도 방심하지 말고, 앉아 있는 곳에 써 두고 항상 볼 것을 권했다.

"예가 아니거든 보지 말며, 예가 아니거든 듣지도 말며, 예가 아니거든 말하지 말며, 예가 아니거든 움직이지 말라"는 율곡의 말에서 당시 예를 행함이 얼마나 중요한가를 짐작해 볼 수 있다.

2 철학적 사고를 통해 보는 동서양의 차이

동서양의 예절, 서양의 매너와 에티켓은 철학적 가치관과 그 근본정신을 살펴보면 차이를 이해하는 데 도움이 될 수 있을 것이다.

동양 철학의 경우에는 관계에 초점을 두었고, 집단을 고려하여 전체적으로 사고하는 것이 중요하게 다루어졌다. 이는 경천사상(敬天思想)을 바탕으로 경로사상(敬老思想)으로 이어지면서 자신에 대한 사랑보다는 부모에 대한 효도, 형제와 벗에 대한 우애, 주변 어른에 대한 공경과 국가에 대한 충성 등으로 확장되면서 공동체의식을 중요시한다.

서양 철학의 경우, 사물에 대한 관심이 높았고 이로 인해 사물의 본질을 분석하는 성향이 강했다. 이는 인간의 본연에 대한 관심으로 시작한 인간중심, 평등과 인간존중 사상에까지 이어지게 됐는데 중세시대 봉건제도의 꽃으로 불린 기사들 사이에서 성립된 명예, 성실, 예의를 기본으로 하는 기사도정신과 사랑, 존중, 관용, 봉사 등의 기독교정신 등이 서양의 매너와 에티켓의 기본정신을 이룬 것이다.

동양의 예절	서양의 매너 에티켓
• 상대의 연령이나 신분에 따라 다름 • 수직적 위계질서 • 단체 공동체 의식이 중요 • 경천사상, 경로사상 • 역지사지, 상부상조	• 연령, 신분에 관계없이 대등한 입장 • 수평적 관계질서 • 개인의 행복, 평화 중시 • 기사도정신, 기독교정신 • 합리주의, 여성존중(Lady first)

금기 및 주의사항

❍ 미국

- 동성끼리 손을 잡거나 어깨동무, 또는 허리를 감싸는 행동은 오해받을 수 있다.
- 프라이버시를 매우 중요하게 생각하므로 나이, 종교, 인종, 연봉 등을 묻는 것은 매너에 어긋난다.

❍ 캐나다

- 국가에 대해 자부심이 강해 비교하는 것에 민감하다. 특히 이웃나라인 미국과의 국제관계 등을 묻는 것은 삼간다.
- 인디언들에게 '인디언'이라고 부르는 것은 인종차별적 발언으로 간주될 수 있다. 보통 First nation people 혹은 Natives라고 한다.

❍ 멕시코

- 촬영 전에 반드시 양해를 구해야 한다. 사진을 찍으면 영혼을 뺏긴다는 미신이 있다.
- 가정에 저녁 초대를 받았을 때는 약속시간보다 조금 늦게 방문하는 것이 매너다.

❍ 영국

- 공공장소에서 코 푸는 것을 매우 불쾌하다고 생각한다.
- 실내에서 침을 뱉는 것은 금기다. 카페에서 재떨이에 침을 뱉으면 종업원이 휴지가 쌓여 있어도 바꿔주지 않는다.
- 사다리 밑으로 지나가면 불길하다고 믿는다.
- 애완동물을 각별히 생각하므로 위협적인 행동, 가혹행위는 절대 삼간다.

❍ 독일

- 대화를 하는 도중 주머니에 손을 넣는 것은 무례하다고 생각할 수 있다.
- 식사안부인사는 먹는 것밖에 모르는 속물로 오해 받을 수 있다.
- 코를 푸는 것이 콧물을 들이키는 것보다 더 낫다고 생각한다.

❍ 이탈리아

- 도보 시, 버스, 지하철을 타면서 음식을 먹는 것은 예의가 아니다. 단, 아이스크림은 예외다.
- 성당에 입장 시 민소매 셔츠나 반바지, 미니스커트는 입장불가능하며, 미사 중에 사진촬영은 매너에 어긋난다.

❍ 스페인

- 술집을 포함한 건물 내 모든 흡연은 금지다.
- 성당을 들어갈 때는 짧은 옷이나 민소매 옷은 피한다.

❍ 일본

- 식당에서의 반찬 리필 요구 시 주의한다. 단무지 하나까지 추가요금이 발생한다.
- 온천욕 시 때를 밀거나 수건을 탕 안에 넣으면 안 된다.
- 면허 없이 하는 자전거 운전은 금물! 자전거도 번호판까지 있는 교통수단 중에 하나다(일부 지역).
- 도쿄에서 길거리 흡연 시 벌금이 부과된다.

❍ 인도네시아

- 아이의 머리를 함부로 쓰다듬지 않는다. 무슬림 국가에서는 머리를 신성시 여긴다.
- 사원 관람 시 짧은 반바지나 민소매를 착용하는 것을 삼간다.

- 왼손은 화장실 이용이나 더러운 것을 만질 때만 이용하는 손이다. 밥을 먹거나 사람을 가리키지 않는다.
- 매주 금요일 저녁은 예배를 드리는 '주무아' 시간이다. 비즈니스 미팅은 금요일 저녁에는 피하는 것이 좋다.

❍ 말레시아

- 사원 안에서는 사진 촬영이 금지되어 있다.
- 사원이나 성지에 입장 시 신발을 신고 들어가면 안 된다.

❍ 태국

- 사람을 부를 때나 반가운 사람을 만났을 때 어깨를 치는 경우 불쾌하게 생각한다.
- 머리를 만지거나 쓰다듬지 않는다. 정수리는 영혼이 살고 있는 신성한 곳이라 믿는다.
- 사원의 불상 앞에서 사진촬영은 금하고, 신발은 신고 들어가지 않는다. 민소매나 반바지, 샌들 차림의 입장은 불가하며 스님과의 접촉도 금한다.

❍ 싱가포르

- 벌금천국이라 불릴 만큼 공공질서 유지를 위한 규제가 엄격하다.
- 무단횡단, 흡연, 공공장소에서 쓰레기 투척, 대중교통 이용 시 음식물 섭취, 새에게 먹이를 주는 행위 등은 벌금을 낸다.
- 화장실 이용 후 물을 내리지 않아도 벌금형이 처해진다.

❍ 베트남

- 물은 다량의 오염물질이 포함되어 있다. 되도록 차나 맥주로 대신하는 것이 좋다.
- 오토바이 소매치기에 주의한다.
- 가짜 택시나 바가지요금에 주의한다. 미터기 조작 및 범죄의 위험이 있다.

❍ 호주

- 공공장소에서 코를 풀지 않는다.
- 거리에서 술병이 보이게 들고 다니면 벌금을 물 수 있다.
  (타월, 가방, 종이 등으로 가리고 다님)

❍ 사우디아라비아

- 입국 시 술, 돼지고기, 기독교 제품은 반입이 금지되어 있다.
- 외국인도 철저히 이슬람 규범을 지켜야 한다.
- 침을 뱉는 것은 금기사항이다.

❍ 인도

- 인도인들에게는 파키스탄, 채식주의, 카스트제도를 이야기하는 것은 실례다.
- 손가락으로 음식을 먹는 것은 괜찮지만 왼손으로 음식을 만지거나 먹어서는 안 된다.
- 인도인들에게 '어느 카스트입니까?' "어느 카스트입니까?"라며 묻지 않는다. 가장 무례한 질문이다.
- 밤에 치안이 위험하다. 관광지 번화가라도 돌아다니지 않는 것이 좋다.

❍ 이집트

- 길에서 여성들에게 말을 걸지 않는다. 대화내용이 불순할 경우 경찰까지 출동할 수 있다.
- 공공장소에서 짧은 옷이나 몸에 딱 달라붙는 옷을 입지 않는다.
- 여행 시 이집트 남자들이 말을 걸어올 경우 되도록이면 상대하지 않는다. 여성들에게 동양인을 통칭하는 "씨니(= 중국인), 니하오"라며 말을 거는 것은 조롱의 의미가 있다.

잠깐!

거리에 사람들이 갑자기 사라졌다?

생전 처음 스페인으로 해외여행을 간 대학생 M군. 점심 때가 지난 줄도 모르고 열심히 관광을 하다 2시가 돼서야 허기를 느끼고 식사를 하러 레스토랑을 찾았는데…
어라? 문을 모두 닫았네? 그날 M군은 영문도 모른 채 물만 마시면서 스페인 광장에서 오후를 보냈다고 한다.

❍ 시에스타(Siesta)

스페인어로 '낮잠'이라는 의미로 옛날 스페인의 농가에서는 뜨거운 태양볕을 피하기 위해 점심식사 후 낮잠을 자는 풍습에서 온 것이다. 오후 1시부터 4시까지 레스토랑이나 상점, 관광지, 박물관 등이 운영을 하지 않기 때문에 아무 계획 없이 갔다가는 낭패를 볼 수 있으니 여행객들은 사전에 대비하는 것이 좋다.

* 시에스타는 스페인뿐 아니라 그리스, 이탈리아 등 지중해 연안 국가와 라틴 문화권의 나라에서도 시행되고 있다.

회사 일을 내일같이 여기며 항상 열심히 하던 회사원 E대리는 사내공모전에 당선되어 4박5일의 포상휴가를 받게 됐다. 생각지도 않게 휴가를 받은 E대리는 그동안 고생한 자신에게 모처럼만의 힐링의 시간을 주고자 인도로 여행을 왔는데…
때마침 라마단 기간이라 힐링은 고사하고 화려한 밤문화만 즐기고 왔다고 한다.

❍ 라마단(Ramadan)

신으로부터 이슬람 경전인 코란을 받은 신성한 달을 기념하기 위해 한 달 동안 해가 떠있는 시간에는 금식, 금주, 금연, 금욕 활동을 하면서 하루에 5번씩 기도를 한다.

다만 어린이, 노약자, 임신 중이거나 수유 중인 여성, 환자는 금식이 완화된다거나 면제된다.

여행객이 꼭 지켜야 하는 것은 아니지만 이 기간에는 길거리에서 낮에 음식을 먹거나 노래와 춤 등의 유흥을 즐기는 것, 시끄럽게 떠드는 등의 행위는 삼가는 게 좋다. 또한 라마단 기간에는 일출 후부터 일몰 전까지 거리에는 거의 모든 상점이 운영을 하지 않으므로 유념하도록 하자.

밤에는 낮에 쏟아내지 못한 열정을 담아 춤과 음악이 있는 화려한 밤 문화를 몰래 즐기는 젊은이들의 장소도 있으니 찾아가 보는 것도 색다른 경험이 될 수 있을 것이다.

또한 라마단 기간이 끝나면 '이드 알피트르(Eid al-Fitr)' 명절이 시작된다. 이 날 무슬림들은 사원에서 아침예배를 본 후 성대한 축제를 벌인다. 달콤한 음식을 주로 하는 잔칫상을 차려 가족과 친지, 이웃과 나눠 먹고 선물을 나누기도 하며 무슬림 5대 의무 중 하나인 '자카트(기부)'도 행한다.

* 이슬람교의 대표 10대 국가: 인도네시아, 파키스탄, 인도, 방글라데시, 이집트, 나이지리아, 이란, 터키, 알제리, 모로코

4 바디랭귀지

우리나라 속담에 '이가 없으면 잇몸으로 하라'는 말이 있다. 외국인과 소통하는데 그 나라의 언어를 못한다고 해서 전혀 소통이 되지 않는 것은 아니다. 엄마와의 세계일주여행담을 자신의 블로그로 전하면서 큰 인기를 얻게 된『엄마 일단 가고 봅시다』의 저자 태원준은 때로는 엄마가 자신보다 현지인들과 소통을 잘하는 것에 감동 받았다고 했다. 엄마가 외국어를 유창하게 해서도, 상대편 외국인이 한국어를 잘해서도 아닌 엄마의 소통비결은 바로 만국 공통어인 바디랭귀지이다. 그런데 의사소통을 책임지는 언어만큼이나 중요한 역할을 하는 바디랭귀지가 효력을 다하지 못한 채 오해를 불러일으킬 때도 있다. 호주에서 현지인에게 사진을 찍어 달라고 부탁하고 'V' 표시를 하며 포즈를 했다면? 브라질인과 대화하다 알았다는 뜻으로 'OK' 사인을 했다면? 아마도 상대 외국인은 크게 불쾌했을 수도 있다. 왜냐하면 두 동작 모두 그 나라에서는 욕이나 외적설 표현 등 안 좋은 의미로 쓰이기 때문이다.

참고로 덴마크, 스웨덴, 노르웨이 등 북유럽 국가들은 몸짓언어를 거의 쓰지 않는다. 영국 독일, 네덜란드 등은 흥분하거나 의사소통이 잘 되지 않을 때 몸짓언어를 사용하며 이탈리아, 프랑스, 스페인 등은 평소에도 폭넓은 몸짓언어를 사용한다. 그렇다면 같은 동작, 다른 뜻을 갖고 있는 바디랭귀지 중에 주로 손동작으로 이뤄지는 바디랭귀지는 어떤 것들이 있을까?

다음에 정리된 각 나라의 바디랭귀지를 보면서 오해 없는 소통을 하도록 하자.

동작	나라	의미
손을 좌우로 흔들기	유럽	작별인사 "잘가", "안녕"
	남부아시아	이쪽으로 와봐
상대에게 손등을 보이는 V	영국, 호주	심한 욕설 * 영국과 프랑스 백년 전쟁(1337~1453) 때 활 잘쏘는 궁수의 손가락을 잘랐

<table>
<tr><td colspan="2"></td><td></td><td>다. 이 때 손등을 보이며 "내 손은 아직 멀쩡해 너를 죽일 수도 있어"라는 표시를 한 것에서 유래되었다.</td></tr>
<tr><td rowspan="3">손
바
닥</td><td rowspan="2">아래로 하고 손가락 굵는 모양 (부르듯 손짓)</td><td>스페인</td><td>이리 와봐</td></tr>
<tr><td>러시아</td><td>개를 부를 때
* 사람에게 할 경우 모욕감을 줌</td></tr>
<tr><td>위로 하고 주먹 폈다 쥐었다</td><td>이탈리아</td><td>작별인사</td></tr>
<tr><td colspan="2" rowspan="4">OK사인</td><td>대부분의 나라</td><td>승인, 또는 긍정의 뜻</td></tr>
<tr><td>일본, 한국</td><td>승인, 또는 긍정 // 돈</td></tr>
<tr><td>프랑스 남부</td><td>'아무것도 없음', '가치없음'</td></tr>
<tr><td>터키, 중동, 아프리카, 러시아, 브라질</td><td>'동성애' 등 외설적인 표현</td></tr>
<tr><td colspan="2" rowspan="6">엄지세우기</td><td>대부분의 나라</td><td>'최고'</td></tr>
<tr><td>중동</td><td>음란한 행위</td></tr>
<tr><td>독일</td><td>숫자 '1'을 표시</td></tr>
<tr><td>일본</td><td>숫자 '5'를 표시</td></tr>
<tr><td>오스트레일리아</td><td>'거절' 또는 '무례함'</td></tr>
<tr><td>러시아</td><td>'나는 동성애자입니다'</td></tr>
<tr><td colspan="2">검지구부리기</td><td>일본, 오스트레일리아, 호주</td><td>외설적 표현</td></tr>
<tr><td colspan="2" rowspan="2">손으로 입술 당겨 휘파람불기</td><td>유럽</td><td>조롱
* 울프휘슬링(wolf-whistling)은 지나가는 여성에게 성적 매력을 느끼고 그녀의 매력을 인정한다거나 자신의 관심을 표현하는 의미로 자신의 입 안에 손가락을 넣어 일반적인 휘파람보다 더 크고 귀에 꽂히는 소리를 내는 행위를 말한다. 보통의 경우 성적희롱에 가까운 행동의 표현이라 할 수 있다.</td></tr>
<tr><td>미국</td><td>찬사</td></tr>
<tr><td colspan="2" rowspan="2">귀잡기</td><td>인도</td><td>후회, 실수에 대한 사과의 의미</td></tr>
<tr><td>브라질</td><td>"이해한다" 또는 "잘먹었어"</td></tr>
</table>

	이탈리아	남자의 귓불을 만지는 것은 '호모'로 취급한다는 무례한 행위
검지로 코 때리기	영국	"쉿! 비밀이야"
	이탈리아	우정의 충고
턱 두드리기	이탈리아	"흥미없어"
	브라질	"잘 모르겠는걸?"
허리에 손올리기	인도네시아	"나 지금 화났어"
고개 끄덕이기	대부분의 나라	긍정의 YES
	터키	NO
고개 까닥이기 (좌우 어느 방향이든)	인도	No problem
윙크	대부분의 나라	호감 또는 애교 표시
	인도, 오스트레일리아	모욕적 표현

- 손등이 상대방을 향하면 (영국, 호주) 심한 욕설
- 손바닥이 상대방을 향하면 (대부분) 승리의 표시, 그리스는 외설이나 경멸
- 대부분의 나라 : 승인이나 긍정

- 한국 일본 : 돈, 또는 승인과 긍정
- 프랑스 남부 : 가치없다, 아무 의미 없다
- 터키, 중동, 아프리카, 러시아, 브라질 : 동성애 등의 외설적인 표현

- 대부분의 나라 : "최고"
- 중동 : 음란한 행위
- 독일 : 숫자 '1'
- 일본 : 숫자 '5'
- 오스트레일리아 : '거절'

5 선물

외국인 친구의 집에 초대를 받았거나 비즈니스 목적으로 만난 외국인에게 어떤 선물을 해야 할까 고민해 본 적이 있는가? 대개 집을 방문하게 되는 경우 꽃이나 초콜릿, 사탕 등을 준비하거나 직접 만든 간단한 음식을 준비해서 가져간다. 그렇지 않다면 우리나라 특산품을 선물한다면 실패하지는 않을 것이다. 그런데 만약 뭔가 특별한 선물을 하고 싶은 마음에 나름의 고민 끝에 준비한 선물을 줬는데도 즐거워하지 않는 것 같은 기색을 보이거나 심지어 언짢은 듯 표정을 보였다면 무척 당황스러울 것이다. 개인의 취향이나 기호 때문이기도 하겠지만 특히 문화적 차이에서 오는 것이 그 이유라 할 수 있다.

그럼 지금부터 외국인을 만나거나 그 나라 방문 시 받는 사람도 즐겁고 주는 사람도 뿌듯한 센스 있는 선물이 되기 위한 나라별 선물의 의미를 알아보기로 하자.

Point

선물 고를 때, 이것만은 기억하자.

- 선물의 목적이나 받는 사람의 취향을 사전에 알아보기
- 식사초대의 경우 초콜릿이나 Tea, 꽃이나 와인 등이 무난
- 우리나라 정서가 담긴 전통 공예품이나 토산물이 제격!

❍ 일본

일본은 선물을 자주 하는 것이 하나의 중요한 문화적 풍습으로 남아있다. 선물을 할 때는 대개 비싸지 않고 실용적인 물건을 마련하며, 포장에도 상당히 신경 쓴다.

- 선물을 할 때에는 세트로 된 것을 준비한다.
  일본은 쌍으로 이루어진 것은 행운을 가져다준다고 생각한다.
- 손님 앞에서 포장지를 뜯어서 확인하지 않으며, 손님들이 돌아갈 때까지 선물은 손을 대지 않는 것이 일반적이다.
- 손수건, 칼, 불과 관계있는 것(라이터, 재떨이 등) 등은 적절하지 않다.
  손수건은 일본말로 '테기레'(手切れ)라고도 하며, 테기레는 '절연'을 의미하는 말이고, 칼 또한 관계의 단절을 연상케 하기 때문이다.

- 선물 개수가 4와 9(시='死', 구='苦'와 발음이 유사)가 되지 않도록 한다.

❍ 중국

중국은 숫자와 유사발음에 주의해서 선물을 줘야 한다.

- 중국인이 좋아하는 숫자 6, 8, 9, 싫어하는 숫자 4
  6은 '일이 순조롭게 풀리다'라는 뜻을 지닌 '六六大顺 [liùliùdàshùn]'
  8은 '대박나다, 부자되다'라는 뜻을 지닌 '发财 [fācái]'
  9는 '오래오래, 영원함'을 뜻하는 '久、永久 [yǒngjiǔ]'과 발음이 유사하다.
  반면, 숫자 4는 우리나라와 같이 '죽을 사(死)'와 유사해서 싫어하는 숫자이다.
- 손수건, 우산, 시계, 하얀 꽃은 이별 혹은 죽음을 의미한다.
  시계, 钟表[zhōngbiǎo]는 '끝을 내다'는 终[zhōng]과 발음이 같으며 '장례를 치르다'는 送终[sòngzhōng]와도 발음이 같다.
  우산, 雨伞[yǔsǎn]은 '흩어지다'는 의미의 散[sàn]과 발음이 같다. 이 역시 헤어짐을 뜻하니 피하는 것이 좋다.
  그밖에 배는 중국어로 梨, 리[lí]로 발음되어 '이혼', 离婚[líhūn], '헤어지다', 离开[líkāi]와 비슷해서 선물로는 적절하지 않다.
- 중국 사람들은 빨간색과 금색을 좋아한다. 포장 시에 활용하면 좋다.
- 중국은 차 문화가 발달하여 차 선물을 좋아하며, 막걸리, 소주와 같은 우리나라 전통주를 선물하는 것 또한 좋은 방법이다.
- 선물은 사양하더라도 계속 권한다. 거절은 진심이 아니라 하나의 관습이다.

대만도 중국과 같을까?

대만도 중국의 문화와 유사하다. 다만 섬나라라는 지리적인 영향과 50여 년의 일본 식민지 지배로 인하여 중국의 대륙적인 호방함보다는 아기자기하고 작은 것에 감동하는 경우가 많다. 식품류 선물이 가장 일반적이며 대만 여성에게 선물할 경우에는 한국미인과 한국화장품을 같은 선상에서 보는 경향이 있기 때문에 화장품 선물을 하거나 대만 사람들의 특징상 문구, 장식용, 휴대폰 등의 디자인용품이나 액세서리 등 귀여운 선물을 하면 좋아한다.

❍ 미국 캐나다

- 의미 있는 작은 선물을 감사하게 생각한다.
- 집에 초대를 받았거나 선물을 받은 경우 꼭 감사카드를 보낸다.
- 캐나다인에게 백합은 죽음을 의미하기 때문에 선물할 경우 큰 실례가 된다.

❍ 영국

- 영국인의 특성상 꼭 비싼 것이 아니더라도 작은 선물에도 감동을 하는 경우가 많다.
- 영국 가정에 초대받았을 경우 와인, 꽃, 초콜릿 등을 선물한다.
  양주의 경우는 취향의 차가 심한 편이어서 좋은 선물 품목은 아니다.
  빨간 장미, 하얀 백합 또는 국화는 피하도록 한다.
- 영국인 가정에 머물 경우라면 한국에서 기념품을 미리 준비해 가는 것이 좋다.
  귀국 후 영국인 가정에 감사 편지를 보내는 것도 예의이다.
- 주부들에게는 올리브오일이나 발사믹 식초를 선물하면 좋아한다.
- 차(Tea)문화가 발달한 나라로 머그컵이나 전통차를 선물해도 좋다.

❍ 독일

- 비싸지 않은 이국적 선물을 선호한다.
- 흰색과 검은색, 그리고 갈색은 불길한 의미(장례식, 죽음)로 여겨지니 포장지와 리본의 색을 선택할 때 주의해야 한다.
- 꽃을 선물할 경우 13송이는 13일 금요일과 마찬가지로 불길한 의미를 포함하고 있으므로 피해야 하고 사랑 고백이 아닌 이상 장미는 선물하지 않는 것이 좋다.
- 독일인들은 특히 선물이 마음에 드는지 확인하고 싶어 한다. 가급적 보는 앞에서 바로 풀어보는 것이 예의다. 선물이 설사 마음에 들지 않더라도, 기쁜 표정으로 고마움의 인사를 한다.

❍ 프랑스

- 프랑스인들이 선호하는 와인이나 초콜릿이 무난하며 한국적인 멋을 풍기는 전통공예품도 선물로서 적절하다.
- 와인은 주산지이기 때문에 전문견해를 갖고 있는 사람이 많다는 것을 고려한다.
- 향수는 와인만큼 세계적으로 유명하다. 그 사람의 기호에 맞는 향을 잘 알아보고 주는 것이 좋다.
- 꽃은 장례식과 연관되는 국화나 흰색 백합, 불운을 의미하는 빨간 카네이션은 피한다.

❍ 그밖의 나라

- 네덜란드에서는 부피가 커다란 선물을 싫어한다.
  꽃 중 하얀 백합이나 국화는 장례식을 의미하므로 피하는 것이 좋다.
  칼(knives)이나 가위는 선물로 부적합하다.
- 러시아에서는 짝수의 선물은 부정적인 의미가 있으니 피해야 한다.
- 아르헨티나에서는 수입 술에 세금이 많이 부과되기 때문에 술 선물을 좋아한다.

와인이나 가죽은 원산지이기 때문에 그곳 사람들에게 적당하지 않다.

- 브라질의 경우 죽음을 의미하는 검은색, 자주색이나 인간관계의 단절을 뜻하는 칼 선물은 피하는 것이 좋다.

잠깐!

선물에도 종교를 신경 써야 한다?

- 이슬람교
  주류나 향수, 돼지가죽제품 등은 피해야 한다.
  금이나 비단이 여성성을 의미하기 때문에 남성에게 금으로 된 장신구나 비단으로 만든 직물 등을 선물 하는 건 적절하지 않다. 이슬람 신앙에 따르면 남자가 초대받은 집에 꽃을 들고 가는 것도 피하는 것이 좋다.
  하루에 5번씩 메카를 향해 기도하는 무슬림들에게는 나침반을 선물한다면 센스 있는 선물이 될 것이다.
- 힌두교
  인도에서는 소고기로 만든 음식이나 소가죽으로 만든 물건을 선물하는 것을 삼간다.
  소를 신성하게 생각하는 힌두교도들에게는 그들이 믿는 신을 모독하는 행위처럼 생각하기 때문이다.

한·중·일 새해맞이 선물

- 한국
  조선시대에는 시와 그림을 담당하는 관청인 도화서에서 부적 역할을 하는 그림 '세화(歲畵)'를 임금에게 올렸다. 임금은 이 세화를 새해를 축하하는 뜻으로 신하에게 다시 내려주었고 이 같은 관습을 본받아 서민들도 정월 초하루가 되면 한해의 안녕을 기원하는 설 그림을 주고받게 되었다.
  그것이 70년대 들어오면서부터 생필품을 선물하기 시작했고 2000년대 웰빙 문화가 정착되면서 건강식품을 주로 선물한다. 가족끼리는 세뱃돈을 주는 것도 새해 선물 문화라 할 수 있다.

• 일본

'오마모리(お守り)'와 '후쿠부쿠로(福袋)'를 주고받는다. 오마모리는 부적과 같은 것으로 가족의 안녕과 사업의 번창, 해충 방지와 교통사고 예방 등 다양한 의미를 갖고 있다.

후쿠부쿠로란 복주머니라는 뜻으로 안에는 선물을 넣어서 준다. 복주머니를 열어보기 전까지는 무엇이 들어 있는지 확인할 수 없기 때문에 한해의 운을 점쳐본다는 의미도 있다.

또한 아이들에게는 예쁜 봉투에 담아 세뱃돈을 선물 한다. 봉투를 직접 만들어서 주기도 한다.

• 중국

중국은 홍바오(紅包)에 세뱃돈을 넣어 준다. 홍바오는 붉은 봉투를 뜻하는 중국말로 '복(福)', '길(吉)', '재(財)' 등의 글자가 적혀있다.

중국인들이 한 해 동안 가장 많은 돈을 쓰는 시기로, 우리나라처럼 선물을 주고받는다. 중국인들이 선호하는 춘절 선물 품목은 '술 · 담배류', '보양식품 · 영양제', '육류' 순이었다. (2016년 기준)

또 다른 선물로는 과일바구니가 있다. 과일 하나하나에 행운을 담아 선물한다는 의미를 갖고 있다.

6 팁

일과 성공만을 위해 달려가던 재벌가 에드워드(리처드 기어)와 가난 때문에 콜걸을 하지만 나름의 가치관과 자존심을 지켜가며 열심히 살아가는 순수한 여성 비비안(줄리아 로버츠)과의 우연한 만남과 사랑을 그린 영화 "프리티우먼(Pretty woman)"

에드워드가 묵고 있는 호텔 펜트하우스에서 하룻밤을 지내기로 한 비비안을 위해 그는 룸서비스를 주문했다. 호텔리어는 음식을 가지고 와서 테이블 위에 잘 차려준 후 비비안 앞에서 의미심장한 미소를 지은 채 아무 말 없이 한참을 바라보며 서 있었다. 이미 로비에서 자신을 무시하는 듯 따가운 시선을 한차례 받았던 비비안은 불쾌감을 감추지 못한 채 호텔리어에게 매섭게 따진다.

"뭘 봐요? 당신 뭘 기대하는 거죠?"

팁의 사전적 의미를 살펴보면 시중을 드는 사람에게 고맙다는 뜻으로 일정한 대금 이외에 더 주는 돈, '봉사료'를 뜻한다. 이는 "To Insure Promptness"라는 말에서 유래한 것으로 18세기 영국 접객업소에서 "신속한 서비스를 받고자 하는 고객들이 자발적으로 베풀던 선심"에서 시작했다.

한국 사람들에게는 아직까지는 팁 문화가 익숙하지 않다. 계산서에 봉사료(Service Charge)가 포함되어 있으면 상관이 없지만 그렇지 않은 경우 팁을 꼭 지불 하는 것인지, 그렇다면 얼마를 지불해야 하는지 난감해 하는 경우가 있다. 미국을 제외하고는 보통의 경우는 10% 내외로 생각하면 되지만 나라마다 약간의 차이는 있다.

팁을 따로 지불하는 나라

❍ 미국, 캐나다, 멕시코

- 서비스가 제공되는 거의 모든 영역에서 지불한다.
- 미국은 15~20%, 캐나다, 멕시코는 10~15%가 적당하다.
  특히 레스토랑과 같은 서비스 직종에서 종사하는 근무자들은 팁이 주 수입원인 경우가 많으므로 특별한 경우가 아니면 챙겨주는 것이 좋다.

❍ 독일

- 대부분의 서비스에 대해 5~10% 지불하고 레스토랑 술집에서 10~15%를 지불한다.

❍ 프랑스

- 현지인들은 레스토랑에서 식사 후 10% 지급하지만 여행객은 자유다.

❍ 이탈리아

- 레스토랑의 경우 10%를 지불한다. 호텔리어는 1~2유로, 미용실에서는 5~10%를 지불하며 곤돌라 사공에게는 지불하지 않는 것이 일반적이다.

❍ 터키

- 10% 정도가 적당하며 터키화폐, 달러, 유로화 현금으로 지불한다.

❍ 그리스

- 고급레스토랑일 경우만 10~15%를, 나머지는 대부분 잔돈으로 지불한다.

○ 오스트리아

- 거의 모든 서비스 영역에서 10~15%를 지불한다.

팁이 포함되어 있는 나라

○ 스위스, 네덜란드, 스페인, 프랑스

- 10~15%가 포함되어 있지만 스위스의 경우 고급레스토랑은 15%의 추가 팁을 더 주는 것이 관례다.

○ 영국

- 거의 모든 레스토랑에서 포함되어 있다. 그렇지 않은 경우는 10~15%가 적당하다.

  * 호텔리어는 1~3파운드, 택시는 요금의 10%, 펍은 NO TIP

○ 이집트

- 5~10%를 추가로 지불하는 하는 것이 관례며 달러를 더 선호한다.

○ 인도네시아

- 대부분 호텔, 레스토랑의 경우 포함되어 있지만 그렇지 않은 경우 보통 10%로 지불한다.(택시는 필수 아님)

○ 말레이시아

- 레스토랑의 요금의 경우 10%가 포함된다.

NO TIP

일본, 중국, 태국을 비롯해서 대부분의 아시아 국가는 팁 문화가 없다.

다만 여행객들이 많은 지역에서는 팁을 별도로 챙겨주길 바라는 경향이 있다.

브라질, 싱가포르의 경우 일부 호텔, 레스토랑에서만 10%의 봉사료가 계산에 포함된다.

카드로 팁을 지불하는 방법

- 종업원에게 계산서를 요청한다.
- 계산서에 각 %별 안내되어 있는 항목 중 본인이 원하는 곳에 체크를 한다.
- %별 금액이 제시되어 있지 않는 경우 TOTAL 금액 표시 옆이나 밑에 희망금액을 적은 후 TIP이라 표시한다. 보통의 경우 TIP 금액을 적을 별도의 공간이 있다.
- 영수증을 챙기면 끝.
- 영수증에 팁이 쓰여 있지 않다면 꼭 지불할 필요는 없다.(성의표시는 자유)

팁이 결제되지 않고 음식 값만 계산된 후 두 장의 영수증이 오는 경우가 있다. 이땐 두 장 모두에 팁 금액을 쓴 후 사인하고 한 장은 갖고 한 장은 직원에서 주거나 자리에 두고 나오면 또다시 현장에서 카드결제를 할 필요 없이 추후에 자동으로 결제된다.

잠깐!

잔돈은 미리미리 챙겨놓는 센스!

호텔을 이용하거나 레스토랑을 이용할 때, 또는 택시를 이용하는 등 서비스를 제공받을 시 대부분 팁을 주게 되는데 그때 여유분의 1달러 지폐를 갖고 다니거나 현지 잔돈을 미리 챙겨서 갖고 다니는 것이 좋다.

거스름 돈을 줄 때 많은 팁을 받기 위해 일부러 1달러와 같은 소액지폐나 동전이 아닌 지폐로만 주는 경우가 있다.

팁을 줄 때는 감사의 인사와 함께 돈이 위로 보이지 않게 손바닥으로 가려서 주는 것이 매너다.

중년의 대표 섹시스타(이제는 노년이 된)이자 007시리즈로 많은 사랑을 받은 배우 숀 코너리가 운전기사 폴 먼로와 함께 뉴욕의 아파트를 보러 다녔다.
볼 일을 마친 후 숀 코너리는 운전기사에게 팁을 건넸다. 그가 운전기사와 함께 다닌 시간은 장장 8시간. 8시간의 대가로 숀이 준 팁은 달랑 5달러. 운전기사는 심한 모욕감을 느끼고 그에게 이렇게 말을 했다.

"감사합니다만 숀, 사양하겠습니다. 그냥 가지고 가시지요."

이 이야기가 언론에 보도되고 이후 숀 코너리는 스코틀랜드의 전형적인 구두쇠라는 비난을 받았다.

팁은 인심 쓰듯 생색내며 주는 것이 아니다. 받는 사람의 입장에서 동냥은 더더욱 아니다. 주는 사람의 감사의 마음이 받는 사람에게 진심으로 전해질 때 비로소 제대로 된 팁의 역할을 한 것이 아닐까?

7 교통문화

❍ 국토면적 만큼 규칙이 많은 나라, 미국

미국은 보행자를 우선으로 하는 운전문화가 아주 발달된 나라다. 신호등이 없어도, 심지어 자동차 주행 신호에 사람이 지나가도 차를 세우고 기다려 주는 것은 보통이고 오히려 무시하고 지나갈 경우 비난을 받을 수 있다. 뉴욕과 같은 대도시는 차가 많이 막히고 교통편이 복잡하지만, 도심을 벗어나면 도로가 넓고 차들이 안전거리를 유지하며 달리고 있어 비교적 안전하다.

땅이 워낙 넓기 때문에 지역마다 교통 법규나 표지판이 다를 수 있다. 다만 'STOP'과 'YIELD' 또는 'Give Way'와 같은 표지판을 보면 일단 멈춰야 한다. 그렇지 않은 경우 멀리서 보고 있던 교통경찰에게 범칙금을 낼 수도 있다.

지하철의 경우 일명 '쩍벌남'이나 자리에 짐을 두는 행위, 닫히는 문을 열려는 행위, 만취한 상태로 탑승하는 행위 등 다른 사람에게 불편함을 주는 행위는 벌금을 부여하고 있다. 또한 우리나라처럼 아무 생각 없이 옆 칸으로 이동하는 것 또한 적발되면 벌금을 부여하고 있으니 유념해야 한다.

❍ 절대 정숙, 일본

일본은 타인에 대한 매너가 각별하다. 특히 대중교통 이용 시 절대 이야기를 하지 않는다. 지하철 안에서 이야기를 하는 사람을 본다면 열에 아홉은 외국인이라고 보면 된다. 전철이나 버스 안에서 휴대폰 진동이 울리면 다음 역에서 내려 전화를 받고, 용무가 끝나면 다음 전철이나 버스를 탄다. 정말 다급한 일이 아니면 대중교통 이용 시 절대로 통화하지 않는다. 또한 음식물을 먹지 않을 뿐만 아니라 음료수도 갖고 타지 않는다. 이는 승객에게 주는 냄새의 불쾌함을 주는 것, 버스 내 음식물을 쏟는 것 등을 상당한 민폐로 생각하기 때문이다.

잠깐!

자전거에도 번호판이?

일본에는 자전거의 천국이라 불리는 만큼 특별한 문화가 있다. 자전거 등록제가 바로 그것이다.
정확한 명칭은 '자전거방범등록제'로 자전거 구입 시 일정 금액을 지불하고 방범등록을 해야 한다. 이 등록은 경찰에 고지가 되고 자동차나 오토바이처럼 관리 대상이 된다. 길을 가다 경찰들이 자전거를 세워 번호판을 보고 도난 자전거임을 확인할 때도 있으며 무단주차 시에 과태료와 견인보관비를 내고 찾아야 한다.

자전거 번호판

❍ 차보다 사람, 독일

'자동차의 나라'라 불릴 만큼 자동차 생산의 대표국가임과 동시에 교통질서 준수 및 운전매너 또한 좋은 나라다.

'사람이 항상 우선'인 독일은 신호등이 없는 횡단보도에서도 무조건 사람에게 양보해야 한다.

우리나라에서는 아직까지 미흡한 응급차량 양보는 차들이 인도로 올라가면서까지 길을 만들어 줄 정도다.

독일은 급제동과 급출발이 없다. 아무리 좋은 차라고 해도 신호가 떨어지기 무섭게 출발하는 차를 찾아보기 힘들며 그 외에도 베이비시트뿐만 아니라 뒷좌석까지 모두 안전벨트를 한다.

독일의 대중교통(버스, 전철, 트램)은 도심 주행에 있어서 최우선이다. 승용차 운전자들은 버스나 트램 등을 함부로 추월해서 주행할 수 없다.

❍ 교통지옥 인도, 소에겐 양보천사

도로에 횡단보도와 차선이 없는 곳이 많다. 사이드 미러가 없는 차량이 대부분이다. 있다 하더라도 무시하고 접고 다니는 차들이 많다. 그런 이유 때문인지 서로의 신호를 보내기 위한 경적(horn) 소리가 요란하게 나는 곳이 많다.

대중교통 수단인 인력거 릭샤에도 사이드미러가 없고 깜박이도 없기 때문에 지나가는 차들과 수신호로 교환을 한다. 또 버스나 기차와 같은 대중교통에서 냉방시설이 갖춰진 수단을 이용할 때는 이용요금이 추가된다.

한편 소들이 지나갈 경우 소에게 도로를 양보하는 나라가 인도다.

사람, 차, 소가 무분별하게 다니는 인도에서는 특히 도로에서 사고 나지 않게 조심해야 한다.

그런가 하면 인도는 지하철에는 여성 전용 칸을, 버스 앞좌석에는 여성우대 좌석을 마련하고 있다.

❍ 벌금으로 교통문화를 만들어가는 나라, 싱가포르

싱가포르에서는 한 손으로 운전을 하거나 다른 일을 하는 것이 적발될 경우, 벌금을 물어야 한다.

그 예로, 국내 거주 외국인들이 모여 문화에 대해 이야기하는 JTBC 토크 프로그램인 '비정상회담'에서 싱가포르에서 운전 중 코를 파다 걸리면 최대 82만 원의 벌금을 문다는 이야기가 나온 적이 있다.

운전 중 스마트폰을 할 수 없게 하는 애플리케이션도 도입했다.

대중교통 이용 시 신용카드로 교통비를 지불한다면 10%의 수수료가 발생하며 교통카드는 환승할인이 된다. 다만 심야와 출퇴근 시간대에는 할증요금이 붙는다.

현금으로 낼 경우 거스름돈을 주지 않으니 정확한 금액을 준비하는 것이 좋다.

❍ 여성조심, 이집트

지하철은 맨 앞 차량, 버스는 운전석 뒤 앞좌석이 여성전용좌석이므로 이 지정된 차량과 좌석에 앉아야 한다. 여성은 여성 전용 칸이 아닌 다른 칸에 승차할 수는 있으나 종교관의 이유로 의도치 않은 낯선 남녀 스킨십도 오해를 살 수 있으므로 출퇴근 시간 등의 혼잡한 시간에는 피하는 것이 좋다.

이집트 지하철 안의 풍경은 시장통 같다고 보면 된다. 이집트 사람들은 말하는 것을 좋아하며 지하철에서 큰 소리로 떠들고, 전화하는 것을 당연시 여긴다.

❍ 나라별 택시매너

- 미국은 운전자의 옆자리는 운전자만의 공간이라고 생각하기 때문에 택시 탑승 시 운전자의 옆자리에 앉지 않는다.
- 프랑스는 요일과 장소에 따라 요금이 다른데 특히 주말에는 요금이 많이 나온다. 운전석 옆에 손님이 앉지 않는 것이 예의다. 운전사가 허락한다면 탑승은 가능하지만 추가 요금이 청구된다.
- 호주는 승객이 혼자 탔을 경우 운전자 옆에 앉는 것이 예의다.
- 일본의 택시는 자동문이므로 직접 닫거나 열려고 하지 않는다.

잠깐!

운전석의 위치는 왜 다를까?

부모님과의 싱가포르 여행 중 길을 헤매다 현지인에게 목적지 방향을 물어본 적이 있었다. 목적지까지 걸어가려면 한참 걸리니까 직접 데려다 주겠다며 차에 타라고 했고 연로하신 부모님까지 함께 한 터라 실례를 무릅쓰고 고맙다는 말과 함께 냉큼 차에 타려고 문을 열려는데 그녀는 웃으며 내게 물었다.

"Execuse me. Are you going to drive yourself?"

싱가폴에서는 운전석이 오른쪽, 조수석이 왼쪽이라는 사실을 미처 깨닫기도 전에 한국에서 타던 습관대로 오른쪽으로 타려고 했던 것이다.

나라마다 운전석이 오른쪽에 있는 나라가 있고 왼쪽에 있는 나라가 있다. 왼쪽에 있는 우리나라와는 달리 일본, 영국, 호주, 인도, 태국, 뉴질랜드, 싱가포르 등 전 세계 35% 국가가 오른쪽에 운전석을 사용하고 있다.

오른쪽 자동차 운전석의 방식은 영국에서부터 시작했다. 자동차가 발명되기 전 마차가 교통수단으로 쓰였는데 마부들이 대부분 오른손잡이여서 오른손으로 채찍을 흔들기 때문에 손님을 왼쪽에 앉혀야 했기 때문이라고 한다.

그것이 19세기 초반 영국에서 자동차가 처음 제작되면서 자동차의 운전방식으로까지 이어져서 일부 아프리카 국가와 인도, 호주 등을 지배하고 있던 영국의 영향으로 세계 곳곳에 퍼지게 됐다.

자동차 운전석 위치에는 이 같은 마차설이 가장 유력하지만, 이 외에도 프랑스에서는 나폴레옹의 오른편 공격 전술이 유럽 전역에 영향을 미쳐 우측통행이 일반화되면서 이에 맞게 왼쪽 운전석 방식을 채택했다는 설이 있다.

한편, 왼쪽 운전석의 방식은 왼쪽에 운전석을 둔 자동차를 독일에서 생산한 후부터인데 오른손잡이가 많기 때문에 운전석을 왼쪽에 두는 것이 수동기어를 변속하는 데 수월했기 때문이다.

생각해 보기

1. 동양예절과 서양의 매너&에티켓의 핵심은 무엇인가?
2. 수기와 치인의 항목에서 각각 신경 써야 할 항목은 무엇인가?
3. 소개된 나라의 문화 중 직접 가서 느껴보고 싶은 나라는?
4. 외국 친구와의 교제, 또는 해외 비즈니스 시 지켜야 할 중요한 사항은 무엇인가?
5. 다양한 나라의 문화를 이해한다는 것은 결국 어떤 의미일까?

Chapter 3 해외여행

'열심히 일한 당신, 떠나라.'

이 말은 아주 오래전에 선풍적으로 인기를 끌었던 한 카드회사 광고카피다. 사람들은 충전이 필요할 때나 새로운 것을 경험하고 새로운 아이디어를 찾고 싶을 때의 방법으로 여행이라는 선택을 하게 된다.

낯선 곳으로의 여행은 언제나 설렌다. 그것이 우리나라가 아닌 한 번도 가보지 않은 낯선 땅 외국이라면 더더욱 긴장과 설렘이 공존하게 된다.

영어로 '여행'이란 뜻인 'Tour'는 라틴어 'Tornus'에서 온 것으로 '여러 장소를 돌아다니다'라는 의미를 갖고 있다. 해외여행을 간다는 것은 단순히 돌아다니고 즐기는 것만이 아닌 그 나라의 역사, 문화, 예술, 정치, 경제 사회상을 살펴보고 느껴보는 것이 여행의 참된 의미라 할 수 있다.

그렇기 때문에 좀 더 의미 있는 여행이 되기 위해서는 사전에 알아보고 꼼꼼히 준비해야 할 사항들이 많다.

본 장에서는 여행 시 사전에 챙기고 확인해야 할 사항부터 공항에서의 출입국 절차, 그리고 기내에서의 매너를 알아보고 마지막으로 대한민국 국민으로서 부끄럽지 않은 이미지를 남기기 위한 여행지매너와 에티켓까지 알아보도록 하겠다.

1 여행준비

'여행은 준비부터가 여행의 시작'이라는 말이 있다. 현지에서의 체험도 즐거움이 크겠지만 여행을 가기 전 준비과정 또한 여행만큼 즐겁고 설렌다.

여행을 가기 전 가장 먼저 무엇부터 해야 할까? 몇 가지 준비사항이 있다.

우선 기본적으로 어느 나라로 며칠의 일정으로 갈 것인지, 숙소는 어디로 택할 것이고, 예상소요 경비와 환전 등 기본적인 필요한 것들을 계획하고 수립해야 한다.

같은 일정의 같은 여행지라 할지라도 사전 준비의 정도에 따라 그 여행의 질은 확연히 달라질 수 있다.

Point

여행가기 전 이것만은 알아두자

- 여행 목적, 일정에 따른 목적지, 경유지 선택
- 교통편 및 숙박예약
- 관련 책자나 인터넷, 사전에 다녀온 지인 등을 통한 현지 정보 수집
- 각종 필요서류 및 준비리스트 작성하기
- 출발 전 최종확인

필수준비물

해외여행을 떠나기 위해 준비해야 할 필수 준비물 세 가지가 있다. 이 세 가지 중에 하나라도 빠뜨린 것이 있다면 해외는 불구하고 아예 공항 밖에도 나가지 못할 수 있으니 바로 여권과 비자와 항공권이다.

❍ 여권

- 한국인임을 나타내는 신분증인 것과 동시에 국가가 여행을 허가해 준 허가증이다.
- 만료일이 지날 경우 출국이 불가하니 유효기한을 꼭 확인해야 한다.
- 분실 시 대비 사본이나 사진을 찍어 둔다.

  * 여권 발급 시 필요 준비물 : 6개월 이내 촬영사진 2장, 주민등록증 또는 운전면허증 등의 신분증

❍ 비자

- 여행하려는 국가에서 발급해주는 입국 허가증이다.
- 무비자 입국이 가능한 나라와 별도의 비자를 요청하는 국가가 있으니 확인해야 한다.

❍ 항공권

- 예약 티켓은 항공사나 여행사 데스크에서 찾을 수 있다.
- 인터넷에서 출력한 항공권(e-ticket)은 탑승권(bording pass)으로 교환해야 한다.
- 여권의 영문이름과 스펠링 대조를 반드시 해야 한다. 영어 스펠링이 여권과 다를 시 출국이 거부된다.
- 필요시 특별 기내식(어린이, 알러지체질, 종교상의 금기식품 등)을 미리 신청한다.
- 분실 시를 대비하여 사본이나 사진을 찍어 둔다.
- 예약 시 날짜, 시간, 좌석여부를 확인한다.
- 예약 시 복도, 창문, 비상출입구 앞 등 선호좌석을 미리 선택할 수 있다.

잠깐!

롱다리는 비상출입구 앞좌석을 사수하라?

이코노미석을 이용하는 승객이라면 비상출입구 앞을 선호하는 사람들이 많다. 그 이유는 다른 좌석에 비해 다리를 편하게 뻗을 정도의 공간이 있기 때문이다. 그렇지만 좌석을 선택할 때는 나름의 규칙과 책임감이 따른다.
이 자리는 신체가 불편하거나 어린이 혹은 연세 있으신 어른들에게는 배정하지 않는다.
비상 시 항공기로부터 탈출해야 하는 상황이 닥치면 승무원을 도와 항공기 문을 열고 다른 승객들의 탈출을 도와야 하는 의무사항이 있기 때문이다. 이런 이유로 가능한 한 항공사 직원이나 신체 건강한 성인들에게 배정한다. 좌석 배정을 원한다면 예약 시 신청하고 탑승 후 반드시 승무원이 알려주는 승객의 의무사항을 듣고 동의하면 가능하다.

그 외 준비물 체크리스트

준비물	체크	참고사항
여행자보험증		단체여행의 경우 준비하지 않아도 되며, 개별여행인 경우에는 사고를 대비해 준비해 가는 것이 좋다.
국제학생증		해당자는 할인혜택도 있기 때문에 준비해 가는 것이 좋다.
국제운전면허증		렌터카를 이용할 여행자는 국내면허증과 함께 준비해 간다.
예비용 사진		여권 분실의 사고를 대비해 2~3장 정도 준비한다.
현금 및 신용카드		현금은 현지화폐와 달러 둘 다 챙기는 것이 좋다.
소형계산기		환율계산이나 쇼핑, 예산 산출 등에 편리하게 사용할 수 있다. 스마트폰의 기능을 활용해도 된다.
네임텍(Name tag) 및 가방커버		다른 여행객의 비슷한 여행가방과의 구분 및 분실예방을 위해 필요하고 가방커버는 우천 시나 오염물질 예방을 위해 필요하다. 어두운 색 보다 눈에 잘 띄는 색, 특이한 무늬 등이 좋다.
멀티어댑터, 충전기		카메라용과 휴대전화용을 챙기고 나라별로 전압도 확인한다.

휴대용 반짇고리세트, 손톱깎이세트	본래의 용도를 제외하고도 요긴하게 쓰일 수 있다.
가이드북	패키지여행이 아니라면 갖고 다니면서 여러 정보를 참고한다.
여행영어회화집	영어권이 아니라면 기본적인 소통을 위한 현지 회화도 필요하다.
일정표	계획적인 여행과 낭비시간을 줄이기 위해 필요하다.
필기도구/수첩	여권번호, 여행자수표번호, 신용카드번호, 현지주요기관 등의 번호를 메모해 두고 현지에서 얻은 유용한 정보를 메모할 수 있는 필기도구를 가져간다. 단, 도난의 위험에 유의해야 한다.
작은 가방	큰 가방과 분리해서 휴대할 수 있는 작은 가방이 있으면 편리하다. 소매치기의 위험대비로 지퍼 달린 크로스백이 유용하다.
카메라와 필름	여행에서 카메라는 필수품이다. 필름은 세계적으로 한국이 가장 저렴한 편으로 한국에서 구입해가는 것이 좋다. 디지털 카메라도 좋다.
듀얼모드 시계	현지 시간을 알 수 있는 시계 요즘은 스마트폰을 이용하기도 한다.
칫솔과 치약 및 세면도구	호텔에 비치된 곳도 있으나 따로 여행용으로 간단하게 준비해 간다.
면도기	호텔에 비치된 곳도 있으나 전압을 확인하고 현지에 맞게 챙긴다.
자외선 차단크림	더운 지역이나 여름이 아니라도 챙기는 것이 좋다.
모자/선글라스	여름이나 열대기후 여행 시에는 꼭 필요하다.
화장품	여행용 또는 샘플 제품이 좋다.
편한 신발, 슬리퍼	여행에는 걷는 시간이 많으므로 운동화 등의 편한 신발이 필요하다.
의류	되도록 가볍고 구김이 덜 가는 옷으로 준비한다. 기온차가 심한 것을 대비한 카디건 정도도 챙기는 것이 좋다.
휴대용 우산(우의)	비가 올 경우나 우기인 국가를 여행할 경우 휴대가 편리한 접이식 우산, 그리고 따로 일회용 우의가 있다면 함께 챙기도록 한다.
빗/헤어드라이어	호텔에 없는 경우도 있으므로 가져가는 것이 좋으며 전압과 플러그를 확인하고 가져간다. 플러그는 호텔에서 대여해 주는 경우가 많다.

속옷		세탁을 할 수도 있으므로 여행기간에 맞게 준비한다.
생리용품		구입하기가 쉽지 않고 비싼 경우가 많으므로 미리 준비해 가는 것이 좋다.
비닐봉투		빨래할 옷, 젖은 옷, 잡동사니를 넣기에 편리하다.
알람손목시계		바쁜 일정 중에 스케줄 관리에 편리하다.
한국음식		이국음식에 잘 적응하지 못한다면 튜브포장된 고추장 정도를 챙기는 것이 좋다. 외국인에게 기념 선물용으로도 유용하다.
물통, 침낭, 세제		장기 배낭여행 시 필요하다.
기타 준비물		

2 공항 및 기내매너

출입국

탑승수속 및 수화물 위탁 → 병무, 검역, 세관신고 → 보안검색 → 출국심사 → 탑승

❍ 출국 시

- 공항은 최소 2시간 전에 도착한다.
  관광객이 몰리는 성수기엔 그 이상의 시간이 소요되기도 한다. 공항터미널을 이용한 사전 접수방법을 이용하면 좀 더 여유 있게 수속을 할 수 있다.

- 해당 항공사의 탑승수속 카운터(Check in counter)로 가서 여권, 항공권, 수화물을 접수하고 좌석배정을 받는다.
- 수화물 접수 시 나라 별 가능 무게를 확인하고 노트북이나 귀중품, 파손우려가 있는 물품 등의 기내반입품과 기내불가능 물품을 구분, 접수한다.
- 병무 의무자는 병무청에서 국외여행 허가를 받고 발급받은 국외여행허가 증명서를 제출해야 한다.
- 방문하는 국가의 감염병 발생 정보에 대해 미리 확인 후 필요하면 예방접종을 실시 후 출국해야 한다.(국립인천공항검역소, 해외여행질병정보센터 홈페이지 등을 참고)
- 애완동물이나 식물 등은 국가에 따라 출입가능 여부가 다를 수 있다. 경우에 따라서는 검역증명서를 요구하는 나라도 있다.(농림축산검역본부 또는 해당국가의 한국주재 대사관에서 확인)
- 귀중품 또는 고가의 물품은 출국 전에 세관에 신고하고 휴대물품 신고서를 작성한다.
- 지정된 대기항공기의 안전운항을 위해 X-ray를 통한 승객 및 휴대물품의 보안검색을 한다.
- 출국검사대의 지정된 대기석에서 차례로 순서를 기다린 후 심사를 받는다. 이때, 외국인과 한국인 심사대가 분리되어 있으므로 확인 후 대기석에서 줄을 선다.
- 최소 출국 30분 전에 탑승구에 도착한다.
- 항공기 사정으로 탑승구 변경 또는 출발 시간이 지연되는 경우가 있으니 안내방송이나 전광판을 통해 재확인한다.
- 무리하게 탑승하려 하지 않는다.

  탑승순서 : 보호자 미동반 소아승객–유 · 소아 동반 승객이나 노약자 - 일반승객 순

잠깐!

기내 반입불가품목

- **액체**: 물, 음료, 소스, 로션, 향수 등
- **분무**: 스프레이류, 탈취제 등
- **젤**: 시럽, 반죽, 크림, 치약, 마스카라, 액체/고체 혼합류 등
- 총, 칼 등 날카롭거나 흉기가 될 수 있는 물건
- 성냥, 라이터 등 발화성 물질

단, 밀봉한 경우 100*ml* 이하 액체류와 유아 동반 시 유아용품은 가능
면세점에서 구매한 투명 봉투에 밀봉된 구매용품 가능

[항공기 객실 내 휴대반입 가능한 비닐봉투 포장 사례]
액체, 젤류 등이 담긴 100*ml* 이하의 용기가 1 *l* 이하의 투명 비닐봉투에 지퍼락이 잠길 정도로 적당량 담긴 경우

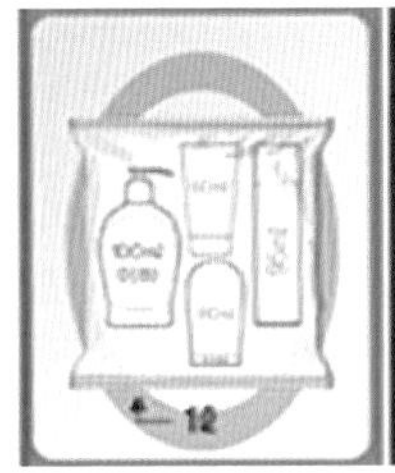

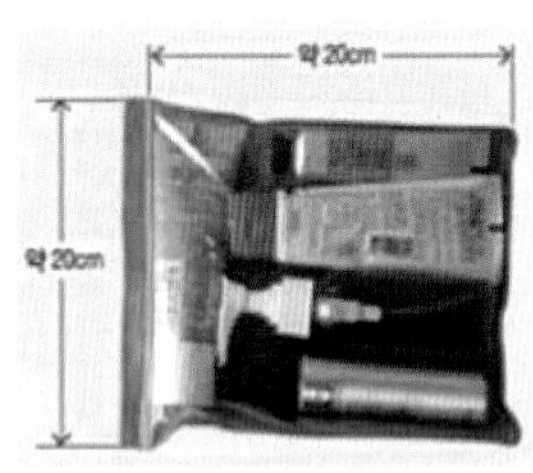

출처: 인천공항

○ 입국 시

도착 → 신고서 작성 → 검역 → 입국심사 → 수화물 수취 → 세관검사

- 해당국가에 반입이 불가한 품목과 면세허용량을 확인한다.
  - 국내에 입국하는 내/외국인(시민권자 포함)의 면세범위는 미화 600불까지
  - 면세한도 관계없이 향수는 60*ml* 이하 1병, 담배는 1보루, 술은 1 *l* 이하 1병

- 공항에서 짐을 찾을 때 무리하게 가이드라인을 넘어서 짐을 찾는 것을 피한다.
- 낯선 승객이 부탁하는 짐을 대신 들고 세관 검사장을 나서지 않는다. 무심코 한 배려가 오히려 위험물질, 반입불가 물질소지 협의로 본인이 대신 벌금이나 조사를 받을 수 있다.

잠깐!

입국심사가 떨린다구요?

단체여행의 경우는 거의 문제가 되지 않지만 개인적으로 갈 경우 심사대에서의 질문에 대한 대답이 중요하다.
한국인의 영어울렁증으로 당황한 기색으로 질문에 대답을 못하는 경우 따로 이중으로 심사를 하는 경우가 있으니 Hi, Hello와 함께 미소 띤 얼굴과 당당함을 보여주면 된다.
유창한 영어가 아니더라도 기본 단어로만으로도 심사가 가능하니 알아두도록 하자.

- 여행목적
  Q : what's the **pourpose** of visit?
  A : for sightseeing(travelling) / for business
- 체류기간
  Q : **How long** are you going to stay?
  A : 3days / one week
- 숙소
  Q : **Where** are you staying?
  A : I'm going to stay ** Hotel.
  (주소를 보여주거나 숙소예약티켓을 보여주는 것도 방법의 하나)
- 그밖에…
  We need your **fingerprints** and photosright hand please.
  지문인식이 필요하니 오른손 올려주세요.
  Do you have **return ticket**? 귀국티켓을 갖고 있나요?

기내에서

좌석표 제시 → 안내에 따른 자리이동 → 수하물 수납 후 착석 → 안전벨트 착용 → 기내 안전 수칙 시청

- 승무원에게 무례한 요구나 무시하지 않는다.
- 승무원은 “여기요”, “언니”, “아가씨”가 아니다.
  좌석에 있는 버튼을 누르거나 승무원이 복도를 돌아다닐 때, 눈을 마주치고 손을 들면 된다.
- 휴대전화는 가능한 사용을 자제하고 이착륙 시에는 반드시 전원을 꺼준다.
- 다른 승객들을 위해 시끄러운 소리로 이야기하지 않는다.
- 지정된 좌석에 착석한다.
  다른 좌석에 앉을 시 승무원에게 꼭 양해를 구하고 앉는다.
- 이착륙 시 반드시 안전벨트를 한다.
  안전벨트 사인이 꺼진 후 풀어준다.
  * Critical eleven : 항공기 이륙 시 3분, 착륙 전까지 8분 동안 항공기 사고의 95%가 발생한다.
- 좌석에 앉아 있을 때 발을 앞좌석의 팔걸이에 올려놓지 않는다.
- 덧신이나 편한 실내슬리퍼를 준비하고 맨발로 기내에서 돌아다니지 않는다.

"당신의 역겨운 발냄새 정말 감사했네요"… 기내 진상승객에 보내는 '달콤한 경고장'

기내에서 발냄새를 심하게 풍겼던 승객에게 '감사하다'는 메모를 적어 '진상짓'을 꾸짖은 한 여성의 편지가 눈길을 끈다.

싱가포르 라오 문예라는 여성이 13일 자신의 페이스북에 올렸는데, 지난달 12일 싱가포르발 시드니행 에어아시아 항공기 기내에서 좌석을 발로 차고 신발을 벗어 발냄새를 풍기는 뒷좌석 승객에게 보내는 '감사의 경고장(?)'이다.

라오는 '끔찍한 경험'이라는 편지에서 뒷좌석 승객을 향해 "당신은 날 모르지만 난 당신 앞자리에 앉아 있었던 사람"이라고 소개한 뒤 "당신에게 개인적으로 감사의 마음으로 편지를 쓴다."고 말문을 열었다.

그는 "나는 구두쇠이기 때문에 이코노미석으로 예매하고 엔터테인먼트 패키지는 신청하지 않았다. 그런데 지겹기만 할 것 같았던 비행에 당신이 날 즐겁게 했다."며 비꼬았다.

그러면서 "30분마다 들려오는 과자 씹는 소리 감사했습니다."라고 약을 올린 뒤 "당신은 이후에도 내 등을 발로 계속 마시지를 해주었고 좌석 밑으로는 발을 내밀어 발 냄새를 풍겨 정말 감사했네요. 사진 찍으려고 얼마나 노력했는지 몰라요"라고 독설을 날렸다.

이어 "당신은 날 종교인으로 만들었다. 여행의 나머지 시간을 위해 기도했다"며 관세음보살을 외쳤다.

라오는 마지막 부분에서 "(당신 덕분에)정말 기억에 남는 여행이 됐다. 다시한번 감사드린다."고 감사를 표시했다.

글을 본 누리꾼들은 "뒷좌석 승객 엄청 미안 했겠다", "대단한 기지다", "대놓고 나무라는 것보다 훨씬 효과 있겠다", "항공기 안에서 발냄새 정말 힘들었겠다" 등의 반응을 보였다.

- 국민일보 2015. 05.13

- 등받이를 뒤로 젖힐 때 사전에 뒷사람에게 양해를 구한다.
  식사 시 등받이를 젖히면 뒷좌석의 음식이 쏟아질 수 있다.
  기내식이 나올 때는 등받이를 정위치시켜야 한다.
- 과도한 음주로 다른 승객에게 피해를 주지 않는다.
  기압차로 인해 지상에서보다 2~3배 빨리 취할 수 있다.
- 화장실 사용여부 확인을 위해 노크하지 않는다.
  확인은 **녹색의 비어 있음**(Vacant)과 **빨간색의 사용 중**(Occupied)으로 표시된다.
  사용 시엔 반드시 문을 닫고 사용 후엔 뒤처리를 깨끗이 하고 나온다.
  문을 닫아줘야 화장실 표시등이 켜지고 사용유무를 알 수 있다.
- 장시간 여행 시 옆사람과 간단한 인사를 나눈다.
  기내는 좁은 공간에서 함께 하는 장소다. 서로 어색하지 관계를 유지하는 것이 좋다.
- 다른 사람과 부딪쳤을 때, "죄송합니다" 또는 "실례합니다"라고 이야기한다.
- 창 측이나 가운데 좌석의 경우 잦은 이동을 삼간다.
  간혹 승객이 자고 있을 경우 말도 없이 넘어가는 것은 큰 실례다.
- 자주 이용하게 되는 가방이나 짐은 발밑 앞좌석 밑에 밀어 넣는다.
  자신의 다리 위나 발아래 둘 경우 옆좌석 승객에게 불편함을 줄 수 있다.
- 옆사람에게 불편을 줄 수 있는 지나친 향수는 삼간다.

잠깐!

세계인이 뽑은 기내 비매너 BEST3

글로벌온라인여행사인 익스피디아가 여행매너에 대한 인식을 알아보기 위해 전 세계를 대상으로 설문조사를 실시했다.
그 중 best(worst)에 해당하는 기내 매너 행위는 무엇일까?

순위	기내 WORST 매너	내가 경험한 BEST 매너
1위	과음 후 보이는 부적절한 행위	짐간에 짐을 넣는데 도와주는 행위
2위	앞 좌석을 발로 차거나 당김	여행정보를 공유
3위	질병을 퍼뜨릴 수 있는 증상을 보임	일행과 같이 앉을 수 있게 자리를 바꿔줌

- 23개국 남녀 1만 8237명(한국인600명)을 대상. 2019년 6월 발표 내용 중 정리요약

3 여행 중 매너

여행은 일상을 떠나 진정한 쉼을 누리는가 하면 다양한 문화를 만나고 다양한 사람들을 만나면서 새로운 것들을 경험하게 되는 설렘을 갖게 된다. 또한 여행에서는 일탈을 꿈꾸며 한국에서는 못한 행동들, 좀 더 과감한 행동들을 서슴없이 하기도 한다. 그렇다고 해서 다른 사람의 이목은 생각지도 않은 채 함부로 행동하다가는 현지인들의 인상을 찌푸리게 하고 나쁜 아니라 자칫하면 우리나라에도 안 좋은 이미지를 남길 수 있다.

제대로 된 여행을 위해 우리가 조심해야 할 사항들은 어떤 것들이 있을까? 우선 우리나라에서는 통용되는 것이 다른 나라에서는 안 되는 각 나라의 문화 관습에 따른 주의사항들이 있다. 이것들을 잘 알고 지키는 것도 중요하지만 역

지사지의 마음으로 조금만 신경쓰면 지킬 수 있는 공통된 매너들도 있다.

- 관광지에서 현지 사람들이나 안내원에게 무례하게 대하지 않는다.
- 사람들이 많이 이동하는 통로에서는 장시간 서 있어서 통행에 불편을 주지 않는다.
- 우리나라 말로 현지인에게 반말이나 비속어 등을 사용하지 않는다.
  K-POP의 열풍으로 여러 아시아 국가나 미국 유럽에서 한국어가 알려진 곳이 많다.
- "저것 봐", "저 사람 좀 봐"와 같이 함부로 손가락질하면서 이야기하지 않는다.
- 나와 다르다고 뚫어지게 쳐다보거나 웃으면서 일행과 얘기하지 않는다. 비웃는 것이나 조롱으로 오해할 수 있다.
- 박물관이나 전시장, 관광시설 등 입장 시에 새치기하지 않는다.
  관람 시설 입장 시 복장이 제한되는 곳이 있으니 짧은 바지나 슬리퍼 등은 피하는 것이 좋다.
- 관광지에서 침을 뱉거나 쓰레기를 버리지 않고 유적지에 낙서를 하지 않는다. 아예 "낙서하지 말라"는 예문이 한글로 되어 있는 나라도 있다.

- 박물관 및 전시장 관람 시 큰소리를 삼가고, 전시품에 손을 함부로 손대지 않는다.
- 쇼핑 시 점원의 허락 없이 함부로 만지지 않는다.
  물건을 사진 않더라도 상점을 나올 시엔 반드시 감사의 인사를 건네고 나온다.
- 현지국가의 기본회화 정도는 알아두는 것이 좋다.
  여행국가의 인사말 사용은 좋은 이미지를 남기는 방법 중에 하나다.
- 사진 촬영이 금지된 장소에서 촬영하지 않는다.
- 현지인의 모습을 허락 없이 찍지 않는다.
  관광지에서 사진찍자고 먼저 다가오는 사람이나 사진촬영 허락을 받은 사람일지라도 돈을 요구하는 경우도 있으니 유의해야 한다.

우리나라 해외관광객 수는 2800만 명을 넘었고(한국관광공사 2018년 통계기준) 앞으로도 계속 증가할 것이다. 해외를 찾는 관광객 한명 한명이 우리나라의 얼굴을 대표하는 민간외교사절단이라는 사명을 갖고 "Ugly Korean"이 아닌 성숙한 매너로 "Nice Korean"의 이미지를 보여줄 때다.

생각해 보기

1. 즐거운 해외여행이 되기 위해 알아두어야 할 항목은 어떤 것이 있는가?
2. 기내에서의 편안한 시간을 위해 어떤 것들이 배려되어야 할까?
3. Nice Korean의 이미지를 주기 위해 내가 할 수 있는 것은 무엇인가?

Chapter

호텔매너

#1.

"꽃보다" 시리즈로 유명한 한 케이블채널 예능프로그램을 통해 4명의 젊은 남자 연예인들이 아프리카로 여행을 떠났다.
태어나서 처음 떠나온 해외여행의 들뜨면서도 고된 여행의 탓이었을까?
아침에 일어난 네 명의 청춘들은 일어나자마자 가운을 갈아입지도 않은 채 식당으로 향했고 이들은 아주 만족스런 표정으로 조식뷔페를 즐기고 있었다.
잠시 후 연예인 A군은 겸연쩍은 모습을 하며
"호텔 직원분이 갈아입었으면 좋겠다고 하시는데?"라고
동료연예인들에게 말을 전했고 뒤늦게 다시 옷을 갈아입으러 갔다.

#2.

네 명의 꽃 청춘은 일정 중에 호텔이 아닌 아프리카 대자연이 반기는 초원에서의 야외 캠핑이라는 색다른 경험도 맛보게 됐다. 캠핑장 내에 수영장 있다는 사실을 알게 된 이들은 아프리카의 뜨거운 더위도 식힐 겸 수영장으로 뛰어들어가고 싶었고 네 명 모두 수영복이 없던 터라 속옷을 입고 수영을 하기 시작했다.
잠시 후…
연예인 K군이 "팬티 들고 흔들래?"라고 제안하자 P군은 속옷을 탈의했고, 이어서 네 명은 모두 하늘을 향해 신나게 그들의 속옷을 흔들었다.

1 호텔의 의미

집을 떠나서 여행이나 출장 가게 될 때 호텔을 이용하게 되는 경우가 있다. 호텔의 어원을 살펴보면 라틴어의 호스피탈레(Hospitale)로, '순례 또는 참배자를 위한 숙소'를 뜻하는 것이다. 중세시대 숙소로도 쓰였던 수도원은 당시 단순히 잠을 자러오는 숙소의 개념이 아닌 병을 치료하는 곳으로서의 역할을 했다. 이후 '여행자의 숙소 또는 휴식 장소, 병자를 치료하고 고아나 노인들을 쉬게 하는 곳'이라는 뜻의 호스피탈(Hospital)과 호스텔(Hostel)을 거쳐 18세기 중엽 이후에 지금의 Hotel로 바뀌었다.

* 참고로 호텔과 같은 서비스를 제공하는 산업을 'Hospitality industry'라고 하는데 Hospitality란 '환대, 접대'의 뜻으로 집을 떠나온 투숙객에게 집과 같은 최상의 서비스를 제공한다는 의미인 'Home away from home', 내 집이 아닌 곳에서 집과 같은 서비스를 제공한다는 의미를 갖고 있다.

2 호텔이용

예약

호텔을 이용할 경우 전화나 인터넷, 스마트폰 어플 등으로 사전예약을 하는 것이 좋다. 호텔을 예약하기 위해서는 성명, 성별, 방의 종류, 숙박일수, 도착일, 항공편명, 연락처 등이 필요하다.

충분한 여유를 갖고 예약하는 일명 'Early bird' 이용자들에게는 방의 크기를 업그레이드 해준다거나 호텔의 다양한 유료서비스를 무료로 이용하는 혜택을 받는 경우도 있는데 고급호텔이거나 이용객들의 평이 좋은 경우일수록 가능한 빨리 예약하는 것이 좋다.

인터넷의 발달로 사전 결제를 통한 예약시스템이 잘 돼 있긴 하지만 간혹 여행 사이트와 호텔 자체 홈페이지 상의 중복예약이 되거나 예약이 아예 되어 있지 않을 경우가 있으니 예약확인을 위해 이용하고자 한 날짜 2~3일전, 적어도 하루 전 꼭 다시 확인하는 것이 필요하다.

예약 취소를 하거나 변동사항이 있을 시에도 반드시 미리 호텔 측에 연락을 해야 한다. 당일 취소나 아예 연락을 하지 않는다면 호텔을 이용하고자 하는 다른 사람은 기회를 잃게 되는 것이 되므로 이를 배려하는 차원에서라도 호텔 측과의 연락은 꼭 하는 습관을 갖도록 하자.

그 밖에도 흡연 - 비흡연 객실을 확인하는 등 특별 요구사항이나 참고사항은 사전에 확인하는 것이 좋다.

체크 인-아웃(Check-in, Check-out)

체크인 시간은 대개 정오나 오후 2시 이후에 이루어진다. 체크인 시간보다 일찍 도착할 경우라도 먼저 들어갈 수 없는 경우가 대부분이니 호텔 로비에서 기다리거나 짐을 맡긴 후 다른 스케줄을 보는 방법 등을 취하도록 한다. 반대로 늦어지는 경우는 예약이 취소될 수 있으니 사전에 연락을 해야 한다.

호텔 프런트에 예약자의 이름을 말하면 확인을 거친 후 등록카드를 주는데 여기에 이름, 국적, 주소, 여권번호 등을 기입하게 된다. 사전에 이용금액을 지불했거나 현장에서 현금으로 지불하는 경우라도 호텔 측에서 신용카드번호를 알려달라는 경우가 있다. 이는 유료서비스를 이용하거나 기물 파손 등 혹시라도 있을 문제를 방지하려는 데 있다. 모든 확인이 끝나면 직원의 안내를 받아 방으로 들어가면 된다.

체크아웃은 보통 PM 12시 전후로 한다. 초과 시에는 추가비용이 발생한다. 30분에서 1시간 정도는 배려를 해주기도 하지만 미리 프런트에 연락을 하는 것이 좋다. 비행기나 기차 출발시간 등의 문제로 기다려야 한다면 짐을 맡아주는 보관룸(Baggage room)서비스를 무료로 이용할 수 있다.

잠깐!

최악의 비매너 호텔 이용객 BEST 3

여행 관련 서비스를 제공하는 온라인여행사 익스피디아가 호텔을 이용하면서 눈살을 찌푸리게 한 경험에 대해 설문조사를 실시했다.(2018년 5월)

과연 호텔이용객 최고의 꼴불견 BEST 3은?

1위, 아이의 잘못을 방치하는 무신경한 부모들(45%)
2위, 복도에서 큰 소리를 내는 사람(41%)
3위, 객실에서 소란 피우는 사람(41%)

한편 한국인은 객실에서 소란을 피우는 사람(50%), 복도에서 큰 소리를 내는 사람(46%)을 가장 싫어하는 것으로 소음에 민감한 것으로 나타났다.

3 객실이용

욕실 사용

- **배수구 없는 욕실 사용에 주의해야 한다.**

  해외에는 욕실 바닥에 배수구가 없는 곳이 많다. 샤워나 목욕을 할 때는 샤워커튼을 욕조 안으로 넣어 물이 밖으로 튀지 않게 한다.

욕조 안 물이 흘러넘칠 경우 객실 안으로 들어가기도 하고 아래층까지 피해를 보는 경우가 있으니 각별히 조심해야 한다.

- **나라마다 다른 더운물, 찬물 표시를 잘 알아둔다.**

보통의 경우엔 각 나라마다 언어가 다른 점을 고려해서 세계 각지에서 오는 관광객들을 위해 수도꼭지에 빨간색과 파란색의 표시로 구분을 하지만 색의 구분 없이 알파벳으로 표시해 놓은 곳도 있다.

* 영어권 : 차가운 물 C(Cold), 뜨거운 물 H(Hot)
* 프랑스 이태리 등 라틴어권 : 차가운 물 F(Froid), 뜨거운 물 C(Chaud)

- **다양한 용도의 타월을 잘 구분해서 사용한다.**

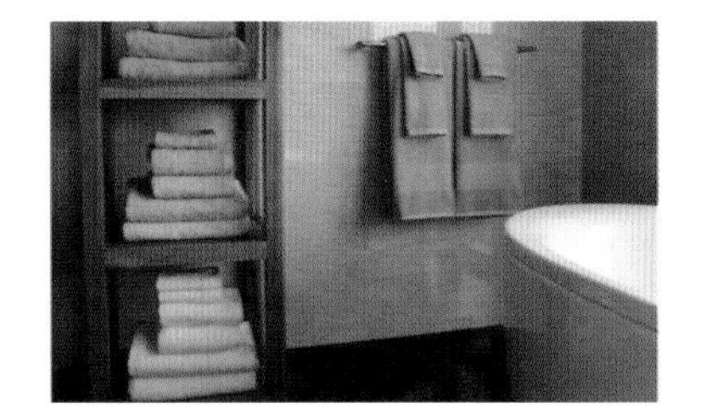

호텔의 욕실에 3개의 각기 다른 크기의 타월이 비치되어 있다.
대형 타월은 샤워 후 몸을 닦는, 중간 크기의 타월은 세안 후 얼굴을 닦는, 가장 작은 정사각형 타월은 비누를 묻혀 목욕하거나 손을 닦는 용도로 쓰인다.
고급 호텔의 경우 바닥에 두고 발과 물기를 닦는 데 사용하는 또 다른 용도의 타월이 비치되어 있는 경우도 있다.

Q & A 무엇에 쓰는 물건인고?

다음 중 변기 왼편에 있는 물건의 정체는 무엇일까요?

1번 아기용 변기
2번 앉아서 씻는 세면대
3번 양치질이나 가글, 또는 물을 마시는 음용시설
4번 수세식 비데

정답은 4번. 유럽일부 국가에서는 호텔 및 가정에서 수세식 비데를 사용하고 있다.

룸(Room)

- 문을 닫으면 대부분 자동으로 잠긴다. 외출할 때는 반드시 키를 소지하도록 한다.
  이때 분실의 위험이 있으므로 프런트데스크(Front desk)에 맡기는 것이 안전하다.
- 옆 객실에 방해가 될 정도로 시끄러운 소음을 내지 않는다.
- 객실 내에서 컵라면 등 냄새가 나는 음식물 섭취를 삼간다.
- 외출 시엔 타월이나 샤워기, 이불 등 사용한 객실 비품을 지저분하게 방치한 채 나온다면 이용객으로서의 좋지 않는 매너로 보일 수 있으니 신경쓰도록 한다.
- 객실에 비치되어 있는 슬리퍼, 가운, 면도기 등 편의용품(비품)을 가지고 나가지 않는다.

호텔 비품! 제발 가져가세요~~~

호텔에서 사용한 욕실용품이나 화장품이 향도 좋고 용기도 예쁜데다 휴대하기 좋은 이유로 다음 여행 때 쓰려고 몰래 눈치 보며 챙겨온 경험이 있는가? 아니면 혹시라도 가져갔다가 나중에 들키면 당할 창피함으로 아쉬운 마음을 뒤로 한 채 호텔을 나온 경험은?
미국 경제지 '포브스'는 최근 특급 호텔의 어메니티 제작 목표가 "부디 가져 가세요"라며 이를 위해 숱한 시행착오를 겪는다고 보도했다.
어메니티(Amenity)란 손님에게 편의와 격조 높은 서비스 제공을 위하여 객실 등에 무료로 준비해 놓은 샴푸, 컨디셔너, 로션 등 각종 소모품 및 서비스용품을 말한다.
메리어트 호텔의 디자인 · 상품 개발부문 대표 스콧 미첼은 "어메니티를 챙겼다는 것은 손님이 호텔에 머문 것을 좋아했다는 것을 알 수 있는 시금석"이라고 말했다.

한편 호텔은 여행 스타일 변화도 보여준다. 쉐라톤, 웨스틴, W 등을 거느린 호텔그룹 스타우드의 호이트 하퍼는 "항공사의 액체 반입 금지규정에 따라 호텔 화장품류의 중요성도 증가하고 있다"고 강조했다.
하퍼는 "10년 전 샴푸 등 어메니티 사용 고객은 전체의 35%에 불과했지만, 현재 쉐라톤 투숙객 중 75%가 객실에 준비된 어메니티를 사용한다"고 말했다.
이 때문에 객실마다 비치하면 비용이 많이 드는 제품은 일부러 빼기도 한다. 치약과 칫솔이 바로 그것이다. 하지만 메리어트와 쉐라톤 호텔은 프런트에 말하면 무료로 제공받을 수 있다.
하퍼는 "부디 샴푸는 짐에 챙겨달라"며 다만 "수건과 목욕가운은 남겨달라"고 웃으며 말했다.

어메니티(Amenity)! 이제 고민하지 말고 당당히 챙겨 나오자.

4 공공장소 및 시설 이용

호텔 방을 제외한 모든 공간은 여러 투숙객들이 공동으로 이용하는 공공장소로 로비, 레스토랑 및 바(Bar), 문서 작업, 팩스, 우편물 발송 등 사무를 볼 수 있는 비즈니스 센터, 운동을 할 수 있는 피트니스 센터, 사우나 등이 대표적이다.

- 호텔입구에서 가장 먼저 만나게 되는 도어맨에게는 가벼운 인사를 한다.
- 방으로 안내해주는 벨맨(Bell man)이 짐을 들어둔다고 할 때 거절하면 무시하는 행동이라 생각할 수도 있다.
- 잠깐의 외출이라도 복장은 갖춰야 한다.
  맨발이나 실내용 슬리퍼, 잠옷, 노출이 심한 옷 등은 피한다. 단, 리조트 같은 경우는 반바지나 슬리퍼 차림은 가능하다.

- 복도나 엘리베이터에서 다른 이용객을 만날 경우 가벼운 눈인사 정도를 건넨다.
- 복도에서는 일행의 이름을 크게 부른다거나 시끄럽게 대화를 나누지 않는다.
- 엘리베이터가 만원일 경우 무리하게 타려고 하지 않는다.
- 조식 뷔페의 경우 지나치게 많은 양을 담아서 남기는 일이 없도록 한다. 또한 음식은 밖으로 가져가지 않는다.

잠깐!

잠옷 입고 식사를 한다고?

일본사람들이 입는 옷 중에 유카타(ゆかた)라는 것이 이다. 유카타는 유카타비라, 즉 목욕한 후에 몸을 닦는 수건이라는 말에서 유래되었다. 기모노의 일종으로 보통 잠옷으로 많이 입는 옷이다.
그런데 온천관광으로 유명한 일본의 일부 지역에서는 사람들이 유카타 차림으로 거리를 돌아다니는 모습을 쉽게 볼 수 있다.
일반적인 경우 잠옷을 입고 호텔을 돌아다니는 것은 예의가 아니지만 일본의 경우는 식사를 하러 갈 때나 온천을 하러 갈 때 입고 가는 것이 가능하니 색다른 경험을 해보는 것도 나쁘지 않을 것 같다.

#1.

대학교 시절 유럽 배낭여행을 갔을 때의 일이다. 한국학생들이 가는 곳은 거의 비슷하기 때문에 호텔에서 한국 사람들을 자주 만날 수 있었다.
하루는 호텔조식이 무료로 제공되는 곳에서 머문 적이 있었는데 한국학생이 조식에서 제공되는 잼이며 쿠키를 몰래 챙겨가다 매니저에게 들키고 만 것이다.
배낭여행을 하는 돈 없는 대학생이라 봐줄 줄 알았는데 모두 압수당한 것은 물론이고 따끔히 혼이 나기까지 했다.
나중에 들은 얘기인데 그런 한국학생들이 한두 명이 아니라서 블랙리스트에까지 올랐다고 한다.

#2.

미국여행을 갔을 때 일이다. 여행사에서 안내하는 패키지여행으로 갔기 때문에 쉴 새 없이 바쁜 일정을 돌아다닌 터라 아침에 일어날 때마다 피곤함을 달래고자 커피를 마셔줘야만 했다. 그런데 하루는 유독 호텔 조식에서 제공되는 커피가 맛있어서 호텔 직원에게 "커피가 너무 맛있는데 혹시 나갈 때 좀 가져갈 수 있을까요?"라고 물었더니 직원은 흔쾌히 "SURE"라는 말과 함께 나의 텀블러에다 가득히 커피를 챙겨주며 즐거운 여행이 되라는 인사까지 해주는 것이다. 직원의 친절 덕분에 커피 향기 가득하고도 활기찬 여행을 여행을 할 수 있었다.

* 물이나 커피, tea 또는 간혹 비스킷 종류까지도 흔쾌히 챙겨주는 곳도 있으니 몰래 가져가다 걸릴까봐 조마조마한다면 정중히 요구하는 방법에 도전해보시길!

호텔에서 이용할 수 있는 유용한 서비스

❍ 룸서비스(Room Service)

객실에서 식사를 하거나 음료, 주류 등을 마시고 싶을 때 이용한다. 체크아웃 시 정산된다.

❍ 모닝콜 서비스(Wake up call Service)

프런트데스크(Front desk)나 모닝콜서비스 전화로 일어나고 싶은 시간을 알리면 무료로 이용할 수 있다.

교환원에게 모닝콜이 걸려오면 통화 후에 "Thank you" 한마디 정도는 잊지 않고 건넨다.

경우에 따라서는 녹음 메시지로 대신하기도 한다.

❍ 귀중품 보관함(Safety Box)

객실을 비울 때는 귀중품은 객실 내에 있는 귀중품 보관함에 보관해 두는 것이 좋다.

대부분 무료로 이용할 수 있다.

❍ 세탁 서비스(Laundry Service)

객실 내에 비치된 세탁물용 비닐백에 필요 사항을 기재(의류표시, 객실번호. 세탁방법 등)한 카드와 함께 세탁물을 넣어 객실 내에 두면 된다.

❍ 미니 바(Mini Bar)

객실 미니바에 준비되어 있는 음료나 주류는 대부분이 유료서비스다. 이용을 원할 시에는 비용 및 기타 환경 등을 생각하고 이용하는 것을 추천한다.

❍ 메이크업 서비스(Make up Service)

침대의 커버를 교체하는 등의 정리정돈을 하거나 객실을 정리해 주는 서비스로 보통 2박 이상 숙박할 때 제공된다.

* DND(do not disturb) card : 오전 늦게까지 잠을 자고 싶거나 방청소를 원하지 않을 경우 DND card를 객실 밖 문고리에 걸어놓으면 된다.

❍ 턴다운 서비스(Turn down Service)

취침 전 투숙객의 최상의 숙면을 돕기 위한 서비스로 물을 챙겨주고 슬리퍼를 정리해주는 것 외에 담요의 한쪽을 약간 접어놓는 것과 같이 침구를 정리해 주거나 객실을 간단하게 한 번 더 정리해 준다.

호텔에 따라 향초, 칵테일, 초콜릿과 같이 각각 다른 서비스가 제공되기도 한다.

❍ 그 밖에 서비스

콜택시 요청 서비스, 공항픽업서비스 등을 무료로 이용할 수 있다.

와이파이의 경우 호텔에 따라 무료인 곳도 있고 유료인 곳도 있다.

아기용 침대를 설치해 달라고 하면 설치가 가능하다.

이유식 등 또한 데워주고 만들어주는 곳도 있다.

잠깐!

호텔서비스이용별 팁을 팁으로

나라마다 팁 문화는 다르다. 다만 세계적으로 체인으로 운영하고 고급관광호텔은 물가를 반영한 나라별 약간의 차이는 있을 수 있으나 일반적으로 아래와 같은 금액으로 통용되고 있다. (*유럽, 미국 기준)

- 도어맨(Doorman)
  차에서 무겁거나 많은 짐을 내릴 때 서비스를 받을 시 1~2달러
- 벨맨(Bellman)
  객실까지 짐 하나당 1~2달러. 체크아웃 시에도 요구 시엔 동일한 서비스를 받을 수 있다.
- 발레파킹(parking valet)
  주차장에서 차를 찾아줄 때 1~3달러

• **프런트 데스크 직원(front desk clerks)**
팁을 주지 않는 것이 일반적이다.

• **룸서비스(room service)**
룸서비스 영수증 금액의 10~15%

• **컨시어지(concierge)**
컨시어지 서비스는 5성급 이상의 호텔에서 제공하는 특별 서비스로 팁이 요구되지 않는다. 단, 호텔 밖에 서비스를 부탁할 경우 5달러부터 많게는 20달러까지 지불한다.

* 컨시어지(concierge)는 호텔에서 호텔 안내는 물론, 여행과 쇼핑까지 투숙객의 다양한 요구를 들어주는 직원이다.

• **호텔 내 레스토랑 및 칵테일 바**
보통은 총 영수증 청구 금액의 15%

• **객실 청소 직원(house keeper)**
관례적으로 1달러였지만 쾌적한 숙박을 위해 가장 수고해주는 서비스로 최근엔 2~5달러가 적당(팁 문화가 거의 없는 아시아권에서는 1달러를 주기도 한다.)
팁은 룸을 나서기 전에 베개 위나 침대 옆 테이블에 놓는다. 다른 곳에 두면 손님의 것으로 알고 갖고 가지 않은 경우가 많다.
직접 주는 것이 아니기에 감사의 인사가 적힌 메모를 함께 주는 것이 좋다.

생각해 보기

1. 호텔 예약과 호텔 이용을 위해 확인해야 할 사항은 무엇인가?
2. 호텔이용 시 활용하면 좋은 서비스는 어떤 것들이 있는가?
3. 내가 생각하는 가장 중요한 호텔매너는 무엇인가?

Chapter

테이블매너

인어와 사람과의 사랑을 그린 드라마 '푸른 바다의 전설'에서 주인공 이민호(허준재)는 인어에서 인간이 된 전지현(심청)과 스페인에서의 첫 만남이 시작되자마자 상상도 못할 예측불허의 사건들이 벌어지게 되고 심지어 백화점에서 전지현과의 만남이 엇갈리기까지 했다. 졸지에 미아가 된 그녀와 극적으로 다시 만나게 된 이민호는 배고파하는 그녀를 위해 스파게티와 초코케이크를 사주게 되는데 인간의 음식을 먹어봤을 리 없는 전지현은 허겁지겁 손으로 먹어치우기 시작한다. 주변의 사람들은 모두 놀라서 쳐다보고 이민호(허준재) 역시 어이를 상실한 채 그녀에게 말한다.

"너 늑대소녀야? 너 어디 정글에서 왔니?

"칼질하러 가자"라는 말을 쓰던 시절이 있었다. 칼질이란 싸움이나 공예작업을 하러 가자는 말이 아니다. 큰마음 먹고 돈가스, 비프커틀릿, 햄버그스테이크 등 흔히 양식이라 표현하는 이런 요리를 먹으러 가자는 말을 할 때 쓰는 말이다. 레스토랑에서 먹는 서양의 요리는 아주 특별한 날 먹을 수 있는 비싸고 고급스러움이 느껴지는 그런 요리라는 생각을 갖고 있었다. 지금은 좀 더 대중화 됐다고는 하나 아직까지도 제대로 된 서양의 코스요리는 멋있는 프로포즈를 할 때 또는 중요한 비즈니스 모임이 있을 때 선택하게 되는 요리이다.

하지만 제공되는 요리의 이름도 어려울 뿐 아니라 와인 잔, 물 잔이 다르고 샐러드를 먹는 포크, 고기를 먹을 때 쓰는 포크 등 식도구의 수도 다양해서 어떤 것을 이용해야 할지 고민할 때가 있을 것이다. 호텔에서의 결혼식에 참석하게 되는 경우라도 생기면 '어떻게 먹어야 하지? 도대체 어떤 게 내 물이고 어떤 것이 내 빵인거지?' 난감해 할 때가 있다.

드라마 속 전지현이기 때문에 손으로 스파게티를 게걸스럽게 먹어도, 아무 포크를 갖고 디저트를 먹어도 예뻐 보이는 것이 아닐까? 스파게티와 스테이크를 먹을 때의 포크, 디저트와 수프를 먹을 때의 스푼은 각각 다른 포크와 스푼을 사용해야 한다. 이처럼 무엇을 어떻게 먹을까에 대한 테이블매너를 안다면 좀 더 격식 있고 즐거운 식사를 할 수 있을 것이다.

1 테이블매너의 기원과 의미

테이블매너란 즐거운 식사를 위한 우리의 자세를 의미한다. 테이블매너가 완성된 것은 19세기 영국의 빅토리아 여왕 때라 할 수 있다. 그리스로마 시대에도 테이블매너는 있었으나 아주 기초적인 수준이었다. 1800년대 세계에서 가장 부유했던 영국 상류사회 문화는 식문화에서도 절정에 달했고 영국 역사상 최고 번성기인 19세기 빅토리아 여왕 시대에 현대의 테이블매너가 자리 잡았다. 빅토리아 여왕 시대 영국 이미지를 떠올리다 보면 대표적으로 연상되는 것이 선진공업국과 화려한 테이블 문화다.

그 당시 유럽 전역에는 새로운 부가 창출돼 구 귀족은 신흥 중산층 계급으로부터 끊임없는 도전을 받게 됐다. 따라서 자신들의 신분에 어울리는 새로운 기준을 정해 스스로를 보호할 필요를 느끼게 됐다. 그 기준이 바로 정찬모임이었고 훌륭한 음식과 선별된 손님, 장식성이 강한 천 의자, 그림, 카펫 등으로 꾸며진 다이닝룸은 그러한 모임의 필수 조건이었다.

이 시대엔 특히 형식을 중요하게 여겼던 터라 식사 방식 하나하나가 까다롭기까지 했다. 이렇게까지 격식을 갖추고 까다롭게 하는 데는 신분을 나타내기 위한 나름의 방법이기도 했다. 그러나 형식 자체에 의미를 뒀다기보다는 식기구가 포크와 나이프이다 보니 혹시라도 생길 수 있는 사고와 부상을 예방하는 차원이기도 하고 무엇보다도 모두에게 즐거운 자리가 되는 것은 물론 최고의 식사시간이 되기 위한 일종의 규칙이 있어야 하기 때문이다.

2 서양의 코스요리

서양은 한상 거하게 나오는 우리나라의 한상차림인 공간전개형과는 다르게 코스별 요리가 천천히 차례대로 제공되는 시간 계열형이다.

서양요리는 식사코스에 따라 일품요리인 알라까르트(A la carte)와 정식요리인 테이블도뜨(Table d'hote), 즉 풀코스(Full-cource)로 나뉜다. 코스요리라 함은 프랑스 요리를 생각하면 된다. 레스토랑에서 제공되는 메뉴판도 프랑스어로 써진 것들을 많이 볼 수 있다. 프랑스 요리는 세계적으로 인정받는 요리로 공식적인 연회나 행사에서 제공되는 것이 관례다. 여기서 일품요리라 함은 자신의 기호에 맞게 요리를 선택해서 주문하는 것이고 정식요리는 정해진 코스에 따른 것으로 종류는 레스토랑마다 차이는 있지만 레스토랑의 추천요리와 계절요리를 포함해서 보통 10~12가지가 된다. 현대에 와서는 서양 코스요리를 좀 더 대중에게 가깝게 다가가게 하기 위해 5가지, 7가지, 9가지 등으로 다양하게 제공이 되고 있다.

코스별 음식

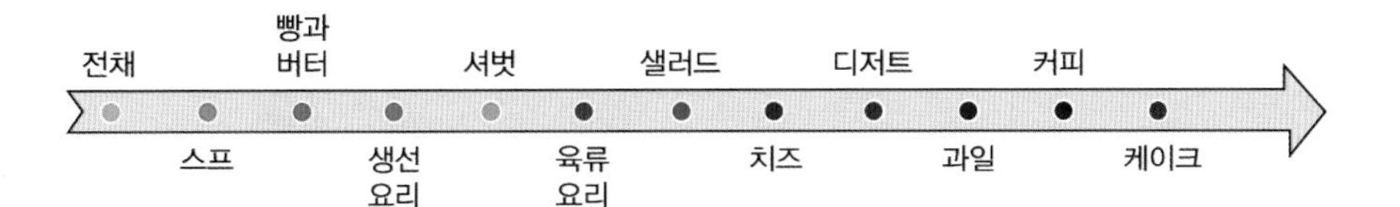

❍ 전채

메인 요리(Main dish)를 먹기 전에 식욕을 돋게 하기 위해 간단히 먹는 요리로 전채는 애피타이저 appetizer, 스타터 starter, 오르되브르 hors-d'oeuvre로 각각 불린다. 단맛보다는 짠맛이나 신맛을 통해 미각을 자극해 주는 것으로 카나페, 훈제연어, 생굴, 과일, 치즈 소시지, 새우칵테일 등이 대중적이고 캐비아, 푸아그라, 트뤼플은 고가(高價)의 세계 3대 진미로 꼽는다.

세계 3대 진미

- 캐비아(Cavia)
  서양요리의 보석. 철갑상어 알을 소금에 절인 것.
  비타민, 단백질이 풍부하다.
  크래커나 구운 토스트 등과 같이 제공되고 사우어 크림이나 파슬리, 다진양파 등을 곁들여 먹는다.

- 푸아그라(Foie gras)
  '기름진 거위간'이라는 뜻.
  프랑스 고급요리의 대명사.
  기름의 느끼함을 중화시켜줄 수 있는 와인과 함께 먹으면 좋다.

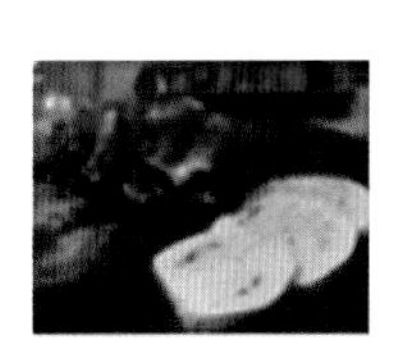

- 트뤼플(Truffle)
  '땅속의 다이아몬드'라 불리는 송로버섯.
  향이 매우 독특하며 세계에서 가장 비싸게 거래되는 버섯으로 유명하다.
  올리브나 버터와 곁들여 먹는다.

전채에서 제공되는 종류 중 카나페, 샐러리, 과일 등은 손으로 먹어도 된다. 많이 먹으면 메인요리를 제대로 맛볼 수 없으니 적당히 입맛을 돋구어줄 정도로만 먹는 것이 좋다.

❍ 수프(Soup)

입안을 촉촉하고 부드럽게 해주는 음식으로 불어로는 포타주(Portage)라고 부른다. 수프의 농도에 따라 맑은 수프인 포타주 클레르(Portage clair)와 걸쭉한 수프인 포타주 리에(Portage lie)로 나뉘는데 코스요리에서는 걸쭉한 수프보다는 맑은 수프로 하는 것이 수프 다음에 나오는 요리들의 식감을 더 좋게 해준다.

수프를 먹을 때는 몇 가지 주의할 사항이 있다.

- 소리 내지 않는다.
- 스푼(Spoon)을 입술로 빨아 먹지 않는다.
- 뜨거울 경우 불면서 먹지 않고 저어서 먹는다.
- 다 먹었을 때는 스푼은 뒤집어 놓지 않고 그릇 중앙에 가로로 놓는다.
- 수프에 빵이나 비스킷, 크래커 등을 찍어먹지 않는다.

❍ 빵

빵은 보통 디저트가 나오기 전까지 먹으면서 새로운 코스요리가 제공될 때 혀를 깨끗하게 해주고 앞에서 먹었던 요리의 맛이 남아 있지 않고 제대로 된 향을 느끼게 해주는 역할을 한다.

- 포크와 나이프를 사용하지 않고 손으로 조금씩 뜯어 먹는다.
  서양에서 포도주와 빵은 예수의 피와 몸을 상징한다. 이러한 믿음 때문인지 빵은 손으로 뜯으며, 절대 칼을 대지 않는 것이 테이블매너 가운데 하나다.
- '좌빵우물'
  물은 오른쪽에 있는 것이, 빵은 왼쪽에 있는 것이 자신의 것이다. 오른쪽 접시에 놓인 타인의 빵을 먹지 않도록 유의한다.

- 개인별로 제공되는 것이 원칙이나 함께 먹을 있도록 바스켓에 제공되는 곳도 있다. 상대에게 건네줄 경우는 물 잔을 건드려서 넘어뜨리지 않도록 조심해야 한다.

❍ 생선

생선은 생략되는 경우도 있다. 메인 요리는 아니지만 육류보다 연하고 열량이 적으며 칼슘, 단백질 비타민 등이 풍부해 최근에 선호도가 높아지고 있는 추세다. 또한 육류 대신 메인요리로 선택하기도 한다.

제공되는 생선으로는 대구, 도미, 농어 등의 바다생선과 송어, 연어 등의 민물생선이 있고, 새우와 전복, 가리비, 굴, 오징어 등도 생선코스에 포함된다.

- 생선은 뒤집지 않는다.
- 생선뼈는 나이프를 이용해서 살과 뼈 사이에 넣어 뼈를 들어올려서 분리해낸다.
- 생선은 포크를 사용해서 먹는다.
  생선요리는 칼을 사용하지 않아도 될 정도의 부드러운 육질을 갖고 있다.

잠깐!

상큼한 레몬 사용법

- 레몬은 생선의 비린내를 없애주면서 생선의 맛을 더해 준다.
- 포크를 사용해서 생선 위에 올린 후 문지르면서 생선에 골고루 묻혀준다.
- 연한 생선이 부서질 수 있으므로 접시에 즙을 짠 후 생선을 찍어 먹어도 괜찮다.
- 레몬을 짜야 할 경우 다른 사람의 옷에 튀거나 눈에 들어가지 않게 손으로 감싸 듯 가려서 짜내는 것이 좋다.

❍ 육류

메인 요리(Main dish)로 앙뜨레(Entree)라고도 한다. 주재로 쇠고기, 양고기, 돼지고기 등이 있는데 육류요리 중 쇠고기가 가장 선호하는 주재료다.

적당한 크기로 썰어서 소금, 후추 등을 뿌려서 구운 스테이크가 대표적으로 흔히 안심, 등심, 갈비 등 부위별로 맛도 다양하고 굽기의 정도에 따라서도 맛이 다르다.

잠깐!

손님, 어떻게 구워 드릴까요?

- 레어(Rair)
  표면만 익힌 거의 날고기 상태로 붉은 육즙이 흘러 쇠고기 본연의 맛을 즐길 수 있어 미식가들이 가장 선호
- 미디엄레어(Medium rair)
  레어와 미디엄의 중간으로 핑크 부분과 붉은 부분이 섞인 상태로 살짝 육즙이 보이는 정도
- 미디엄(Medium)
  중심부가 모두 핑크빛을 띠는 정도
- 미디엄 웰던(Medium well-done)
  약간의 탄력만 있는 상태로 육즙은 거의 안 보임. 중심부와 표면이 거의 구워진 상태
- 웰던(Well-done)
  표면과 중심부 모두 구워진 상태. 질감이 단단하고 질김.

한국 사람들은 고기는 바싹 익혀먹어야 제 맛이라고 생각하는 사람들이 적지 않다. 고기 자체의 육즙과 향을 느끼기 원한다면 미디엄이나 미디어 레어 정도를 추천한다. 처음부터 웰던으로 굽기보다는 시식을 해 본 후 원하는 질감이 아닌 경우 다시 구워 달라고 요청하는 것도 방법 중에 하나다.

- 포크는 왼손, 나이프 오른손으로 잡는다.
- 자를 때는 왼쪽부터 시작하는 것이 원칙이다. 그래야 포크를 쥐고 있는 왼손으로 먹기가 편하다.

- 한번에 다 자르지 않고 먹기 좋은 정도의 크기로 한 점씩 잘라 먹는다. 미관상으로도 안 좋지만 빨리 식어서 최상을 맛을 즐길 수 없게 된다.
- 단번에 잘리지 않을 수 있다. 먼 쪽부터 안쪽으로 당기듯 잘라나가는 것이 좋다.
- 나이프를 손으로 감싸 쥐어서 자르거나 나이프를 수직으로 세워 자르지 않는다.

❍ 샐러드

산성인 고기와 알칼리성인 샐러드가 만나 조화로운 영양섭취를 돕는다.

소금이나 후추 등의 조미료를 먹어보기도 전에 뿌리는 것은 서양에서는 최상의 상태로 요리한 요리사를 무시하는 행위로 여겨질 수 있으니 주의하자.

샐러드는 나이프를 사용하지 않고 포크로만 사용하는 것이 보통이다.

여러 사람이 다같이 먹게 나오는 경우 자신이 먹던 숟가락이나 포크로 덜어 먹는다면 상대에게 실례가 될 수 있다.

잠깐!

당신이 선택할 샐러드 드레싱은 뭐?

샐러드 드레싱이란 드레싱(옷을 입다)에서 유래하여 '재료에 조미료를 입히다, 무친다'는 의미가 됐다. 나한테 맞는 옷을 입어야 그 사람의 스타일이 제대로 살아나듯 소스를 더하면 본연의 맛에 플러스가 되는 효과를 볼 수 있다.
드레싱은 재료에 따라 종류와 맛이 다양한데 한국인이 많이 찾는 대표적인 소스로는 사우전드 아일랜드 드레싱, 이탈리안 드레싱, 프렌치드레싱 등이 있다.

- 사우전드 아일랜드 드레싱(Thousand island dressing)
  가장 흔히 볼 수 있는 드레싱으로 마요네즈에 토마토, 피클, 향신료 등을 넣어 고소하고 신맛, 단맛 등이 어우러졌으며 드레싱 자체에 씹히는 맛이 있어 야채 샐러드에 잘 어울린다.

- 이탈리안 드레싱(Italian dressing)
  다진 마늘, 양파, 바질 등을 넣어 만든 것으로 올리브유와 식초가 기반이기 때문에 거의 모든 샐러드에 어울린다. 상큼하면서 칼로리가 낮아 다이어트를 생각하는 여성들이 많이 찾는다.

- 프렌치드레싱(French dressing)
  계란노른자와 겨자, 식초 등을 넣어 만든 것으로 상큼하면서도 깔끔한 맛을 낸다. 채소샐러드와 해산물 샐러드에 잘 어울린다.

- 오리엔탈 드레싱(Oriental dressing)
  오일을 적게 넣고 간장, 다진 양파, 참깨, 참기름, 설탕, 식초 등이 들어간 것으로 한국인의 입맛에 익숙하다. 두부가 들어간 샐러드나 익힌 채소를 이용한 샐러드와 잘 어울린다.

- 시저드레싱(Caesar dressing)
  발사믹 식초가 들어간 것으로 독특한 맛과 향을 느낄 수 있고 빵과도 잘 어울리는 드레싱이다.

❍ 디저트

프랑스어로는 데쎄르(Dessert)라고 하는데 이는 프랑스의 데쎄르비르(Desservir)에서 유래된 것으로 '치운다', '정리한다'라는 뜻으로 식사를 마무리하면서 정리한다는 의미다.

- 기분 좋은 식사 마무리를 위해 달콤하고 부드러운 것 위주로 먹는다.
- 아이스크림은 그 모양이 흐트러지지 않도록 자신의 앞쪽부터 먹는다.
- 모서리가 있는 케이크는 모서리 부분부터 잘라 먹는다.
- 자몽이나 멜론 같은 부드러운 과일은 스푼으로 먹고, 조각으로 썰어 나온 멜론은 포크로 먹으면 된다. 딸기는 한 알씩 손으로 먹는다.

❍ 식전주, 식후주

풀코스 요리에서는 식사의 처음과 끝을 술로 하는 경우가 많다. 서양에서의 술은 단순히 취하기 위한 것이 아닌 음식의 맛을 더하기 위해 함께하는 것이라 할 수 있다.

- 아페르티프(Apertif)라 하는 식전주는 '위를 연다'라는 뜻이 있는데 이것은 식사하기 전에 타액이나 위액의 분비가 원활하게 돼서 식욕을 돋게 하기 위한 것이다.
- 식전주로는 샴페인이나 칵테일과 같이 알코올도수가 가벼운 것으로 제공하는데 올리브나 레몬 등과 함께 마시기도 한다.
- 디제스티프(Degestif)라 하는 식후주는 모든 식사가 끝난 뒤에 소화를 촉진하기 위해 마시는 것이다.
- 식후주는 식전주보다 알코올도수가 높은 것으로 코냑이나 테킬라, 브랜디 등이 이에 해당한다.

다양한 식사도구

❍ 포크 나이프

풀코스에 제공되는 포크와 나이프는 그 수는 적개는 2~3개, 많게는 5개까지도 있어서 어느 것부터 사용해야 할지 그 사용법을 몰라 어려워하는 사람들이 있다.

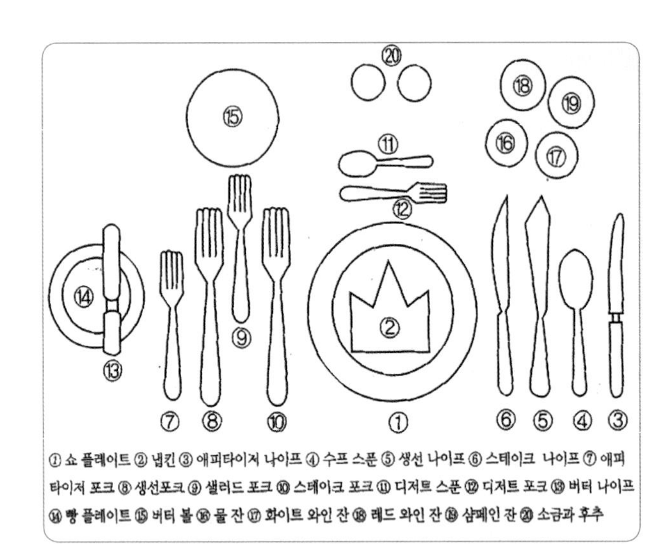

① 쇼 플레이트 ② 냅킨 ③ 애피타이저 나이프 ④ 수프 스푼 ⑤ 생선 나이프 ⑥ 스테이크 나이프 ⑦ 애피타이저 포크 ⑧ 생선포크 ⑨ 샐러드 포크 ⑩ 스테이크 포크 ⑪ 디저트 스푼 ⑫ 디저트 포크 ⑬ 버터 나이프 ⑭ 빵 플레이트 ⑮ 버터 볼 ⑯ 물 잔 ⑰ 화이트 와인 잔 ⑱ 레드 와인 잔 ⑲ 샴페인 잔 ⑳ 소금과 후추

결론부터 말하자면 바깥쪽부터 사용한다는 것만 기억하더라도 실수할 확률이 적다.

중앙에 있는 접시를 기준으로 포크는 왼쪽, 나이프는 오른쪽에 놓여있다.

- 식사 중에 떨어뜨렸다면 직접 줍지 않고 웨이터를 불러서 새것을 부탁한다.
- 포크나 나이프를 손에 쥔 채로 대화를 하지 않고 상대방이나 물건 등을 가리키지 않는다.
- 나이프는 입안에 직접 넣지 않는다.
- 포크와 나이프의 위치는 식사 중일 때는 양 끝에 걸쳐 놓거나 접시 위 서로 교차되게 놓고, 식사가 끝날 시에는 4~5시 위치에서 포크와 칼날 쪽이 접시 중앙을 향하게 놓는다.

식사 중

식사 후

- 포크는 왼손, 나이프는 오른손으로 잡는 것이 기본이나 음식을 자른 후 포크를 오른쪽으로 바꿔 드는 것은 가능하다.
- 포크와 나이프가 서로 부딪히는 소리가 나지 않도록 조심한다.

❍ 냅킨(napkin)

프랑스어로는 세르비에뜨(Serviette)라 한다. 현대에 들어와서 다양한 크기, 다양한 색상과 무늬의 냅킨이 등장하고 있지만 대개의 경우 입을 닦는 용도로 사용했기 때문에 위생적으로 보이기 위해 순백색의 리넨 천을 사용했다.

- 테이블 위에서 수건을 털 듯 펴지 않고 테이블 아래에서 편 후 무릎에 올려 놓는다.
- 중앙 부분이 아닌 가장 자리를 이용해서 입가를 살짝 닦는다.
- 립스틱이나 그 외의 것이 묻지 않도록 주의한다.
- 목에 두르거나 가슴에 달지 않는다.
- 코를 풀 때는 냅킨이 아닌 손수건이나 휴지를 사용한다.
- 안경을 닦거나 식기도구를 닦는 등의 다른 용도로 사용하지 않는다.
- 식사가 끝나면 접시 왼쪽에 놓고, 잠시 자리를 비울 시에는 의자 위에 놓는다.

❍ 그밖에

- 물 잔은 가장 큰 잔이고 다음이 레드와인, 화이트와인 순이다.

- 여럿이 앉아 있는 원형 테이블의 경우 오른쪽에 있는 물 잔이 자신의 것이다. 혹시 옆사람이 내 물 잔을 사용한다면 정정하지 않고 다른 물 잔을 사용하거나 웨이터를 불러서 새 물 잔을 가져달라고 한다.
- 음식을 흘리지 않게 요리를 담은 접시는 식탁 앞 자신의 몸쪽 가까이 두고 먹는다.

3 레스토랑 이용

예약하기

영화나 공연관람, 병원, 피부관리실까지 이제 우리나라도 다양한 서비스업종에서 예약문화가 대중화되고 있다. 레스토랑 이용도 마찬가지다. 인기 있는 레스토랑은 예약을 하지 않으면 현장에서 이용하기란 쉽지 않고 아예 예약제로만 운영이 되는 레스토랑도 있다. 요즘 TV에 출연해서 이름이 알려진 스타 셰프가 하는 레스토랑에서 식사를 하려면 예약이 차서 몇 달을 기다려야 하는 것은 기본이고 심지어 1년 이상을 기다려야 하는 곳도 있다. 이렇게 사전에 예약을 하는 이유는 내가 원하는 시간에 기다리지 않고 편하게 이용할 수 있기 때문이다. 또한 원하는 자리나 더 좋을 자리를 얻을 수 있고 특별히 원하는 사항들을 미리 알려줌으로써 양질의 서비스를 받을 수 있다는 장점도 갖고 있다.

예약을 할 때는 일반적으로는 전화로 하지만 비즈니스상의 미팅이나 중요한 행사 등이 있을 경우는 직접 가서 확인 후 예약하는 것이 안전하다.

- 1~2주 전 여유 있게 예약한다.
- 예약날짜 이름, 연락처, 인원수를 알린다.
- 식사 메뉴를 미리 얘기해주면 레스토랑 입장에서는 재료를 준비함에 있어 편리하고, 이용객은 기다리는 시간 없이 바로 먹을 수 있어 좋다.
- 처음 예약한 인원수와 차이가 많이 날 경우 변동사항을 미리 알려준다. 레스토랑은 예약인원에 맞게 재료를 미리 준비해 놓기 때문에 손실을 볼 수 있다.
- 생일 기념일 등의 특별한 날임을 밝히면서 단품메뉴, 디저트나 와인 등의 서비스를 요청할 수도 있다.
- 예약된 날짜에 방문을 못하게 된다면 반드시 취소연락을 한다.

잠깐!

NO show는 하지마 show!!

'노쇼'는 예약을 하고 별다른 연락 없이 나타나지 않는 것을 말한다.
아무래도 전화로만 예약을 했을 뿐 직접 선결제를 하지 않은 예약시스템이 요인이라 할 수 있다.
노쇼를 하게 될 경우 레스토랑에서는 예약한 손님을 위해 준비한 재료를 버리게 되는 경우가 생기고 심지어 잦은 노쇼 때문에 더 이상 레스토랑 운영을 못하고 접게 되는 심각한 피해까지 생기게 된다. 이런 피해는 업체뿐만이 아니다. 기다리는 손님들은 빈자리가 있음에도 불구하고 다른 자리가 날 때까지 오랜 시간 기다리거나 그냥 돌아가야 하는 경우가 생긴다. 레스토랑 측도 손님 측도 모두 손실과 불편을 얻게 되는 것이다.
노쇼의 피해를 줄이고자 스타셰프로 알려진 에드워드 권, 이연복, 최현석 셰프 등은 캠페인을 1년 전부터 언론이나 SNS에서 적극적으로 펼쳤고 에드워드 권의 경우 3번의 예약을 지킨 고객에게는 VIP카드를 지급해서 할인이나 디저트 서비스까지 제공했다. 덕분에 1년 사이 예약부도율은 35%에서 20%로 줄었다고 한다.

이제 더 이상 노쇼가 아닌 '성숙한 시민의 쇼'를 보여줄 때가 아닐까?

착석과 주문

❍ 착석

- 식당입구에서 예약자 이름과 시간을 확인한 후 안내에 따라 들어간다.
- 빈자리가 보인다고 직원의 안내 없이 임의로 들어가서 앉지 않는다.
- 상석은 직원이 먼저 안내해 준 곳이 제일 상석에 해당된다. 또는 전망 좋은 곳이 상석이다.
  출입구에서 가깝거나 사람의 왕래가 잦은 복도 측이 말석이 된다.
- 큰 짐은 카운터에서 사전에 웨이터에게 맡기고 핸드백은 의자의 등받이와 자신의 등 사이에 놓는다.
- 백팩이나 서류가방 등 부피가 있는 경우 자신이 앉은 의자의 오른쪽 최대한 가까운 위치에 놓는다.
- 부피가 큰 외투는 의자에 걸어놓지 않고 별도의 준비된 옷걸이에 걸거나 웨이터에게 맡긴다.
- 여성의 경우 레이디퍼스트(Lady first)의 서양매너를 따라 여성이 먼저 자리에 앉는다.
- 웨이터가 의자를 빼주면 감사의 말과 함께 앉는다.
  이때 남성이 동행했다면 동행한 남성이 의자를 빼주는 것이 매너다.

❍ 주문

- 초대 받은 경우는 호스트, 즉 모임의 주선자에게 추천을 받거나 너무 높지 않는 가격 선에서 주문하는 것이 좋다.
- 웨이터를 부를 때는 눈이 마주치기를 기다렸다가 사인(Sign)을 주거나 손을 들어서 오게 한다.
  "여기요"나 손가락을 사용해 소리를 내는 행위, "휘파람"을 부는 등의 행위를 하지 않는다.

식사 중 매너

음식은 입으로만 먹는 것이 아닌 5감으로 즐기는 것이다.

- 너무 갖춰지지 않는 캐주얼한 옷과 진한 향수는 피한다.
  향이 과한 향수는 음식 본연의 향을 느끼는데 방해가 된다.
- 요란하게 소리를 내며 먹지 않는다.
- 사람을 옆에 두고 머리 위로 멀리 있는 사람과 이야기하지 않는다.
- 식사 중 재채기는 음식물에 침이 튀지 않게 뒤로 돌아서 하거나 가리고 한다.
- 코를 풀 때는 가급적이면 화장실을 이용한다.
- 식사 중에 트림을 하는 것은 실례다.
  불가피한 경우엔 손을 가리고 되도록 조용하게 한다.

식사 후 매너

- 화장은 화장실에서 한다. 식사자리에서 하는 것은 큰 실례다.
- 어른이 식사를 마칠 때까지 자리에서 먼저 일어나지 않는다.
  여성과 함께 할 경우 식사를 마치고 일어날 때 함께 일어나 주는 것이 예의다.
- 계산은 카운터가 아닌 테이블에서 하는 것이 좋다.
  이때 손을 들어 웨이터와 눈이 마주쳤을 경우 양손으로 네모를 그리거나 네모 모양을 하면 계산서를 가져다준다.

잠깐!

제대로 알고 즐기는 뷔페 팁&매너

- 따뜻한 수프로 빈속을 달래고 위벽을 보호해 주기
- 샐러드, 스시, 차가운 파스타 등 차가운 음식과 간이 약한 음식으로 시작하기 (입맛을 돋우고 위의 부담을 덜어줄 수 있다.)
- 배는 부른데 그만 먹기엔 아쉽다면?
  소화를 돕는 키위나 파인애플 같은 과일로 잠시 쉬어가기
- 한 접시에 많이 담기보다는 적당량의 음식을 여러 번 나서서 새 접시에 먹기 (음식이 빨리 식을 뿐 아니라 음식이 섞여서 제맛을 느끼는 데 방해될 수 있다)
- 진열된 음식에 코를 가까이 대고 향을 맡는 건 실례
- 손으로 만지거나 특정 내용물만 담기 위해 휘젓지 말기

4 각국의 식생활문화

음식은 그 나라의 역사와 관습, 생활을 나타낸다. 심지어 음식을 통해 국민성과 정신까지도 엿볼 수 있기 때문에 한 나라의 사회나 문화를 이해하는 데 음식처럼 쉽게 접근하는 방법도 없을 것이다. 세계화 시대에 다양한 문화교류가 이루어지고 있으며 그 중 음식문화의 교류도 활발해지고 있다. 이런 가운데 음식을 통한 외교도 가능하다는 말이 나오고 있다. 2006년 베트남을 방문한 버락 오바마 대통령의 '분짜'(베트남의 서민 음식) 외교가 그 대표적인 예라 할 수 있다. 작고 평범한 서민 식당에서 분짜를 먹는 오바마의 모습은 베트남 문화를 이해하려는 모습을 보이기에 충분했고 베트남 국민들에게 큰 호응을 얻기까지 했다.

"금강산도 식후경"

그 나라 문화를 알려면 음식부터 살펴본다는 말이 있다. 다양한 나라의 문화를 살펴보는 그 첫 번째로 각 나라의 식문화에 대해 알아보도록 하겠다.

"하늘 나는 비행기 빼고 다 먹는다!" 중국

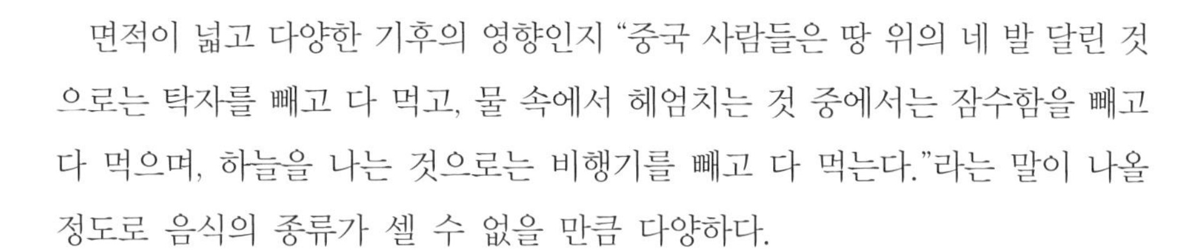

면적이 넓고 다양한 기후의 영향인지 "중국 사람들은 땅 위의 네 발 달린 것으로는 탁자를 빼고 다 먹고, 물 속에서 헤엄치는 것 중에서는 잠수함을 빼고 다 먹으며, 하늘을 나는 것으로는 비행기를 빼고 다 먹는다."라는 말이 나올 정도로 음식의 종류가 셀 수 없을 만큼 다양하다.

중국음식은 多多多

첫째, 제비집, 상어지느러미, 곰 발바닥, 원숭이 골, 전갈 등 재료가 다양하다.

둘째, 단맛, 짠맛, 신맛, 매운맛, 쓴맛의 다섯 가지 맛 외에 이 맛들을 섞은 오묘한 맛까지 맛이 다양하다.

셋째, 재료 특유의 잡내를 제거해주거나 감칠맛을 더해주는 향신료와 조미료의 종류 또한 다양하다.(일반 식당에서 쓰는 양념의 종류만 해도 50여 가지가 되고, 조미료의 종류도 500여 종)

넷째, 조리기구는 간단하지만 지지고 볶고 튀기고 찌고 굽는 등 조리법은 다양하다.(조리법에 대한 용어만 100여 가지)

美 선수단 전원 때 아닌 예절교육… 中 음식문화 등 가르쳐

'상대를 비하하거나 예의 없는 행동으로 국가 이미지를 떨어뜨려서는 안 된다.' 올림픽 개막을 코앞에 두고 미국 올림픽위원회(USOC)가 596명의 선수단 전원을 대상으로 이틀간 중국 문화에 관한 집중 교육을 실시해 화제다. 월스트리트 저널(WSJ)은 7일 USOC가 선수단을 대상으로 음주문화나 포옹, 젓가락 사용법 등 중국의 풍습과 예절 등을 교육했다고 전했다. 교육 내용 가운데는 "경기에서 이겨 행사를 할 때는 국기를 거꾸로 들지 않도록 주의하고, 젓가락으로 음식을 찌르면 안 된다."와 같은 아주 구체적인 내용까지도 포함됐다.

이 특별 프로그램의 이름은 '대사(Ambassador) 프로그램'으로 조지 부시 대통령이 "여러분 개개인이 (미국을 대표하는) 대사로서 최선을 다해줄 것을 믿어 의심치 않는다"고 말한 데서 비롯됐다. - 2008 08.07 경향신문 재편집

- 제공되는 접시의 음식을 완전히 비우지 않는다. 중국에서 반찬이나 음식을 남기는 것이 호스트에 대한 예의다. 음식을 다 비울 경우 "음식이 부족해요"라는 뜻이다.
- 중식 테이블은 보통 회전식탁이다.
  음식을 덜어 낸 후에는 다음 사람을 위해 시계방향으로 돌려준다.
- 생선은 뒤집어 먹지 않는다.
  생선을 뒤집으면 배가 뒤집히는 것과 같은 뜻으로 여기고 불길하다고 생각한다.
- 중국인은 짝수를 선호한다. 음식을 주문할 때도 짝수로 주문하는 것이 좋다.
- 한 접시에 여러 가지 음식을 담지 않는다.
  중국에서는 개인접시에 음식을 조금씩 덜어 먹는 문화를 갖고 있다.
- 밥을 먹을 때 고개를 숙이지 않는다.
- 밥을 먹을 땐 젓가락을 사용하고 음식을 젓가락으로 휘젓거나 찌르지 않으며 숟가락은 탕이나 국을 먹을 때 사용한다.
- 식사 중 젓가락을 사용하지 않을 경우는 접시 끝에 걸쳐놓고, 식사가 끝나면 받침대 위에 올려놓는다.
- 한 가지 음식을 먹은 후에는 차를 한 모금 마신 후 맛과 향을 제거한 후 새로운 음식의 맛을 즐긴다.
- 차와 술은 첨잔문화로 그만 마시고자 한다면 확실하게 의사를 표현해야 한다.

잠깐!

4대 지역 음식의 특징

동파육

- **東 상하이(上海) 일대요리**
  새콤달콤하다. 풍부한 해산물과 미곡으로 만든 음식이 많다.
  ex) 동파육, 해산물 요리 등

마파두부

- **西 쓰촨(四川) 요리**
  고추가 많이 들어가서 맵다. 산악지대이기 때문에 향신료, 소금절이, 건조시킨 저장식품이 발달했다.
  ex) 마파두부, 삼선누룽지탕

탕수육

- **南 광둥(廣東) 요리**
  전세계 차이나타운에서 먹을 수 있는 세계에서 가장 유명한 요리다.
  ex) 탕수육, 팔보채 등

카오야(오리구이)

- **北 베이징(北京), 산둥(山東)의 요리**
  대체로 짜다.
  추위에 견디기 위해 기름기를 많이 사용한 고칼로리 음식이 특징이다.
  ex) 카오야(오리구이)

'와리바시(わりばし)'의 나라 일본

'젓가락문화'라고 불리는 일본은 사면이 바다로 둘러싸여 있어 어패류요리가 발달했으며 시각적인 맛을 중요시하는 것이 특징이다.

중국이 불을 활용한 다양한 조리법의 요리가 주를 이룬다면 일본은 조리를 거의 하지 않는 본연의 맛을 즐기는 문화다.

- 식사 때는 한 접시에 한 가지 요리만 담으며, 각자 개인접시에 덜어 먹는다.
- 젓가락은 받침대 위에 가지런히 놓는다. 사용할 때는 두 손으로 젓가락의 길이를 맞춰서 사용하고 다시 받침대에 올려둔다.
- 밥이나 국그릇 뚜껑은 뒤집어 놓지 않는다.
- 젓가락은 세로가 아닌 수평으로 놓는다.
- 숟가락은 쓰지 않으며 젓가락을 국그릇 안에 넣어 건더기가 입에 들어가는 것을 막는다.
- 밥을 먹을 때는 두 손으로 밥공기를 들어 올려 왼손에 밥공기를 든다.
- 국을 밥그릇에 부어 먹지 않는다.
- 밥을 더 먹고 싶을 때는 조금 남겨두면 밥을 더 먹고 싶다는 뜻이 된다.
- 생선회를 먹을 때는 작은 접시를 받치고 입으로 가져간다.
- 튀김을 먹을 때는 양념장을 상 위에 놓고 먹어도 되고 양념장이 바닥에 떨어지지 않게 손에 들고 먹어도 된다.
- 식사 중에는 먹는 소리나 그릇 소리를 내지 않아야 한다.
  단, 면류를 먹을 때는 소리를 내도 괜찮다.
- 메밀국수와 같은 자루소바를 먹을 경우 한 그릇에 면을 다 담지 않고 조금씩 집어 국에 찍어 먹는다.
- 생선초밥을 먹을 때 생선살이 있는 쪽을 간장에 찍어서 먹는다. 요리사가 손으로 만들어 주는 것과 같이 초밥도 손으로 먹는다(현재는 외국인을 위해 젓가락을 사용하기도 한다).
- 상반신을 앞으로 숙여 먹지 않는다.
  입이 음식으로 향하는 것은 짐승이 하는 짓이라 생각한다.
- 일본은 첨잔하는 문화다. 술이 남아 있을 때 다시 따라줘야 한다.

잠깐!

이런 젓가락 움직임은 NO!

일본은 젓가락만 잘 써도 식사예절이 바르다는 소리를 들을 수 있으니 젓가락 사용에 특별히 신경 쓰도록 하자.

- 마요이바시(迷い箸) : 젓가락을 든 채 음식을 고르려고 여기저기 기웃거리는 행동
- 사구리바시(探り箸) : 가득 담겨진 음식을 안쪽에서 젓가락으로 끄집어내어 먹는 행동
- 모기바시(もぎ箸) : 젓가락에 붙은 음식을 입으로 떼어내는 행동
- 니기리바시(握り箸) : 젓가락을 쥔 채로 밥공기를 잡거나 움직이는 행동
- 와타시바시(渡し箸) : 식사 도중 밥그릇 위에 젓가락을 올려놓는 행동
- 요세바시(寄せ箸) : 젓가락으로 식탁 위에 놓인 그릇을 움직이는 행동
- 네부리바시(ねぶり箸) : 먹고 있는 것도 아닌데 젓가락을 입에 물고 핥는 행동
- 사시바시(刺し箸) : 음식을 젓가락으로 찍어서 먹는 행동
- 쯔리바시(移り箸) : 젓가락으로 든 음식을 다시 그릇에 놓고 다른 음식을 드는 행동
- 마와시바시(回し箸) : 젓가락으로 밥그릇을 마구 휘젓는 행동
- 나미다바시(涙箸) : 국물이 있는 음식이나 간장 등을 질질 흘리면서 젓가락으로 집는 행동
- 타테바시(立て箸) : 밥이나 반찬 그릇에 젓가락을 꽂아놓는 행동
- 하시와타시(箸渡し) : 젓가락의 음식을 남의 젓가락에 옮기는 행동

그 밖의 아시아

❍ 인도

향신료가 발달한 나라다.

힌두교, 이슬람 등의 종교적인 이유로 쇠고기, 돼지고기를 기피하며 채식주의자가 많다.

- 손으로 나눠먹는 음식이 많기 때문에 손을 깨끗이 씻는다.
- 음식은 신이 내린 신성한 선물이다.
  상점이나 시장에서 주인들이 차를 내오거나 과자를 준다면 거절하지 않도록 하다.
  거절한다면 모욕으로 느껴질 수 있다.

❍ 터키

지리적인 영향(아시아와 유럽 사이)으로 다양한 음식의 문화를 갖고 있다.
종교(이슬람)적인 이유로 돼지고기는 먹지 않고 쇠고기나 양고기를 먹는다.

- 음식을 코에 대고 냄새를 맡지 않는다.
- 뜨거운 음식이라고 해서 입으로 불지 않는다.
- 음식을 남기는 것은 예의가 아니므로 먹을 수 있는 분량을 확실히 하는 것이 좋다.
- 커피는 원두가루를 거르지 않고 가라앉혀 마신다.
  커피를 마신 후 잔 바닥에 남은 찌꺼기를 보고 그 모양으로 점을 쳐주는 풍습이 있기 때문이다.

❍ 태국

삼면이 바다로 해산물이 풍부하며 열대과일과 향신료가 들어간 음식이 많다.
향신료가 강해 호불호가 갈리지만 팟타이 똠얌꿍 등 세계인들이 좋아하는 음식이 많다.

- 음식은 천천히 먹는다.
- 대나무 잎이나 바나나 잎에 쌓인 음식을 여럿이 함께 모여 손으로 먹는 것이 전통적이나 관광객들로 인해 현대적인 식사예절을 갖춘 곳이 많다.

❍ 필리핀

- 식사 시 코를 풀거나 입에 음식을 넣고 이야기하지 않는다.
- 국물은 소리 내지 않고 마셔야 하며 음식은 적당량을 남기는 것이 예의다.

❍ 싱가포르

식사 시 팔은 테이블 아래에 두어야 하며 트림을 하지 않는다.

❍ 사우디아라비아

차를 접대하는 것은 존경의 표현이기 때문에 차를 거부하면 주인을 모욕하는 것으로 생각할 수 있다.

아메리카 대륙

❍ 미국

코를 풀지 않고 훌쩍거리는 것을 불결하다고 여기며, 식사 시에도 코를 푸는 것이 일반적이다.

❍ 브라질

- 웨이터를 부를 경우 높여 주는 호칭을 사용하여 손을 들고 부른다.
  호칭 : 'Amigo'(친구), 'campeão'(챔피언), 'grande'(대단한 사람) 등
- 주문 후엔 반드시 인사를 한다.
  'por favor' (부탁드립니다)
- 먹을 때는 소리를 내는 행위(스파게티를 제외한 면요리), 입을 크게 벌려 씹는 행위, 음식이 입안에 가득 있는 채 말을 하는 행위, 테이블에서 코를 푸는 행위 등은 예의에 어긋난다.

❍ 멕시코

멕시코의 가정주부나 식당 종업원은 언제나 분주하고 손이 바쁘다. 먹은 식기를 되도록 빨리 치워야 하기 때문인데 이는 테이블을 빨리 정리한 다음 깨끗한 분위기에서 대화 나누는 것이 멕시코의 문화이기 때문이다.

멕시코의 대표 음식인 타코는 손으로 먹는 음식이므로 칼이나 포크를 이용하지 않는다.

유럽

❍ 독일

식사는 조용히. 일행과 시끄럽게 떠들면서 식사하지 않는다.

트림은 실례가 되지만 코를 푸는 것은 아주 당연하게 여기므로 미안해하지 않아도 된다.

❍ 프랑스

다양한 요리가 발달한 만큼 프랑스의 식사에티켓은 매우 까다롭다.

손으로 먹거나 길에서 먹는 행동은 피한다.

빵은 한 번에 먹지 않고 나눠서 먹는다.

닭고기를 손에 들고 먹을 때는 꼭 주위의 양해를 구하고 먹는다. 그냥 먹을 시 야만인 취급을 받을 수도 있다.

❍ 스페인

스페인에서 저녁식사는 9~10시경에 하는 것이 보통이다.

초대를 받았을 경우 와인이나 초콜릿 등 가벼운 디저트선물과 함께 조금 늦게 가도록 한다.

일찍 도착하면 음식을 준비하는 주인의 손길이 바빠지고 기다리는 손님에게 미안함을 갖게 된다.

❍ 그리스

싱싱한 어패류와 싱싱한 야채를 재료로 하는 요리로 유명하다.

식사는 충분한 대화와 함께 여유롭게 즐기는 문화로 보통 3시간 이상 한다.

그렇기 때문에 식사 시에는 손님에게 음식을 계속해서 권하는 문화를 갖고 있다.

식탁 밑으로 손이 내려가 있으면 이상히 여기므로 식사 중에는 반드시 식탁 위에 손을 올려 놓는다.

❍ 이탈리아

청정해안인 지중해 연안에 위치한 나라로 해산물, 치즈, 토마토, 올리브 등 신선하고 풍부한 재료를 이용한 음식이 많은 나라이다.

청정해안에 포함되는 이탈리아는 유네스코 무형문화재에 등재되기도 한 훌륭한 지중해 식문화를 갖고 있다.

- 식탁 위에 놓여있는 소금이나 후추통은 직접 가져다 먹는 것이 예의다. 그렇지 않을 경우 안 좋은 일이 생긴다는 미신이 있다.
- 스파게티는 여러 번 끊어서 먹지 않고 한 번에 먹는다. 이때 숟가락에 담아 돌돌 말아먹거나 접시에 담긴 면을 포크로 말아서 먹는다.
- 피자는 먹기 좋게 자른 후 손으로 먹는다.

❍ 유럽은 전반적으로

- 식당에서는 물을 사먹어야 한다.
  수돗물은 공짜이나 수질이 좋지 않아서 현지인들도 사 먹는 것이 일반적이다.
- 일부 레스토랑에서는 물 값보다 더 저렴한 음료수, 맥주 등을 주문해서 물을 대신하기도 한다.
- 유럽 사람들은 오랫동안 천천히 식사하는 습관이 있기 때문에 요청하지 않는 한 계산서를 가져오지 않는 것이 일반적이다.

잠깐!

지중해 식문화

지중해, 멕시코, 프랑스 등 세 지역의 음식문화는 2010년 11월 유네스코가 선정하는 세계무형문화유산에 16일 일제히 등재되었다. 세 지역은 유네스코에 음식문화 등재를 신청하며 '일상적 식사'(diet · 지중해), '미식'(gastronomic meal · 프랑스), '요리'(cuisine · 멕시코) 등 각각 다른 단어를 사용했다. 음식 자체는 유네스코 무형문화유산 등재 대상이 아니며, 따라서 이들 지역은 식재료를 얻는 방법, 요리법 전수 방식, 식사법, 요리에 대한 전설 등을 아우르는 음식문화 전반을 올렸다.
지중해 지역 사람들은 '식사는 함께 모여 이야기하기 위한 것'이라고 믿는다. "식탁에 앉는 이유는 먹으려는 게 아니라 어울리려는 것이다"라는 속담이 있을 정도다. 지중해식 요리 등재를 공동 신청한 스페인 · 이탈리아 · 모로코 · 그리스는 "지중해 지역에서 식사는 사회적 교류이자 축제"라고 밝혔다. '시가, 시가(siga, siga · 천천히, 천천히)'라는 그리스어는 3시간을 훌쩍 뛰어넘는 지중해의 여유로운 식사 문화를 대표하는 말이다.

생각해 보기

1. 서양의 테이블매너와 한국의 테이블매너는 어떤 차이가 있나?
2. 레스토랑 이용 시 나는 어떤 부분을 좀 더 신경써야 할까?
3. 정찬요리(풀코스)매너 중 헷갈렸거나 새롭게 알게 된 사실은 무엇인가?

Chapter

와인매너

CEO A씨가 해외무역을 위해 바이어를 만났을 때의 일이다. 바이어가 와인을 좋아한다는 사전 정보를 알게 된 CEO는 근사한 레스토랑에서 식사와 함께 와인을 대접할 계획을 세웠다.
와인은 한 번도 마셔보지 않았던 CEO는
'술이 다 거기서 거기지. 내가 술이라면 한 술 하는데 와인이라고 뭐 별거겠어?'
라고 생각했다.
며칠 후 레스토랑에서 바이어를 만난 A씨는 무조건 비싼 와인으로 대접하면 좋아할 거라는 생각으로 와인전문가인 소믈리에한테 자문도 구하지도 않는 채
"여기요~~ 이 집에서 제일 비싼 와인 가져와요"라고 했고
와인이 나오자마자 바이어에게 "원샷"을 외치고는 한잔의 와인을 단숨에 마셔버렸다.
그날 이후
바이어와의 연락은 영영 닿지 않았다.

서양에서는 식사 전에도 식사 중에도 식사 후에도 마시는 술로 음식과 가장 잘 어울리는 친숙한 술이 와인이다.

그렇지만 아직까지 우리나라에서는 맥주나 소주처럼 대중화된 술은 아니다.

많은 사람들에게 있어서 매력적으로 다가오는 술이면서도 어려워하는 술이 와인이다.

와인의 종류

색상에 따른 분류

❍ 레드와인

- 포도과육과 껍질, 씨를 함께 발효시킨 와인
- 탄닌이 들어있어 떫은맛을 낸다.
- 육류와 함께 마시면 좋다.
  콜레스테롤을 감소시켜주고 고기를 부드럽게 한다.

❍ 화이트와인

- 과육만으로 발효시킨 와인
- 생선, 어패류와 마시면 좋다. 생선의 담백한 맛을 느끼는 데 도움을 준다.
- 풍미가 강하지 않은 담백한 음식이 주를 이루는 한식에 잘 어울린다.

❍ 로제와인/핑크와인

- 껍질 과육을 함께 발효하다가 후에 과육만 다시 숙성시킨 와인
- 화이트와 레드와인의 중간 빛인 연붉은 장미 빛을 띤다.
- 맛은 화이트 와인에 가까운 스위트한 맛을 갖고 있어 가벼운 식사에 어울린다.

품종에 따른 분류

와인 맛에 가장 중요한 영향을 미치는 것이 바로 포도 품종이다.

❍ 레드와인

카베르네 쇼비뇽(Cabernet Sauvignon), 피노누아(Pinot Noir), 시라(Syrah)/쉬라즈(Shiraz), 메를로(Merlot) 등이 대표적이다.

카베르네 쇼비뇽은 '포도의 제왕'으로 불리울 만큼 전세계 대부분의 와인산지에서 재배되는 품종이다. 특히 향과 풍미가 무척 매력적인데, 레드와인의 대표 생산지역인 보르도지역의 고급 와인을 만드는 데 중요한 역할을 한다.

피노 누아는 껍질이 얇고 색상이 부드러우며 탄닌이 낮고 산도가 높아서 여성들에게 인기가 많다. 육류나 참치, 연어요리에도 잘 어울린다.

시라즈는 '가장 남성적인 와인'이라고 표현할 만큼 향과 풍미가 화려하고 강렬한 것이 특징이다.

메를로는 좋은 빛깔을 띠며 부드럽고 순하며 잘 익은 과일 맛이 풍부하고 카베르네 쇼비뇽과 비슷한 맛이 난다.

❍ 화이트와인

샤르도네(Chardonnay), 리슬링(Riesling), 쇼비뇽 블랑(Sauvignon Blanc)이 대표적이다.

카베르네 쇼비뇽이 '적포도의 왕'이라면 샤르도네는 '청포도의 제왕'이라 불리울 만큼 대표적인 와인으로 전 세계에서 재배되고 있다.

리슬링은 와인 전문가들이 세계에서 가장 기품 있고 독특한 청포도 품종으로 꼽는다. 아주 드라이한 것에서 농축된 달콤한 와인에 이르기까지 다양한 스타일이 있다.

쇼비뇽 블랑은 깔끔하고 허브 향이 나고 날카로운 산도를 지닌다. 쇼비뇽은 프랑스어로 Sauvage(야생, wild)에서 유래하는데, 잘 길들여진 맛이 아니라 풀 향기 같은 자연의 향이 느껴진다.

용도에 따른 분류

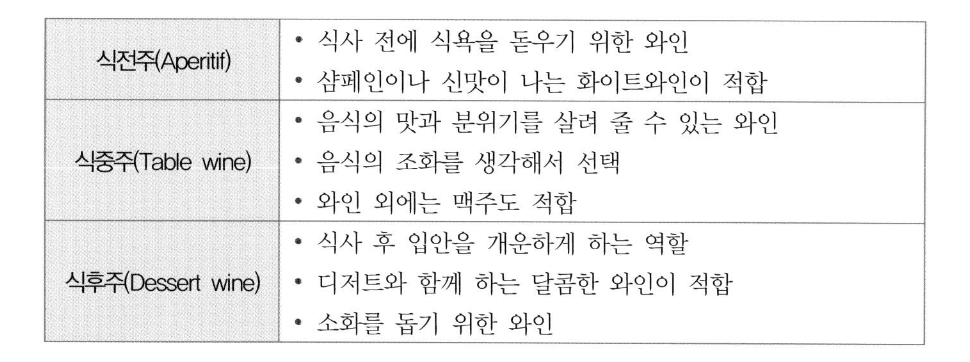

구분	내용
식전주(Aperitif)	• 식사 전에 식욕을 돋우기 위한 와인 • 샴페인이나 신맛이 나는 화이트와인이 적합
식중주(Table wine)	• 음식의 맛과 분위기를 살려 줄 수 있는 와인 • 음식의 조화를 생각해서 선택 • 와인 외에는 맥주도 적합
식후주(Dessert wine)	• 식사 후 입안을 개운하게 하는 역할 • 디저트와 함께 하는 달콤한 와인이 적합 • 소화를 돕기 위한 와인

잠깐!

샴페인도 와인이라고?

샴페인이 그냥 술의 한 종류로 알고 있는 사람들이 있다. 샴페인은 와인 중에서도 스파클링 와인(Sparkling wine)의 한 종류에 속한다. 스파클링 와인은 2차 발효하는 과정에서 탄산가스를 생성해서 거품을 내게 하는 발포성 와인이다. 샴페인은 프랑스 상파뉴 지역 명을 영어식 발음으로 옮긴 것으로 말 그대로 프랑스 상파뉴 지역에서 만들어진 스파클링 와인을 뜻한다.

2 와인라벨읽기

와인을 구매하거나 주문한 와인을 시음하기 전에 확인하는 것이 라벨이다. 라벨 읽는 법을 안다면 와인을 이해하는 데 도움이 된다.

와인라벨에는 누가, 언제 수확한 포도로, 어디서 와인을 만들었는지와 함께 알코올 함량, 병입 관련 정보, 포도밭 이름 등의 정보가 담겨 있다. 때로는 품질 등급이나 수상경력도 라벨에 표기되어 있기도 하다.

포도를 수확한 해를 빈티지(vintage)라고 하는데 와인라벨에 있는 연도가 바로 빈티지를 표기한 것이다.

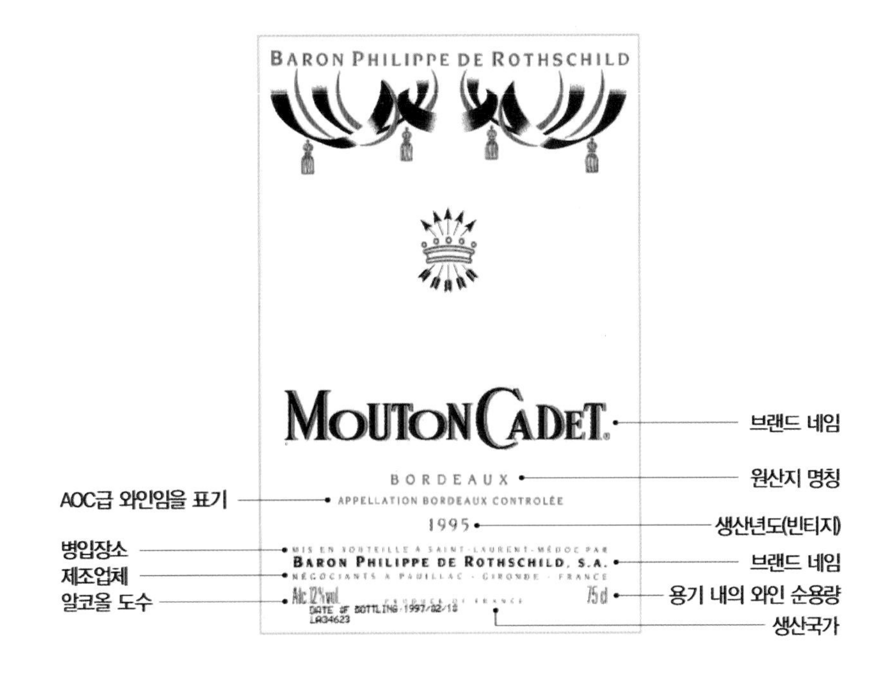

3 와인 잔과 부분별 명칭

와인 잔에 입술이 닿는 부분은 립(Lip), 둥근 부분은 볼(Bowl), 기둥 부분을 스템(Stem), 가장 아래 부분을 베이스(Base)라고 한다.

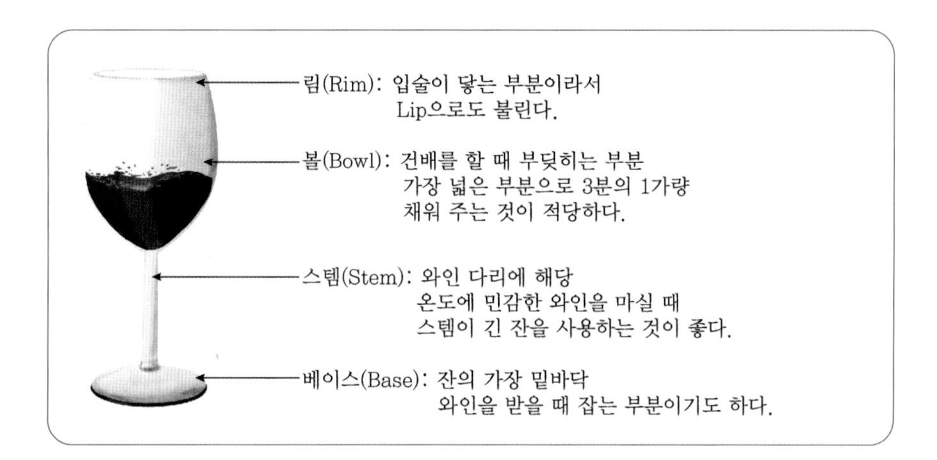

4 와인용어

- 아로마(Aroma)

  와인을 따른 후 잔에서 올라오는 포도 자체가 갖고 있는 향
- 부케(Bouchet)

  와인 잔에서 나는 2차 향으로 숙성하면서 생긴 향
- 바디(Body)

  와인을 마신 후 입 안에 느껴지는 질감으로 풀바디(Full body), 미디엄바디

(Midium body), 라이트바디(Light body)로 나눈다.

- 풀바디: 농도가 진하고 묵직하며 질감도 무게감이 느껴지는 와인
  일반적으로 알코올 도수가 높고 타닌 성분이 많다.
  고급와인이면서 오래 숙성된 와인일수록 풀바디 범주에 속한다.
- 미디엄바디: 농도와 질감이 너무 진하지도 연하지도 않은 와인
  탄닌이 강해 마시기 어려운 풀바디 와인에 비해 초보자가 쉽게 마실 수 있다.
- 라이트바디: 가볍고 신선한 느낌의 와인
  상큼한(Crispy), 신선한(Fresh)이라는 표현으로 맛을 표현하기도 함
  약간 차게 해서 마시는 것이 좋다.

• 피니시(Finish)

와인 시음 용어 중 하나로 와인을 마신 뒤 입안에 남는 여운을 뜻한다. 여운이 얼마나 지속되느냐에 따라 '피니시가 짧다' 혹은 '길다' 등으로 표현한다.

• 디캔팅(Decanting)

와인병에서 투명한 삼각 플라스크 모양의 용기(디캔터)에 옮겨 담는 행위를 말한다.
이는 공기와 접촉면을 넓게 해서 와인의 맛과 향을 풍성하게 만들기 위해서이다.

• 스월링(Swirling)

"소용돌이, 소용돌이치는 모양"이라는 사전적 의미로 와인 잔을 돌려주는 것을 말한다. 이때 와인이 공기와 접촉하면서 향을 발산하게 된다.

• 빈티지(Vintage) 또는 밀레짐(Millesime)

와인을 만드는 원료포도가 수확된 해를 말한다. 프랑스어로는 밀레짐이라 한다.

• 셀러(Cellar) 또는 카브(Cave)

와인을 보관하는 창고를 말한다. 영어로는 셀러, 프랑스어로는 카브라고 한다.

• 코르크 차지(Cork Charge) 또는 콜키지(Corkage)

고객이 직접 와인을 가지고 올 경우 받는 요금을 말한다. 보통 병당 가격으로 받지만 아예 받지 않는 곳도 있으니 확인하고 가는 것이 좋다.

5 와인매너

- 레스토랑에서의 와인 서빙은 소믈리에가 한다. 직접 따를 필요는 없다. 모임의 호스트가 있을 경우 직접 서빙을 할 수 있다. 이때 여성부터 따라준다.
- 잔에 따를 때는 가득 채우지 않는다. 3분의 1 정도가 적당하다.
- 와인은 첨잔이 가능하다.
- 따를 때 와인의 병 밑에 있는 침전물이 따라오지 않게 천천히 따른다.
- 와인을 받을 때 잔을 들지 않고 테이블에 둔 채 받는다.
  우리나라 정서상 웃어른에게 받을 경우엔 일어서서 두 손으로 받는 경우가 있는데 에티켓에는 어긋나는 행동이다. 이때 받침(base)부분이나 기둥(stem)에 손을 살짝 갖다 댄 후 감사의 인사표현을 하는 정도가 좋다.
- 잔을 들어 마실 때는 기둥(stem)부분을 잡는다.
- 한번에 마시지 않고 조금씩 나눠서 마신다.
- 스월링(Swirling)을 할 때는 시계반대방향으로 돌려준다.
  시계방향으로 돌릴 경우 상대에게 와인이 튈 수 있다.
- 더 이상 마시고 싶지 않을 때는 잔 위에 손을 얹는다.
- 잔에 음식물이나 여성의 경우 립스틱이 묻지 않게 조심한다.
  잔이 더러워지면 와인 본연의 색을 즐길 수 없다.
- 레드와인의 경우 입가에 묻어서 흔적이 남을 수 있다.
  상대에게 지저분하거나 안 좋은 이미지로 남을 수 있으니 조심하자.
- 비즈니스 모임이나 친목모임에서 와인을 대접할 경우 T · P · O에 따르며 상대의 기호를 사전에 확인 후 주문하도록 한다.

잠깐!

와인에 대한 통쾌한 진실

1. 비싼 와인이 무조건 좋은 술이다?
비쌀수록 빈티지가 오래되고 좋은 와인일 수는 있다. 그렇지만 싸다고 해서 질이 좋지 않는 술은 아니다. 아무리 비싼 와인이라 하더라도 내가 좋아하는 맛이 아니라면 그 값어치를 제대로 못하는 것이다. 무조건 가격이 비싼 와인보다는 소믈리에가 추천해주는 괜찮은 와인을 택하는 것이 좋다. 단, 무조건적으로 추천해달라고 하면 소믈리에도 난감해 할 것이니 적어도 신맛이 좋은지 떫은맛이 좋은지, 아니면 단맛이 좋은지에 대한 기호는 이야기 해주도록 하자.

2. 와인은 꼭 스템(기둥부분)을 잡고 마셔야 한다?
파티에서 근사하게 와인을 마시는 007영화 속 제임스본드도, 피어스브로스넌도, 공식만찬에서의 미국의 전 대통령 오바마도 와인을 마실 때 와인 볼을 감싸고 마셨다. 그렇다면 그들은 와인 매너를 몰라서 그랬을까? 와인 볼을 잡고 마시면 손의 온기가 와인에 전해져서 와인의 맛이 달라질 수 있기 때문인데 와인 한잔을 마시는 시간 동안 손에서 전해지는 온기정도로 와인이 변질된다거나 맛이 달라지지는 않는다. 잔에 따라서 내가 잡기 편한 대로 잡고 와인을 마셔도 되는 것이다. 이제 누군가가 볼을 잡고 마신다고 와인매너도 모르는 사람이라는 생각은 넣어두시길.

3. 와인은 꼭 고급스러운 레스토랑에서 격식 있게 마셔야 한다?
이태리나 프랑스를 비롯한 서양에서의 와인은 식전에도 식사 중에도 식후에도 언제 어디서든 가볍게 마시는 음료와도 같은 친숙한 술이다. 우리나라도 홍대나 강남에서 가벼운 핑거푸드와 함께 1~3만원 대로 즐길 수 있는 와인카페가 점점 생겨나고 있다. 와인은 어디에서 마실 것인가보다 누구와 마시냐가 중요하다.

철학자 플라톤은 "와인은 신이 인간에게 준 최고의 선물이다."라고 했다. 와인을 좀 더 제대로 마시기 위해 알아두어야 할 상식과 매너가 필요한 것은 사실이다.

그렇지만 내용을 미리 알고 받아도 좋고 모르고 받아도 기대되는 것이 선물이듯 좋은 사람들과 함께 와인 그 자체를 즐겨보는 건 어떨까?

생각해 보기

1. 나에게 어울리는 와인은 어떤 종류의 와인일까?
2. 와인 주문 시 기본으로 알아야 할 사항(용어 포함)은 무엇인가?
3. 여러 사람과 하는 와인모임에서 어떻게 해야 제대로 즐길 수 있을까?

PART 2

기초부터 튼튼히, 매너는 자기관리부터

Chapter 7 첫인상과 표정
Chapter 8 용모와 복장
Chapter 9 자세와 목소리

타인보다 우수하다고 해서 고귀한 것이 아니라 과거의 자신보다 우수한 것이야 말로 진정으로 고귀하다.

– 영화 '킹스맨' 중에서 –

Chapter

첫인상과 표정

"나로 하여금 왕위를 버릴 수밖에 없는 이유는 다들 알고 계시리라 믿습니다. 내가 사랑하는 여인의 도움과 뒷받침 없이 왕으로서 내가 원하는 대로 나의 임무를 수행해 나간다는 것이 불가능한 일이라고 깨달았다는 것을 여러분께서 믿어주시기 바랍니다."

최고의 사랑고백으로 화제가 됐던, 조지 5세의 아들이자 영국왕실의 후계자 에드워드 8세의 이임사이다. 홀어머니 손에 어렵게 자랐고 당시 유부녀였던 심슨 부인에게 첫눈에 반한 에드워드 8세. 그녀와 결혼하기 위해 의회와 국민들의 만류에도 불구하고 왕세자의 자리를 포기했다.

사람은 첫인상과 함께 시작된다. - 셰익스피어

1 첫인상

첫인상의 중요성

짧은 시간 안에 강렬하게 각인된다.

배우 장동건은 2009년에 찍었던 모 화장품 광고 CF에서 이렇게 묻는다. "첫인상을 결정짓는 시간이 미국은 15초, 일본은 6초, 그럼 우리나라는 몇 초일까요?" 그리고 "3초!"라고 친절하지만 분명하게 말한다. 3분도 30초도 아닌, 고작 3초 만에 한 사람에 대한 첫인상이 결정된다는 것이다. 놀랍게도 2006년, 미국 프린스턴 대학교 심리학과 알렉산더 토도로프 교수팀이 발표한 연구결과를 보면 타인의 얼굴을 보고 매력이나 호감도, 공격성 등을 판단하는 데 걸리는 시간은 0.1초 미만이다. 또한 미국 다트머스 대학교 심리학과 폴 왈렌 교수도 2008년 1월 MBC TV와의 인터뷰에서 "인간의 뇌는 0.017초라는 짧은 순간에 상대방에 대한 호감이나 신뢰 여부를 판단한다."고 밝혔다. 눈 깜짝하는 순간에 호감, 비호감을 판단하고 한 사람의 첫인상이 결정되어버리는 것이다. 하지만 이미 각인된 첫인상을 깨기 위해선 첫인상보다 몇 십 배, 많게는 몇 백 배 이상의 강렬한 인상을 주어야 한다.

첫인상 효과

❍ 초두효과

먼저 제시된 정보가 나중에 제시된 정보보다 더 큰 영향을 미치는 것을 초두효과(primary effect)라고 한다.

1946년 미국의 사회심리학자 솔로몬 애시 박사는 첫인상의 함정을 잘 보여주는 실험을 했다. 애시 박사는 학생들을 두 그룹으로 나누고 가상의 인물에 대한 여섯 가지 특성을 정반대의 순서로 설명했다. A집단은 '똑똑하고 근면하며 충동적이고 비판적이고 고집이 세며 질투심이 강함'이라며 긍정적인 정보를 먼저 들려주었고 B집단은 '질투심이 강하고 고집이 세며 비판적이고 충동적이고 근면하며 똑똑함'이라며 부정적인 정보를 먼저 준 것이다. 그런 후 그 사람에 대해 어떤 인상을 갖게 됐는지 적도록 했다. 그 결과 긍정적인 정보를 먼저 들은 그룹은 대부분 가상 인물을 긍정적으로 평가한 반면, 부정적인 정보를 먼저 들은 그룹은 대부분 가상 인물에 대해 부정적인 인상을 받았다고 평가했다. 예를 들어 한 사람이 '똑똑하다'는 사실을 먼저 알고 '고집이 세다'는 정보를 추가로 들으면 '능력 있는 사람의 이유 있는 고집'으로 이해를 한다. 하지만 '고집이 센 사람'이라는 사실을 먼저 알고 '똑똑하다'라는 추가 정보는 함께 일하고 싶지 않은 사람으로 받아들여지게 되는 것이다.

❍ 맥락효과

처음에 제시된 정보가 맥락을 형성하고 이 맥락 속에서 나중에 제시된 정보가 해석되는 것을 맥락효과(context effect)라고 한다. 평소 근면성실했던 사람이 지각하거나 결석하면, 또는 갑자기 미팅이 취소되면 '무슨 일이 생긴건가?'라고 걱정을 하게 된다. 하지만 게으르고 한심하다고 여기던 사람이 그리하면 '지각까지?'라며 부정적인 생각을 하게 된다.

직장에서 첫인상의 효과

영화 '에린 브로코비치' 주인공 에린은 어느 날 갑자기 해고를 당한다. 늘 허벅지 위로 한참 올라간 치마와 가슴골이 보이는 상의, 10cm의 높은 하이힐을 신는 등 동료들의 눈에 거슬리는 옷차림을 하던 에린. 아무리 현장 확인을 다녀왔다고 해도 대표를 비롯해 어느 누구도 그녀의 말을 들어주지 않는다. 대표는 왠지 그냥 즐기는 타입의 여자로 보였다고, 나중에 그 이유를 설명한다.

또 에린은 평소 공격적인 말투와 하고픈 말, 심지어 욕설까지도 아무렇지 않게 하곤 했는데 무심코 뱉은 욕설이 판결에 불리하게 작용되어 다 이긴 소송도 지고 보상금도 못 받기도 한다. 말씨와 몸가짐, 용모와 복장 등 눈에 보이고 귀에 들리는 것이 결국 첫인상으로 굳어지고 한 사람을 평가하는 기준이 된다는 것을 '에린'을 보고도 알 수 있다.

■ **제 0인상**

일본에서는 기존의 첫인상을 앞서는 개념의 신조어가 나타났다. 최근 SNS를 통한 교류가 확대되면서 SNS의 프로필 사진 등을 보고 결정된 상대의 인상을 뜻한다. 실제로 Facebook에서 친구요청을 하거나 수락할 때에도 '제 0인상'에 따라 결정하고 이력서에 첨부한 사진이 취업에 영향을 미치기도 한다.

첫인상을 결정짓는 요소

짧은 시간에 상대방에게 각인되는 자신에 대한 첫인상은 어떻게 만들어야할까? 영화 '미녀는 괴로워' 포스터를 보면 대부분 날씬하고 예쁜 오른쪽의 배우가 첫눈에 들어올 것이다. 용모나 외모가 첫인상을 결정짓는 데 한 몫을 톡톡히 한 셈이다. 다이어트나 성형을 조장하려는 것이 결코 아니다. 외모만이 첫인상의 전부는 아니기 때문이다.

메라비안 법칙을 보면 첫인상을 결정짓는 요소는 목소리, 표정&외모, 태도, 내용이다. 내용은 7%이지만 시각적, 청각적 이미지는 무려 93%를 차지한다. 상대방은 '어떻게 보이는지', '어떤 음성인지', '어떻게 행동하는지'에 초점을 맞춘다는 것이다. 이처럼 시각적, 청각적 요소 등을 통해 결정된 첫인상이 자신을 대변하게 되니 이 부분들에 대한 자기관리가 필요하다.

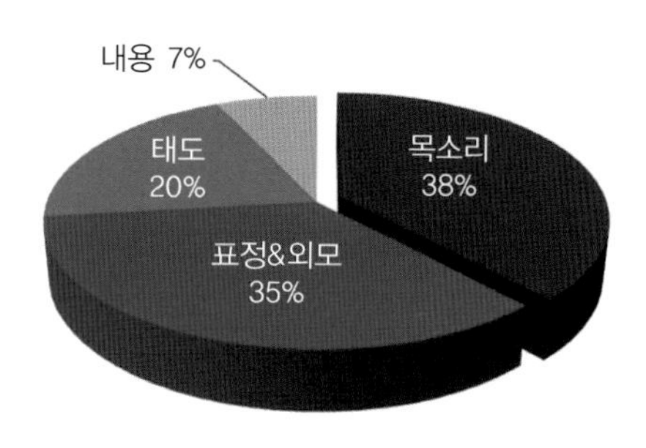

메라비안 법칙

잠깐!

자기관리에 필요한 5씨

조선시대에는 사대부 집안의 교양과 품위 있는 여성이 되기 위해 갖추어야 할 네 가지 덕목이 있었다. 그 덕목은 바로 마음씨, 말씨, 맵시, 솜씨였다. 이 네 가지가 비단 여성에게만 필요한 덕목일까? 현대 사회에서 남녀노소를 불문하고 자기관리에 필요한 필수요소라고 할 수 있다.

첫째, 마음씨는 명심(明心)과 온심(溫心을) 가리키는데 명심이란 밝은 마음, 밝은 생각, 밝은 음색을 말하며, 온심은 따뜻한 마음, 따뜻한 생각, 따뜻한 음색을 말한다.
둘째, 말씨는 정확하고 바르며 따뜻한 말을 하는 것이다.
셋째, 맵시는 단정하고 깨끗한 인상을 주는 것이다.
넷째, 솜씨는 조직관리를 잘하는 일, 잘 가르치는 일 등 주어진 일을 능숙하게 처리하는 것이다.

여기에 한 가지를 더 추가한다면 글씨이다.
글씨는 그 사람의 성격과 교양을 나타낸다. 이왕이면 바른 글씨를 쓰는 것이 좋다.

2 이미지연출

밀란 쿤데라는 현대를 Image + ideology의 합성어인 '이미골로지'의 시대라고 불렀다. 또 예술 창작의 새 지평을 연 작가 겸 교육자인 라슬로 모호이너지는 "미래의 문맹은 이미지를 모르는 사람"이라고 했다. 그만큼 이미지의 중요성이 커지고 있다는 뜻이다.

이미지라는 말은 어떤 대상으로부터 감지된 사람의 마음속에서 하나의 형상으로 떠오르는 것이다. 이미지의 어원인 라틴어 'Imago'는 '마음의 모양'이란 뜻으로 내면을 통해 형성되어 표현되는 것을 의미한다. 그래서 이미지는 '정직하다, 신뢰감이 있다' 등 내적인 이미지와 '늘씬하다, 다부진 느낌이다' 등 외적인 이미지로 나눌 수 있다. 한 사람의 내적인 이미지와 외적인 이미지 모두 중요하며 두 이미지가 일치하는 것이 좋다. 속으로는 긍정적이어도 외적으로는 부정적이고 소극적으로 보인다면 이미지 연출에 실패한 경우이다. 최상의 이미지 연출은 외적 이미지 강화를 통해 내적 이미지도 끌어올리는 것이다.

또한 자신이 되고 싶은 이미지와 자신이 생각하는 자신의 이미지, 그리고 타인이 바라보는 자신의 이미지 이 세 가지 이미지가 일치해야 가장 이상적인 이미지라고 할 수 있다.

Point

- 셀프 이미지연출 5단계

1. Know yourself 자신을 파악하라.
2. Model yourself 자신의 롤 모델을 설정(선정)하라.
3. Develope yourself 자신을 개발하라.
4. Direct yourself 자신을 연출하라.
5. Promote yourself 자신을 광고하라.

■ 나의 이미지 알아보기

구분	내적 이미지	외적 이미지
내가 생각한 나의 이미지		
타인이 생각한 나의 이미지		

■ 더 나은 이미지를 위한 나의 계획

구분	내적 이미지	외적 이미지
내가 갖고 싶은 이미지 내가 유지해야 할 이미지		
이미지 개발을 위해 해야 할 것		
이미지 연출을 위해 해야 할 것		
이미지 홍보를 위해 해야 할 것		

3 표정

그녀는 늘 모든 사람에게 시선을 아래로 향한 채 고개만 끄덕이는 수준으로 인사를 한다. 인사말도 거의 하지 않는다. 하지만 그보다 더 눈길을 사로잡은 건, 시종일관 무표정한 그녀의 얼굴이다. "감정도 사치"라고 말하는 그녀.

MBC드라마 '불야성(2016)'에서 누구도 넘볼 수 없는 자신만의 왕국을 세운, 거대한 야망을 품은 황금의 여왕이자 피도 눈물도 없는 차가운 심장을 가진 S파이낸스 대표 서이경(이요원 분)의 이야기다.

아무리 다급한 문제가 생겨도 그녀의 얼굴에서는 심중을 알 수 없다. 가끔 미묘하게 눈빛이 풀리거나 살짝 입술꼬리가 올라가긴 하지만 환한 미소는 짓질 않는다. 심복들조차 '오래 모셔도 여전히 모를 분'이라고 평가한다. 외부에서는 딱 한마디로 표현한다. "천상천하 유아독존"

"가장 아름다운 최고의 화장술은 웃음이다." - 나이팅게일 -

표정의 중요성

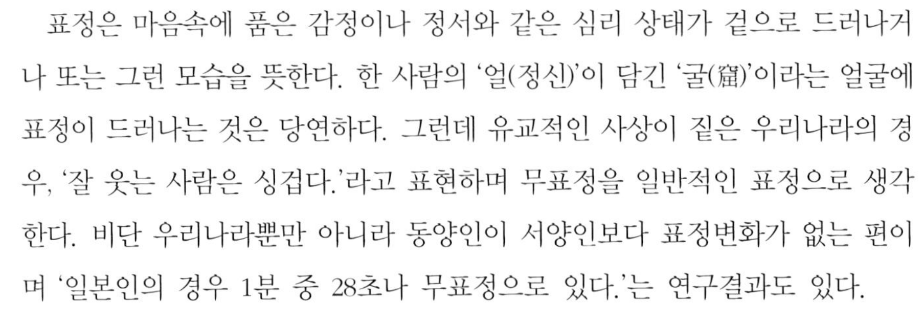

표정은 마음속에 품은 감정이나 정서와 같은 심리 상태가 겉으로 드러나거나 또는 그런 모습을 뜻한다. 한 사람의 '얼(정신)'이 담긴 '굴(窟)'이라는 얼굴에 표정이 드러나는 것은 당연하다. 그런데 유교적인 사상이 짙은 우리나라의 경우, '잘 웃는 사람은 싱겁다.'라고 표현하며 무표정을 일반적인 표정으로 생각한다. 비단 우리나라뿐만 아니라 동양인이 서양인보다 표정변화가 없는 편이며 '일본인의 경우 1분 중 28초나 무표정으로 있다.'는 연구결과도 있다.

하지만 일반적으로 많은 나라에서 무표정은 반감이나 불만족, 무관심 등으로 이해한다. 한 방송사에서 진행한 주한외국인들의 인터뷰를 보면 우리나라에 처음 왔을 때 인사도 잘 하지 않고 무표정한 한국인들을 보고 당황했지만 오랜 시간이 지나면서 따뜻한 마음을 발견한다고 한다. 아무리 상대에 대한 배려, 고마움, 사랑 등을 가지고 있다한들 표정에 드러나지 않으면 진심이 전달되지 않는다. 상대방은 독심술사가 아니기 때문이다.

미소의 효과

가장 좋은 표정은 무엇일까. 찰리 채플린은 "웃음없는 하루는 낭비한 하루"라고 하였고, 일본의 다국적 기업인 혼다의 소이치로 회장은 "웃는 얼굴이야말로 세계 공통의 여권이다."라고 말했다. 국내 모 항공사의 경우, CF모델 선정기준의 '미소가 아름다운 배우'이다. 지금도 많은 회사에서 '미소마케팅' 기법을 활용하여 고객에게 다가가고 있다. 즉 아름답고 따뜻한 미소야말로 좋은 표정의 완성이다.

영화 '바람과 함께 사라지다.' 캐스팅 현장에 배우 비비안 리가 오디션을 보러 갔다. 감독 데이비드 셀즈닉은 비비안을 보고는 "당신은 우리 영화의 여주인공으로는 어울리지 않군요."라며 단번에 불합격 소식을 알렸다. 실망했지만 비비안은 밝은 표정으로 감독에게 인사를 하고 발걸음을 옮긴다. 나가려던 그 순간 감독은 "잠깐, 비비안. 바로 그 표정이에요. 우리 영화와 함께 합시다."라며 결정을 번복했다. 캐스팅의 비결은 바로 환하게 웃는 미소였던 것이다.

미소는 상대의 호감과 신뢰감을 형성한다. 자신감을 갖게 하는 등 마인드컨트롤을 해주며 상대의 기분까지 좋아지게 만든다. 상대방을 언짢게 만드는 상황이 생기더라도 "웃는 낯에 침 뱉으랴?"라는 속담처럼 차마 화를 낼 수 없게 한다. 미소라는 무기만 있으면 부정이라는 싹에서도 긍정이라는 꽃을 피우는 '비비안 리'가 누구나 될 수 있다.

더불어 미소는 건강증진효과가 있다. 로마 린다(Loma Linda)의과대학의 리버트 교수는 암환자들에게 병원에 있는 모든 TV방송을 찰리 채플린 등의 코미디영화로 바꾸는 등 웃음을 이용한 치료를 진행했다. 그 결과, 환자들의 면역능력이 강화되었음을 발표했다. 또 미국 스탠포드 대학의 윌리엄 프라이 교수도 "인간이 웃으면 엔도르핀의 작용으로 병원균에 대한 저항력이 증대하고 스트레스가 감소한다."라고 했으며 미국의 작가 커전스 또한 "웃음은 해로운 감정이 스며들어 병을 일으키는 것을 막아주는 방탄조끼"라고 말했다.

Point

미소의 효과

1. 상대에게 호감과 신뢰감을 형성한다.
2. 마인드컨트롤을 해준다.
3. 상대의 기분을 좋게 해준다.
4. 시너지를 창출한다.
5. 건강해진다.

"절대로 웃지 않겠다"

1999년 홍콩의 캐세이 퍼시픽 항공회사에서 일어난 Smile 파업이다, 회사가 임금인상요구를 수용하지 않자 근로계약에서 미소를 강요하는 조항은 없다면서 항공승무원들이 '웃음짓는 서비스를 파업하겠다'고 선언한 것이다. 서비스의 상징인 웃음을 파업한 것은 운항거부 못지않은 부담으로 항공매출에 직접적인 영향을 미쳤다.

미소 짓는 자세

❍ 자주 많이 웃는다.

"성공이란 무엇인가."라는 질문에 미국의 철학자이자 시인인 랄프 왈도 엔더슨은 "자주 그리고 많이 웃는 것"이라고 답했다. 한 연구에 따르면 3세 아이들은 하루 평균 300번 정도 웃지만 성인이 되면 하루에 15회 정도 웃는다. 성인이 되고 스트레스가 많아지면서 웃을 일이 사라지는 것일 수도 있다. 하지만 심리학자 제임스와 랑케는 "사람이 슬퍼서 우는 것이 아니라 울어서 슬퍼지는 것이고 사람이 기뻐서 웃는 것이 아니라 웃기 때문에 즐거워지는 것이다."라는 연구결과를 발표하며 자주 웃을 것을 강조했다.

❍ 웃을 타이밍을 안다.

미소는 자기관리나 상대와의 관계에 있어 가장 기본적이면서 필수적이다. 중요한 것은 언제 웃어야 할지 알아야 한다는 것이다. 실패나 부정적인 소식에 웃어서는 절대 안 된다. 분위기를 바꾸고자 미소를 짓는 것이지만 적절하지 못한 상황에 웃는 것은 부정적 효과를 안겨준다. 민경욱 전 청와대 대변인은 세월호 참사 당일 여객선을 여객기로 잘못 발음한 것이 이유라고 밝혔지만 위급한 상황에서 활짝 웃은 탓에 비난을 피할 수가 없었다. 자주 웃지만 항상 웃어서는 안 된다.

❍ 진심으로 웃는다.

로봇이 해맑게 웃는다고 해서 진실한 감정이라고 느끼는 사람은 없을 것이다. 기계적이고 형식적인 인사는 상대의 마음을 움직이지 못한다. 겉으로만 웃는 척을 하는 것이 아닌, 상대에 대한 감사와 존경, 호의 등을 담아 진심으로 웃어야 한다.

잠깐!

어떤 웃음을 지어야 될까?

- 실소(失笑) : 알지 못하는 사이에 툭 터져 나오거나 참아야 하는 자리에서 터져 나오는 웃음
- 홍소(洪笑) : 크게 입을 벌리고 떠들썩하게 웃는 웃음

- 폭소(爆笑) : 갑자기 폭발하듯이 웃는 웃음
- 냉소(冷笑) : 쌀쌀한 태도로 업신여겨 웃는 웃음
- 고소(苦笑) : 쓴웃음
- 조소(嘲笑) : 조롱하는 태도로 웃는 웃음
- 미소(微笑) : 소리를 내지 않고 빙긋이 웃는 웃음
- 파안대소(破顔大笑) : 얼굴표정을 한껏 지으며 크게 웃는 웃음
- 가가대소(呵呵大笑) : 껄껄하고 크게 웃는 웃음
- 앙천대소(仰天大笑) : 고개를 젖히고 하늘을 우러르며 웃는 웃음

미소 짓는 얼굴 만들기

❍ 눈썹 운동

- 손가락으로 눈썹 라인을 따라 꾹꾹 눌러준다.
- 눈썹을 위아래로 움직여 이마와 눈 근육을 함께 풀어준다.

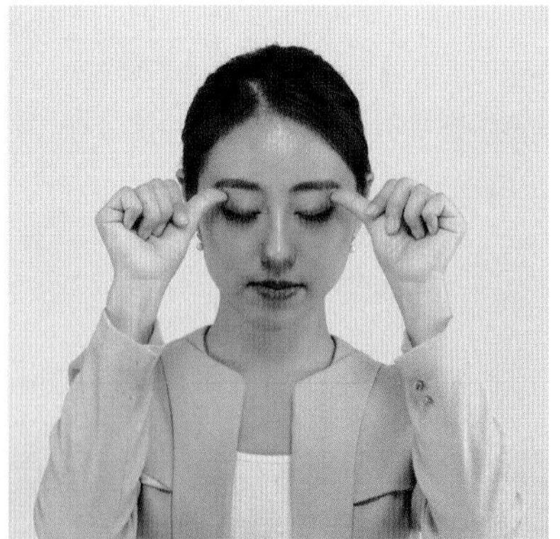

❍ 눈 운동

- 눈을 지그시 감아서 긴장을 풀어주고 뜨는 것을 반복한다.
- 눈동자를 좌우상하로 천천히 그리고 빨리 움직이는 것을 반복한다.

❍ 코 운동

- 코와 미간 사이에 주름을 만들었다가 풀기를 반복한다.
- 콧구멍을 늘였다 줄였다 하면서 코의 근육을 풀어준다.

❍ 볼 운동

- 입술을 다물고 양 볼에 공기를 가득 넣어준다.
- 볼에 있는 공기를 좌우상하로 이동시킨다.

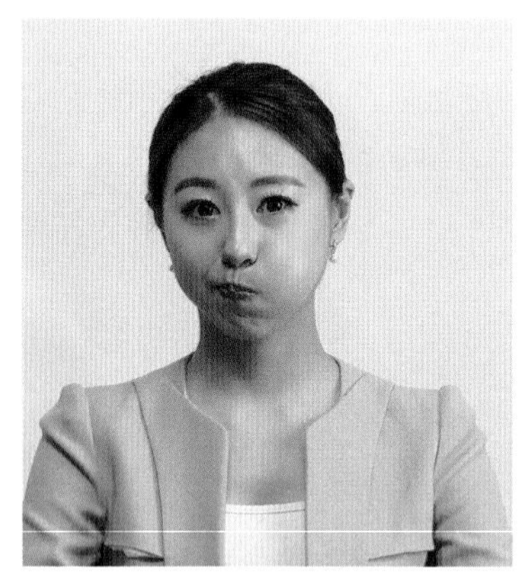

❍ 입술 운동

- 위아래 입술로 공기를 보내며 가볍게 털어준다.
- 아 에 이 오 우를 반복한다.

잠깐!

진심으로 웃는 방법

■ 뒤센 미소

마음에서 우러나 눈가가 웃는 미소를 말한다. 프랑스 신경심리학자인 기욤 뒤센은 진짜웃음과 가짜웃음을 연구하던 중 어떤 인위적인 자극에도 반응하지 않는,

진짜 웃음을 지을 때만 움직이는 눈가 근육을 발견했다. 이때 눈가 근육이 움직이며서 주름이 지고 두 뺨의 상반부가 올라간다.

■ 팬암 미소

팬아메리카 항공사의 승무원들이 의식해서 웃는 가식적인 미소를 뜻하는 데서 유래했다. 뒤센 미소와 달리 입만 웃는 미소를 말한다.

- 눈 : 진심이 담긴 미소는 눈과 입이 웃고 있다. 입술로만 웃는 거짓웃음이 아니라 눈과 입, 마음이 함께 웃어야 한다.
- 턱 : 약간만 들어도 차갑게 보일 뿐만 아니라 권위적으로 비친다. 자칫 잘못하면 상대방을 무시하는 듯 무례한 느낌을 주기도 한다. 반대로 너무 내리면 소심해보이거나 눈을 추켜올리게 돼서 불만가득한 표정이 연출될 수 있다.

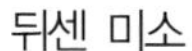

뒤센 미소

팬암 미소

1948년 미국 아이다호 주의 포카텔로에서는 축제기간 중에 웃지 않아 상대방에게 불쾌감을 주는 사람을 체포했다. 가짜 감옥에 수감한 후 기부금을 내면 풀어주었는데 이 해프닝으로 필립 시장은 유명세를 탔고 포카텔로는 미국의 '스마일 수도(smile capital of U.S.A)'로 정해졌다.

환한 미소 짓기

단체사진촬영을 할 때 환한 미소를 짓기 위해 어떤 단어를 활용하는가? 김치, 치즈, 스마일 등 다양할 것이다. 완벽하게 영어발음으로 'cheese'를 하는 것이 아니라면 '치즈'라는 발음은 미소를 거두는 발음이다. 우리나라 모음 'ㅡ' 발음은 'ㅣ'보다 입술꼬리가 내려오고 좌우의 길이가 짧아지기 때문이다. 김치의 경우 '김'하고 발음을 하다보면 양 입술이 닫힌다. '치' 하고 미소가 생기는데 시간이 걸리므로 '찰칵' 하고 찍힌 후에 보면 완벽하게 예쁜 미소가 담기지 않았을 수도 있다. 그래서 '김치'보다 '위스키'라고 말하는 것이 더 좋은 미소를 만든다. "위 · 스 · 키" 하면서 입모양을 살펴보면 입술이 점점 풀어지면서 입술꼬리가 옆으로 올라간다는 것을 알 수 있다. 최근에 결혼을 앞둔 커플들이 웨딩사진을 촬영할 때 가장 많이 사용하는 말은 "와이키키"라고 한다. '와' 하면서 입 근육과 입술이 풀어지면서 크게 벌려지고 '이 · 키 · 키' 하면서 양 끝에 올라간 입술꼬리를 고정할 수 있기 때문이다.

Point

예쁜 미소 단계

"와이키키" 하면서 3초간 미소를 지어보자. 다시 한 번 "와이키키" 하면서 7초간 웃어보자. 마지막으로 "와이키키" 하면서 10초간 웃어보자. 처음에는 쉽지 않겠지만 매일 거울을 보면서 연습하면 어느 누구보다 밝고 당당한 미소를 가지게 될 것이다.

하나, 상대를 존중하는 마음과 시선으로 상대의 눈을 바라본다.
둘, 눈과 입이 함께 웃으며 "와이키키" 한다.

(와) (이) (키) (키)

셋, 치아를 보이며 환한 미소를 짓는다.

웃음 예찬

-데일 카네기

웃음은 별로 밑천이 들지 않으나 건설하는 것은 많으며
주는 사람에게는 해롭지 않으나 받는 사람에게는 넘치고
짧은 인생으로부터 생겨나서 그 기억은 길이 남으며
웃음이 없어 참으로 부자가 된 사람도 없으며
웃음을 가지고 정말 가난한 사람도 없다.

웃음은 가정에 행복을 더하며
사업에 활력을 불어넣으며
친구 사이를 더욱 가깝게 하고
피곤한 자에게 휴식이 되며
실망한 자에게는 소망이 되고
우는 자에게 위로가 되고
인간의 모든 독을 제거하는 해독제이다.

그런데 웃음은 살 수도 없고
버릴 수도 없고
도둑질할 수도 없는 것이다.

생각해 보기

1. 나는 하루에 몇 번 웃을까?
2. 평상시 내가 주로 짓는 표정은 어떤 모습일까?
3. 사람들에게 좋은 이미지를 남기기 위해 나는 어떤 노력을 해야 할까?

8 Chapter

용모와 복장

'첫사랑의 아이콘'이었던 한 여자가 있었다. 하지만 사춘기를 겪으면서 피부는 온통 여드름 자국, 머리는 곱슬머리, 옷도 아무렇게나 입기 시작했다. 어느 날 첫사랑이 찾아왔는데 용모와 복장 때문에 눈앞에 첫사랑을 두고도 앞에 나서지 못했다. 그녀는 패션잡지 회사에서 근무를 하는데도 단정하지 못한 이미지로 유명했다. 업무에 있어서도 평가절하됐다. 어느 날, 정돈된 머리모양과 맑은 메이크업, 그리고 패션회사 직원답게 센스 있는 의상연출을 하고 나타나 모두의 환호성을 자아냈다. 그 후 업무상에서도 그녀의 신뢰는 점점 더 높아졌다.

- 드라마 '그녀는 예뻤다'에서

손톱, 코트, 소맷부리, 신고 있는 신발, 바지의 무릎, 못 박힌 검지와 엄지, 얼굴표정, 셔츠의 커프스, 그리고 몸동작을 보면 그 사람의 정체를 파악할 수 있다. 현명한 사람이라면 어떤 경우든 그 정도의 증거만 가지고도 상대의 정체를 알아낼 수 있다.

- 셜록 홈즈 -

용모와 복장은 자신이 누구인지, 어떤 사람인지 또 자신이 속한 회사나 조직을 대변한다. 초라하거나 볼품없으면 스스로 자신감이 결여되기도 하고 상대방이 당신을 바라보는 시선이 곱지 않을 수 있다.

용모와 복장이 변화하면 자신과 상대방의 기분전환이 되기도 하며 이렇듯 자신을 변화시키고 타인의 시각을 바꾸는 비즈니스의 중요한 수단으로써, 전문가다운 모습을 표현할 수 있어 서로의 신뢰감이 더 쌓인다. 조직에 활력을 불어 주고 나아가 회사의 이미지도 좋아진다. 곧 성공의 열쇠이다. 마지막으로 용모와 복장은 또 하나의 매너 표현이다. 상대방을 존경하고 배려하는 사람일수록 어떤 모습을 보여줄지 세심한 주의를 기울인다.

용모와 복장의 기본 원칙

T · P · O에 맞게 조화로워야 한다.

같은 검정색의 옷을 입더라도 파티나 클럽을 갈 때, 조문 갈 때 각각에 어울리는 복장이 따로 있다.

자신만의 매력이 드러나되 너무 튀어서는 안 된다.

취업면접을 보러 갈 때 화려한 꽃무늬나 컬러풀한 의상은 피하는 것이 좋다.

청결하고 단정하며 품위가 있어야 한다.

너무 짧은 미니스커트를 입고 출근하거나 구겨진 정장을 입어서는 안 된다.

2차 대전 중 독일 군부는 유대인을 학살할 때 병사들의 마음속에 있는 인간의 양심을 없애려고 유대인을 '짐승'으로 만들었다. 3만 명 이상을 가둔 수용소에 화장실을 한 개만 만들었고 1인당 하루에 물 한 컵씩만 제공했다. 유대인들은 씻을 수 없었고 아무 곳에나 배설을 했고 그 모습을 보는 독일군의 양심은 사라졌다. 하지만 어떤 유대인들은 물을 조금만 마시고 남은 물과 옷 조각으로 이를 닦고 세수를 했다. 또 수용소에서 발견한 유리조각으로 면도를 했다. 인간다움을 잃지 않겠다는 의지였고 독일군에게 가장 무서운 항거였다. 매일 정해진 시간이 되면 처형할 유대인들이 정해졌는데 이처럼 사람의 얼굴을 한 유대인은 선택되지 않았다.

1 용모

용모의 의미와 효과

코코 샤넬은 "20세의 얼굴은 자연의 선물, 50세의 얼굴은 자신의 공적"이라고 했다. 링컨은 그 사람의 얼굴에는 그가 살아온 삶의 흔적이 담겨 있다며 사람은 나이가 들어가면 갈수록 본인의 얼굴에 책임을 져야 한다고 했다. 즉 한 사람의 인생의 축소판이 바로 얼굴이라는 것이다. 흔히 얼굴을 나타내는 단어에는 용모, 외모, 풍모가 있다.

- 용모(容貌) : 사람의 얼굴 모양을 일컫는 말로써 흔히 사람의 겉모습을 말하기도 한다.
- 외모(外貌) : 얼굴과 몸매 모두를 말한다.
- 풍모(風貌) : 얼굴 · 몸매 · 복장 · 태도 등을 종합한 외형의 것으로 얼굴이 아니라 몸매나 복장에 주로 가리키는 말이다.

미국 텍사스 대학교 다니엘 해머메시(Daniel S. Hamermesh) 교수에 따르면 호감형 외모를 가진 사람은 그렇지 않은 사람에 비해 일생 동안 수입이 15%, 약 5억 원 정도 더 높게 나타났다고 했다. 또 심리학자 에드워드 손다이크의 '외모의 아름다움'에 대한 연구를 보면 용모가 더 아름다운 사람들을 더 다정하고 솔직하며 지적인 사람으로 인식한다는 것이 입증되었다.

이렇듯 하나의 좋은 현상이 빛을 발하면서 그로부터 전체 인상이 영향을 받는 것을 '후광효과(Halo Effect)'라고 한다. 때론 후광효과를 통해 고정관념이 생겨나기도 한다. 그래서 세계적인 오케스트라 스태프들은 단원을 모집할 때 커튼 뒤에서 지원자들의 연주를 평가한다. 외모나 인종, 성별이 판단력을 흐리게 하려는 것을 막기 위함이다.

용모 가꾸기

❍ 남자의 용모

● 얼굴

- 수염을 길어서는 안 되며 매일 면도한다.
- 코털이 밖으로 보이지 않도록 주의한다.
- 면도 후에는 로션을 발라 피부를 촉촉하게 만든다.
- 미소 띤 밝은 얼굴에 눈빛은 자신감 있게 한다.
- 눈썹 또한 깔끔하게 정리 한다. 눈썹 손질이 어려운 경우 가까운 미용실에 가서 머리를 자르면서 함께 정리 받을 수도 있다.

● 치아

- 오복 중에 하나이므로 중요하게 생각한다.
- 중간에 양치질이나 입을 헹구면서 청결함을 유지한다.
- 식사 후에는 치아 사이에 이물질이 껴있지 않은지 점검해야 한다.
- 교정이나 치아미백 등을 통해 가지런함과 하얀 미소를 보장한다.

● 머리

- 앞머리는 이마를, 옆머리는 귀를, 뒷머리는 드레스 셔츠 깃을 덮지 않도록 한다.
- 머리는 단정하게 빗고 왁스나 젤을 사용하여 깔끔한 모양을 유지한다.
- 지나친 염색이나 너무 튀는 머리모양을 하지 않는다.

● 손

- 손을 항상 청결하게, 손톱 또한 길지 않도록 깔끔하게 잘라준다.

❍ 여자의 용모

● 피부

- 자신의 피부 톤에 맞는 파운데이션 색상을 선택해 밝고 자연스러운 느낌을 살린다.

- 얼굴과 목의 피부 색상이 비슷해야 한다.

● 눈

- 무엇보다 눈빛은 밝고 따뜻하게 자신감 있게 한다.
- 눈썹은 깔끔하게 정리하고 눈썹 앞부분과 꼬리부분은 자연스럽게 채운다.
- 아이라인은 눈매를 선명하게 하되, 너무 진하게 그리지 않는다.
- 마스카라는 뭉침이 없게 발라야 한다.
- 간혹, 속눈썹을 붙이는 경우가 있는데 비즈니스 매너로는 추천하지 않는다.
- 아이라인과 마스카라가 번지지 않았는지 신경쓴다.
- 너무 진하거나 야한 색조 화장은 피한다.

● 입술

- 너무 붉은색의 립스틱은 피하며 치아에 묻지 않았는지 확인한다.

● 머리

- 윤기 있고 아름다운 머리를 유지한다.
  윤기가 없는 머릿결은 8살 이상 나이를 들어 보이게 한다는 통계 결과가 있다.
- 너무 유행을 따르거나 튀는 머리모양보다는 자신에게 가장 잘 어울리는 스타일을 찾는다.
- 긴 머리는 묶어서 단정하게 한다.

잠깐!

눈썹 하나로도 첫인상이 변한다!

미국성형외과학회 존 퍼싱 박사팀은 눈썹이 인상을 결정하는 데 가장 큰 영향을 미친다는 연구결과를 발표했다. 컴퓨터 합성기술로 젊은 여성 한 명의 얼굴사진에서 눈썹 모양과 위치, 눈꺼풀, 피부상태, 주름 위치 등을 변형시켜 16가지 다른 얼굴을 만들었다. 그 뒤 20명에게 각 사진을 보여주고 행복이나 놀람, 화남, 슬픔, 혐오, 두려움, 피곤함 7가지 감정표현이 강해 보일수록 높은 점수(0점에서 5점까지)를 주도록 했다. 그 결과 눈썹의 모양이나 위치가 변할 때 점수 변화가 가장 큰 것으로 드러났다.

■ 눈썹 그리는 방법

- STEP1. 눈썹 라인 잡기
  스크류 브러시를 이용해 눈썹 결을 살린 뒤, 자신의 헤어 컬러에 맞는 컬러를 이용해 눈썹 앞머리, 꼬리, 아래 선을 터치해 가이드라인을 잡아준다. 이때 눈썹 아래 부분을 먼저 잡아준다.
- STEP2. 눈썹 산 만들기
  눈의 2/3지점에 눈썹 산을 그린다. 눈썹 산에서 꼬리 부분으로 자연스럽게 하강하며 그린다. 눈썹 꼬리는 살짝 뾰족하고 너무 길지 않게 한다.
- STEP3. 눈썹 채우기
  자연스러운 눈썹 연출을 위해 눈썹 가이드라인을 잡아준 컬러보다 연한 컬러로 눈썹 끝 쪽에서 앞쪽으로 채워준다. 앞쪽부터 하다보면 앞이 너무 두껍고 진할 수 있다. 눈썹의 빈 곳을 메워준다.
- 유의사항
  - 자신이 없는 사람의 경우 반영구화장을 추천한다.
  - 무조건 유행을 따라가기보다는 자신의 이미지에 맞는 눈썹을 해야 한다.

오래 전 소개팅을 하러 강남역에 갔다. 한 남자가 마구 구겨지고 빛이 바랜 정장을 입고 서 있었다. 딱딱한 인상에 피부는 아주 어두웠고 스프레이를 너무 많이 뿌린 헤어스타일까지. 그 남자는 이미지가 생명인 화장품 회사의 영업부 대리처럼 보이지 않았다. 또한 점심메뉴로 닭갈비를 먹고 싶다고 해서 다녀왔는데 후식으로 커피를 마실 때에 온 치아에 빨간 고춧가루가 끼어 있는 미소를 보여주었다. 그 순간 도망가고 싶었다. "잠시 화장실 거울 앞에서 자신을 들여다볼 수는 없었을까? 적어도 세일즈맨이라면 용모에 신경을 써야 하지 않았을까?"라는 생각이 드는 소개팅이었다.

2 복장

복장의 의미와 효과

복장은 나이나 직업, 신분에 따라 달리 만든 옷을 의미한다. 한 사람의 성향과 개성, 매력을 표현할 뿐만 아니라 지위, 소속, 가치관과 직업의식을 나타낸다. 자신에게 어울리고 T · P · O에 따라 잘 갖춰 입은 복장은 상대에게 호감이 가는 첫인상과 신뢰감을 형성해준다. 또 자신과 상대의 기분을 전환해주고 서로의 인식 변화를 가져오기도 한다. 이런 상호작용으로 업무의 능률이 향상되고 나아가 자신과 조직, 회사의 이미지를 완성한다.

"인간지의(人間之衣) 재명미덕(在明美德) 재신민(在新民) 재지어지선(在之於至善)"이란 말이 있다. "옷을 입는다는 것은 곧 아름다움과 덕을 바깥으로 내보이는 것이고 사람을 새롭게 하고 더 나아가 선하게 만든다."라는 뜻이다. 자신의 내면의 아름다움과 덕을 표현할 뿐만 아니라 스스로를 새롭고 선하게 만들기 위해 노력해야 한다.

잠깐!

영화로 보는 복장의 중요성

- '프리티 우먼'
  콜걸 비비안은 드레스를 사러 가기 위해 로데오 거리에 갔는데 점원들에게 천대를 받는다. 나중에 옷차림을 바꾸고 태도를 달리하자 사람들의 따가운 시선이 사라지고 응대가 좋아진다.
- '타이타닉'
  주인공 잭이 정장을 차려입고 파티에 참석하자 처음 마주한 사람들은 그를 철도 회사의 후계자쯤으로 생각했다. 사실 그는 3등석 객실에 묵고 있었는데 말이다.

- '금발이 너무해'
  '코스프레 파티'라는 소식에 핑크색 토끼 옷을 입는 등 만반의 준비를 하고 갔는데 알고보니 법대생들의 점잖은 모임이어서 골탕을 먹는다.

알맞은 복장

신제품 출시를 앞두고 프레젠테이션을 한 스티브 잡스의 복장 때문에 논란이 있었다. 목까지 올라오는 검은 티에 청바지를 입고 무대에 오른 스티브 잡스를 향해 T·P·O에 맞지 않은 복장을 한 것이 아니냐고 비난을 한 것이다. 프레젠테이션을 한 장소는 무대만 밝고 청중이 앉는 곳은 어두운 극장이었다. 청중과 눈을 마주칠 수 없음을 느낀 그는 딱 떨어지는 정장으로 격식을 차리면 더욱 소통을 할 수 없을 거라고 판단했다. 한마디로 T·P·O를 고려해 전략적으로 선택한, 편한 의상이었던 것이다. 실제로 스티브 잡스의 옷장에는 오로지 프레젠테이션만을 위한 수십 벌의 청바지와 수십 벌의 검은 터틀넥이 있었다고 한다.

❍ 알맞은 복장을 위한 고려요소

어떤 복장이 알맞은가는 간단한 문제가 아니다. 스티브 잡스의 복장처럼 적절함을 구성하는 데에는 고려할 요소가 많이 있다. 처음 만나는 상대에게 호감을 주고 싶거나 중요한 비즈니스 미팅일 경우에는 T·P·O에 맞는 복장을 해야 한다. 자신이 빨간 색상을 좋아한다고 해서 조문을 갈 때 빨간 원피스를 입고 갈 수는 없고 같은 검은색이라고 하더라도 파티와 미팅에서의 옷차림은 분명 다르다. 그러면서도 자신을 돋보이게 하는 복장을 하면 더욱 좋다. 검은색을 입는다고 해서 남들과 똑같을 필요는 없다. 액세서리나 디자인에서 자신만의 이미지를 연출할 수 있다.

또한 자신이 속한 회사가 어느 분야인지, 조직의 분위기나 업무의 특성은 어떠한지도 고려해야 한다. 법무법인이나 공기업 등 다소 딱딱한 분위기의 회사에서 근무하는 경우라면 화려하거나 활동적인 복장은 피해야 한다. 클래식한 정장으로 단정한 이미지를 추구하는 것이 좋다. 디자인, 광고나 패션계 등 창조적인 분야는 정형화된 정장보다는 세련되고 유행을 따르는 것이 좋다. 비교적 자유로운 편이라 캐주얼 복장도 무난하다. 영업부의 경우는 회사나 자신을 잘 드러내고 고객에게 강한 인상을 남기는 것이 좋다. 고객의 취향을 아는 경우 이를 고려한 복장을 선택하는 것도 좋다. 마지막으로 자신의 직급 이상에 맞게 옷을 입어야 한다. 더 많은 책임을 맡길 수 있는 믿음직한 사람으로 보일 것이다.

잠깐!

면접 복장

너무 화려한 옷보다 호감을 주면서도 지원한 직군에 맞는 의상을 선택해야 한다. 금융권과 공기업은 검정이나 감청색 같은 어두운 재킷에 바지 또는 H라인 스커트, 단정한 셔츠와 블라우스, 넥타이를 매치해 깔끔한 느낌을 주는 것이 좋다. 여성의 경우 너무 마른 체형의 지원자라면 짙은 컬러의 원피스에 화이트나 베이지 컬러 재킷을 매치하면 체형의 단점을 커버할 수 있다.

광고나 디자인, 패션 업계라면 세련되고 트렌디한 분위기를 연출해 개성을 드러내는 것이 좋다. 하지만 전체적으로 단정한 느낌을 주는 것을 잊어서는 안 된다. 한 곳에 포인트를 주거나 액세서리를 통해 자신의 감각을 보여줄 수 있다.

IT, 이공계 업계의 면접이라면 신뢰성을 주면서도 활동적인 이미지를 강조하는 것이 좋다. 여성의 경우 블라우스 컬러에 포인트를 주거나 스커트 대신 정장 팬츠를 선택하는 것도 좋다.

격식 있는 복장 연출법

❍ 남성

● 정장(suit)

비즈니스 사회에서 가장 기본적이면서도 품격을 보여주는 것이 정장이다.

- 조직의 이미지에 어울리는 조화롭고 품위 있는 정장을 입는다.
- 정장(수트)은 재킷과 바지의 색상과 소재가 같아야 한다.
  갖춰 입었을지라도 색상과 소재가 다르면 비즈니스 캐주얼이다.
- 체형에 맞는 디자인과 사이즈를 선택한다.

● 상의

- 재킷의 길이는 엉덩이의 굴곡부분을 가릴 만큼 길어야 한다.
- 정장에 조끼를 입을 때에는 몸에 꼭 맞는 크기를 착용하며 맨 아래 단추는 푼다.
- 앞가슴 주머니에 만년필이나 볼펜을 잔뜩 꽂고 다니는 것을 피한다.

● 바지

- 바지의 길이는 서 있을 때 단이 구두코에 가볍게 닿는 정도가 좋다.
- 바지선은 잘 다려서 구김이 생기지 않도록 한다.

잠깐!

정장(suit) 용어

■ 재킷

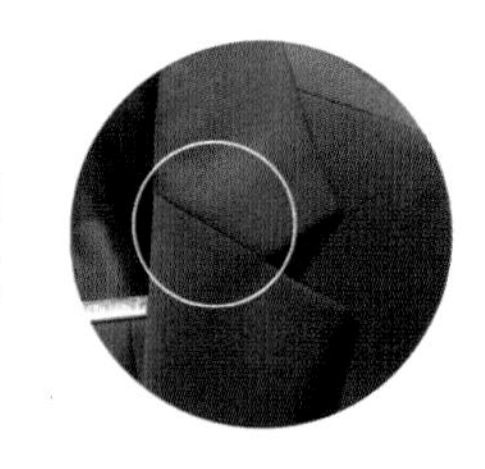

- 고지라인
  정장의 깃은 윗 깃(칼라)과 아랫 깃(라펠) 2개로 구성되며 이 둘을 이은 봉제선을 고지라인이라 한다. 이 위치가 정장의 인상을 좌우하는데 일반적으로 클라시코 이태리 정장은 높고 브리티시 정장은 낮다.

- 프론트 다트
  가슴 아래에서 앞주머니에 걸쳐 좌우에 한 번 집어서 꿰맨 세로선이다. 입체감 있는 실루엣을 만들어준다. 현대 정장에서는 빠지지 않지만 박스형인 미국 전통 브랜드인 아메리칸 트레드 정장에는 보이지 않는다.

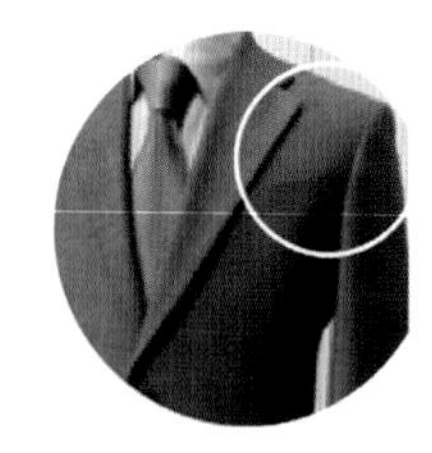

- 암홀
  몸통과 소매를 연결하는 둥근 부분으로 진동 둘레라고도 한다. 이 부분이 딱 맞으면 소매를 올리거나 내려도 정장의 형태가 흐트러지지 않는다.

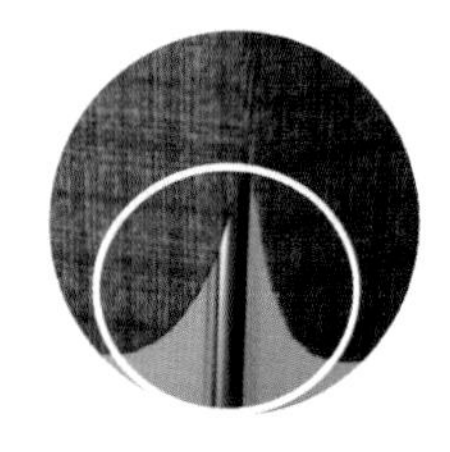

- 프론트 커트
  재킷 앞면에서 서로 겹쳐지는 가장 아래 부분의 둥근 커팅이다. 이 곡선의 각도 차이가 V존과 마찬가지로 정장의 이미지를 바꾼다. 싱글 정장은 큰 활 모양을 그리고 있는 것이 주류이다. 더블 정장에 많이 보이는 직각 모양은 '스퀘어 커트'라고 하는 듯 열린 각도에 따라 다양한 명칭이 존재한다.

- 브레스트 포켓
  포켓 스퀘어를 꽂는 자리로 가슴주머니이다. 이태리 정장은 가슴포켓을 직선으로 처리하지 않고 곡선으로 디자인하는 것을 선호한다.

■ 라펠

코트나 재킷의 앞몸 판이 깃과 하나로 이어져 접혀진 부분을 말한다.

• 노치드 라펠

가장 보편적인 라펠모양이다. 칼라와 라펠의 경계선이 적당하게 벌어진 모습으로 심플한 디자인이다.

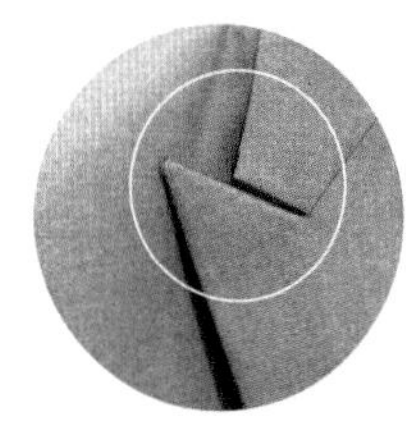

• 피크드 라펠

아래깃이 뾰족하면서 크게 위로 올라간 라펠로 드레시한 슈트에 잘 어울린다. 강렬한 이미지를 준다.

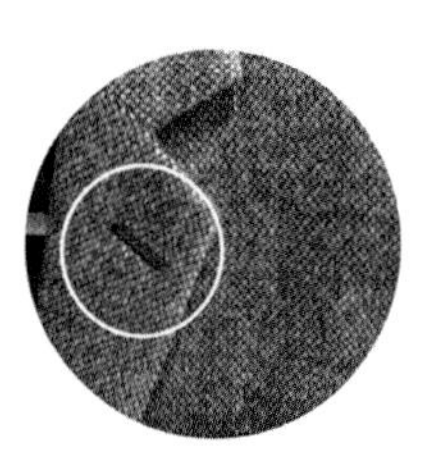

• 버튼홀

정식명칭은 플라워홀이다.

라펠의 단춧구멍이다. 버튼의 기능 대신 배지를 다는 등 장식적인 요소로 활용된다.

■ 팬츠

• 플리츠

바지허리 부분에 만들어진 1개 또는 2개의 주름이다. 아웃플리츠(주름이 바깥쪽으로 열려있는 것)와 인 플리츠(주름이 안쪽으로 향한 것)로 나뉜다.

정장보다 감각적으로 보이길 원하면 노 플리츠로 한다.

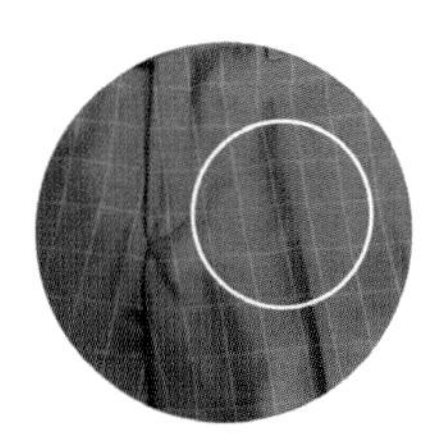

• 크리스

바지중심이 접히는 선이다. 깨끗하게 들어가 있지 않으면 깔끔해 보이지 않는다.

• 커프스

소맷부리, 바지의 접단을 말한다.

- 싱글 : 바짓단을 안으로 접어서 바느질 처리하는 것.
- 턴업 : 바짓단을 바깥으로 접는 것을 말한다.

● 드레스 셔츠

와이셔츠로 알고 있지만 드레스 셔츠가 정식 명칭이다. 와이셔츠는 화이트 셔츠가 와이셔츠로 발음된 데서 굳어진 것이다.

- 흰색 또는 옅은 색을 선택하고 화려한 디자인은 피한다.
- 구김이 없어야 하며 단추는 모두 채운다.
- 소매 길이는 손등 위에 알맞게 얹히도록 하고 1~1.5cm 정도 보이도록 한다.
- 반소매 셔츠에 넥타이를 매거나 정장 상의를 입지 않도록 한다.

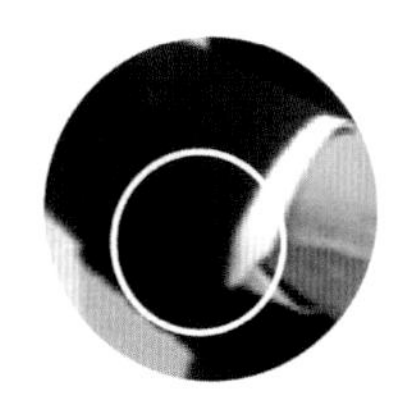

● 넥타이

- 차분하고 단정한 인상을 주고 싶을 때는 정장과 동일한 계열의 색상을, 강하거나 활동적인 인상을 남기고 싶을 때는 보색 계열을 선택한다.
- 자신의 회사의 이미지나 목적에 맞춰 넥타이 색상을 고르기도 한다.
- 넥타이를 맨 길이는 벨트의 버클을 약간 덮을 정도가 적당하다.
- 조끼를 입었을 때는 조끼 하단 밑으로 넥타이가 나오지 않아야 한다.
- 넥타이 두께도 신경을 써야 한다.

  * 체격이 큰 사람이 너무 얇은 두께의 넥타이를 매거나 체격이 왜소한 사람이 너무 두꺼운 넥타이를 매는 것은 좋지 않다. 신체적 결함이 더욱 부각되기 때문이다. 자신의 신체적 특징을 잘 파악하여 넥타이를 선택해야 한다.

잠깐!

넥타이의 기원

'30년 전쟁' 당시 프랑스 왕실을 보호하기 위해 파리에 도착한 크로아티아의 병사들은 모두 스카프를 목에 감고 있었다. 무사귀환의 염원을 담아 아내나 연인이 감아준 사랑의 징표였다. 그 스카프에 강한 인상을 받은 루이 14세가 프랑스 군인에게도 매도록 하면서 프랑스 전역에 퍼지게 됐다.
당시 루이 14세가 "저것이 무엇이냐"고 묻자 시종장이 "크로아티아의 병사입니다."

라는 의미로 "크라바트"라고 대답했는데 이때부터 남자들의 목에 맨 스카프가 '크라바트'가 되었고 넥타이가 프랑스어로는 크라바트(Cravate)이다. 현대 스타일의 매듭은 19세기 말 영국의 오스카 와일드가 쉽고 간편한 스타일의 포 인 핸드 타이(Four in hand tie)를 창안하면서 시작됐다고 전해진다.

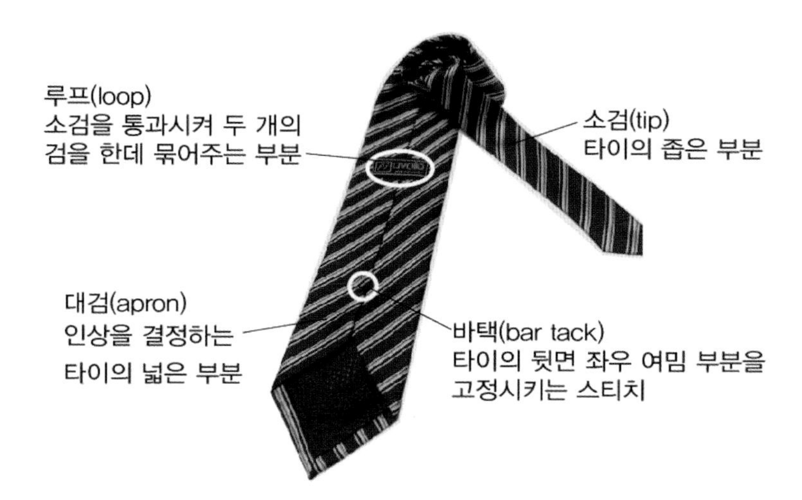

- V-zone
  - 정장 착용 시 재킷의 단추를 잠갔을 때 재킷을 통해 드러나는 셔츠의 깃과 넥타이가 드러나 보이는 부분을 말한다.
  - 첫인상을 좌우하는 중요한 부분이다.
  - 색상과 무늬의 선택 시 주의해야 한다.
  - 3가지 중 한 곳만 포인트를 주어 시선을 분산시키지 않도록 한다. 보통 포인트는 넥타이 연출로 하는 것이 무난하다.

- 벨트
  - 정장과 어울리는 색상을 선택한다.
  - 어울리지 않거나 튀는 색상은 피한다.
  - 버클은 심플한 것을 선택하고 모양이 지나치게 화려하거나 폭이 넓은 것은 피한다.

● 양말

- 정장 착용 시 실크 소재 양말이 어울리며 흰색 양말은 피한다.
- 양말은 검은색과 같은 진한 색 혹은 구두나 정장과 같은 색을 신는다.
- 앉았을 때 맨살이 보이지 않아야 한다.

● 구두

- 소재는 가죽이 적당하다.
- 굽이 닳지 않았는지, 청결한지 확인해야 한다.
- 구두와 가방의 색상을 맞추는 것이 좋다.

● 가방

- 서류 가방은 안은 깔끔하게 정리하고 밖에 지저분한 곳이 있다면 가볍게 닦아준다.

● 향수

- 진하지 않은, 은은한 향수를 뿌린다.

❍ 여성

● 정장

- 남성과 마찬가지로 소재와 색상이 같은 한 벌 개념이다.
- 스커트가 일반적이며 무릎 바로 아래에서부터 무릎 위 5cm 이내가 적당하다.
- 현대사회에서는 바지를 입는 것이 에티켓에 어긋나지는 않지만 공식적인 석상에서는 치마를 입는 것이 좋다.

● 블라우스

- 노출이 심하거나 지나치게 화려한 디자인은 피

한다.

- 구김이 잘 가는 소재는 다림질을 하여 단정하게 한다.

● 스타킹

- 정장에 색상을 맞추되 현란한 색상은 피하고 망사나 반짝거리는 스타킹도 피해야 한다.
- 자신의 살색과 같거나 약간 어두운 색상이 가장 무난하다.
- 스타킹 올이 나가진 않았는지 자주 확인해야 한다.

● 액세서리

- 돋보이게 하는 것이지만 한 번에 착용하는 액세서리는 3개가 넘지는 않도록 한다.

● 핸드백과 서류가방

- 색상, 소재, 디자인은 때와 장소에 맞게 선택해야 한다.
- 가방의 크기는 자신의 키와 비례하여 연출하는 것이 바람직하다.

● 향수

- 은은한 향수를 뿌린다.

잠깐!

넥타이 연출법

- 윈저노트(Windsor knot)
  영국의 왕 에드워드 8세, 윈저공이 즐겨 매던 스타일로 스프레드 칼라의 넓은 공간을 채워주는 매듭법이다. 좌우로 두 번 매듭을 짓기 때문에 매듭 자체가 커지므로 두꺼운 타이는 피한다. 타이의 폭이 넓고 긴 길이의 클래식 타이에 어울리는 연출법이며 공식적인 모임에 참석할 때 어울리는 타이 연출법이다.

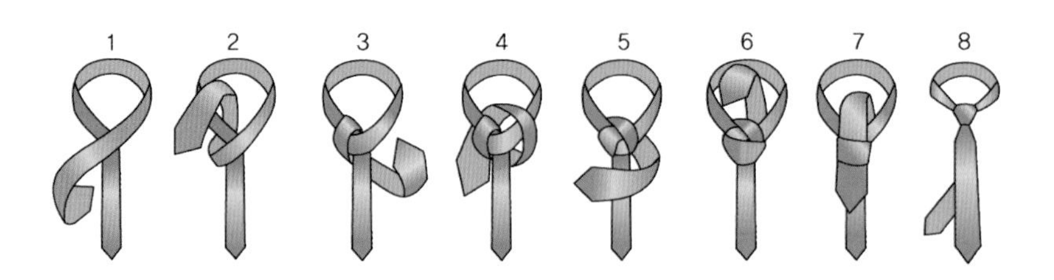

• 하프 윈저 노트(Half Windsor Knot)

윈저 노트에서 좌우로 두 번 돌리는 절차를 한 번으로 줄인 매듭법으로 세련되고 간결한 느낌을 준다. 좌우가 균등하게 되도록 고안되어 꽉 조여주면 더욱 멋스럽다. 와이드 타이보다는 폭이 조금 좁고 컬러감이 화려한 레귤러 타이에 좀 더 잘 어울리는 연출법이다.

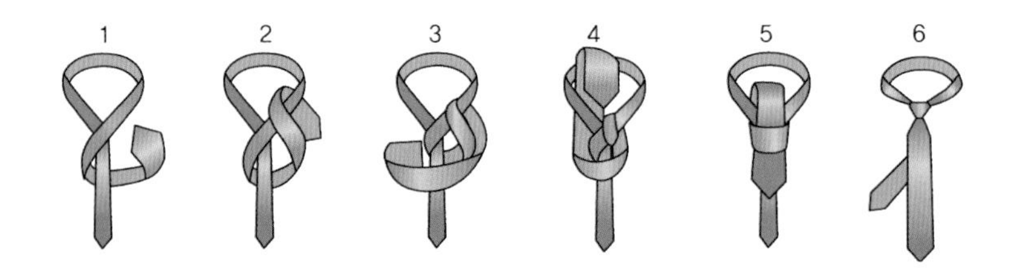

• 플레인 노트(Plain knot)

가장 기본적인 매듭 방법이다. 19세기 중반까지 넥타이의 주를 이루었던 나비매듭에 이어 등장했다. 타이 종류 중에는 슬림 타이에 잘 어울리며 가볍고 캐주얼한 자리의 옷차림에 연출한다. 매듭 바로 아래쪽에 주름이 생기지 않도록 잡아 주는 것이 포인트이다.

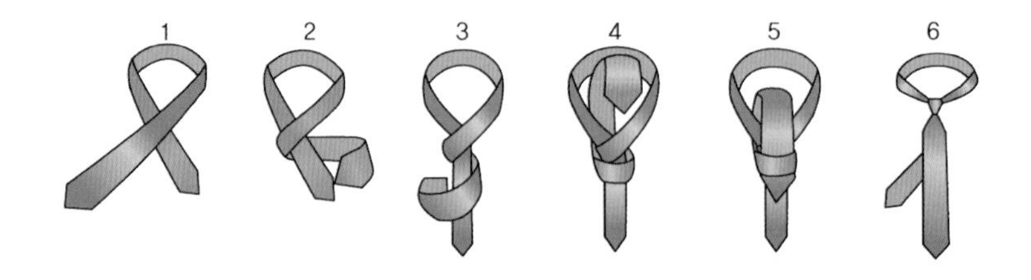

• 블라인드 폴드 노트(Blind fold knot)

플레인 노트로 매듭을 만든 후 대검 부분을 매듭 위로 돌려 덮어주는 매듭법이다. 굉장히 독특하면서도 포멀한 느낌이 있어 공식적인 자리에서라면 더욱 돋보일 수 있다.

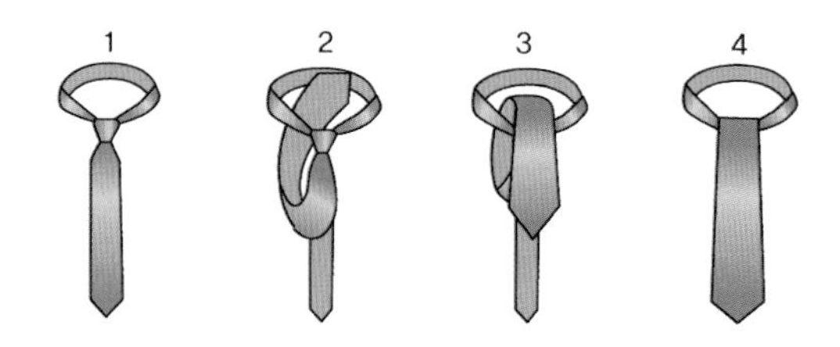

- 크로스 노트(Cross Knot)

  플레인 노트와 같은 형태의 매듭에 중앙을 교차하는 사선 하나가 생기는 스타일의 매듭법이다. 눈에 띄는 모양이므로 전체적으로 단순한 스타일과 컬러의 타이에 어울린다.

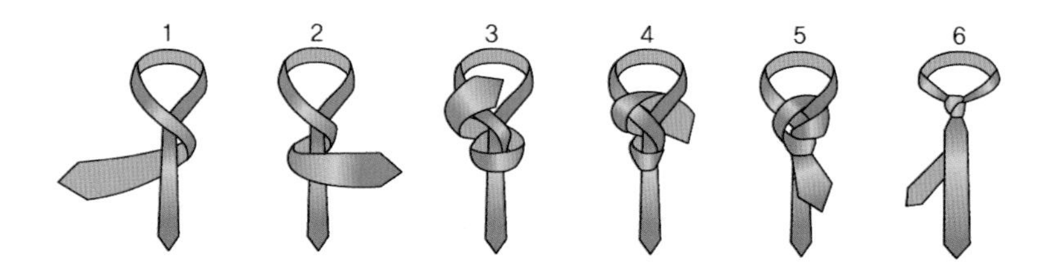

- 더블 노트(Double Knot)

  두 번 돌려 처음 돌린 매듭 부분이 두 번째 돌린 매듭 아래로 조금 보이도록 매는 것이 포인트다. 비즈니스 슈트에 연출하면 스마트하고 센스있는 인상을 줄 수 있다.

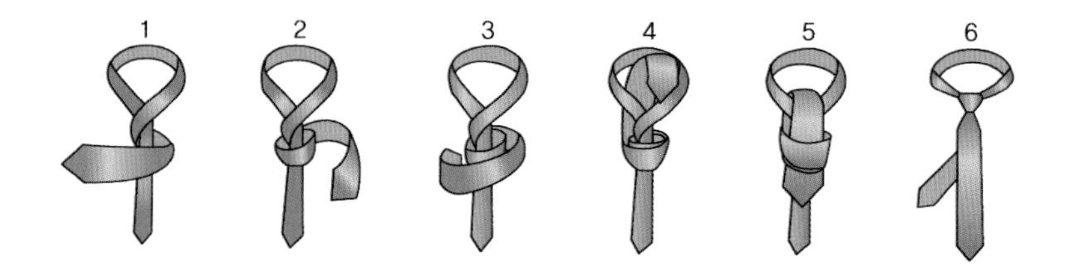

'신데렐라 성공법칙'의 저자 캐리브루서드는 늘 프로답게 더할 나위 없이 열심히 했고 엄청난 성과를 냈다. 하지만 임금과 승진에서 인정을 받지 못했고 상사에게 "자네는 일은 정말 잘해. 하지만 외모가 문제야!"라는 평가를 받았다. 충격은 잠시, 새 옷과 새 스타일로 자신감 있게 무장하고 승승장구해서 부회장 자리에까지 올랐다고 한다. 물론 옷이 승진을 시켜준 것은 아니지만 능력을 돋보이게 하는 데는 변화한 외모가 도움이 된 것은 사실이다. 자신의 분야에서 전문가답게, 그리고 내면과 능력이 함께 돋보이도록 해야 할 필요가 있다. 스스로가 당당하고 상대방의 눈에 비치는 자신의 모습이 편안하면서도 매력적이라면 더없이 좋지 않을까?

생각해 보기

1. 지금보다 더 단정한 용모를 위해 신경 써야 항목은 어떤 것들이 있는가?
2. 공식 석상에 참여할 경우 고려해야 할 사항은 무엇인가?
3. 나의 복장 연출이 필요한 T.P.O의 예를 들면 어떤 것들이 있을까?

Chapter

자세와 목소리

김종서가 병조판서 시절, 회의에 참석했는데 당시 자세가 바르지 못했다. 회의가 끝난 후 영의정이었던 황희가 "여봐라. 병판대감 의자 다리 한쪽이 짧은가보니 빨리 고쳐드려라."라고 했다. 깜짝 놀란 김종서가 무릎을 꿇고 사죄하자 좌의정 맹사성이 물었다.
"관대하신 대감께서 왜 그렇게 김종서에게는 엄하시오."

그러자 황희는 대답했다.
"우리는 늙었고 장차 김종서가 뒤를 이을 것이 아니오. 그러니 그를 바르게 키워야 하지 않소."

그대의 몸, 그대가 하는 일을 소중히 생각하라. 그대의 것으로 생각하지 말고 하늘이 주신 것으로 알아라.

- 구스타프 슈바브(독일의 교육학자) -

몸짓언어와 자세

약 30년 전 한 아파트 단지에서 교통사고가 일어났다. 당시 동네 주부들은 벤치에 모여 담소를 나누고 있었고 아이들은 길 건너 놀이터에서 정다운 시간을 보내고 있었다. 그때 트럭 한 대가 저쪽에서 달려오자 한 어머니께서 아이를 향해 "거기 있어!"라고 소리치며 손을 흔들었다. 아이가 자신을 향해 달려올까 다급한 마음에 당부를 준 것이었다. 하지만 거리는 떨어져 있었고 놀이에 집중하던 아이에게 엄마의 말은 전혀 들리지 않았다. "이리 와."라고 해석한 아이는 놀기를 멈추고 엄마를 향해 뛰기 시작했다. 트럭에 부딪힌 아이는 세상을 떠나고 말았다.

몸짓언어의 의미

몸짓언어란 말 그대로 몸으로 하는 말이다. 몸짓이나 손짓, 표정 등 신체의 동작으로 의사나 감정을 표현·전달하는 언어라는 뜻으로 학문적으로는 키네식스(kinesics)라는 용어를 사용하고 있다. 이는 정신과 의사가 환자의 신체에서 보이는 모습과 환자의 입에서 나온 말을 조화시켜 치료하는 것을 의미한다.

드라마를 볼 때에 소리를 끄고 눈으로만 본다하더라도 배우들의 몸짓만 보고도 대략 좋은 소식인지 나쁜 소식인지 상황이 어떻게 전개되는지 유추할 수 있다. 당대의 최고 희극배우 찰리 채플린은 표정과 손짓 등 몸짓언어만으로 대중에게 감동을 선사했다.

미국의 심리학자 윌리엄 제임스(william James)는 인간의 행동은 마음을 대변한다고 했다. 들리지는 않지만 보이는 무언의 대화이고 말보다 앞서는 것이 바로 몸짓언어다.

1. 2009년 부산 사격장 화재 후 있었던 일이다. 정운찬 전 총리가 화재로 인해 사망한 일본인의 유족들에게 사과를 했는데 무릎을 꿇고 애처롭게 쳐다보는 그의 사진 속 모습이 공개됐다.
2. 2009년 용산참사 후 정운찬 전 총리의 모습은 이와 달랐다. 유족들 앞에서 양반다리를 하고 앉고 뻣뻣한 자세로 사과했다.

같은 해, 같은 총리의 사과. 무엇이 다르고 무엇이 문제였을까?

몸짓언어의 5가지 요소

몸짓언어를 유심히 살펴보면 숨겨진 감정을 읽어내는 것이 가능하다. 최근에는 스타나 정치인의 몸짓언어나 자세를 분석한 기사들이 자주 나오기도 한다. 하지만 바디랭귀지 연구소 CEO이자 미법무부 소속 연방집행관으로써 몸짓언어 해석기술을 가르쳤던 재닌 드라이버는 사진 한 장을 보고 그 사람의 본심을 분석하려면 최소 20장 이상의 사진을 봐야 한다고 말했다. 지나치게 단순화하면 오해의 소지가 많이 때문에 몸짓언어의 5가지 요소를 꼭 고려해야 한다.

❍ 맥락

같은 행동이어도 장소나 기타 상황에 따라 전혀 다르게 보일 수 있다는 것이다.

찬바람이 쌩쌩 부는 추운 겨울날 버스 정류장에 한 여자가 웅크리고 앉아있다. 이 여자를 본 대부분의 사람들은 '추워서'라고 생각을 한다. 하지만 똑같이 웅크리고 앉아있지만 사무실 자신의 책상일 경우에는 다르게 생각을 한다. '아프거나' 혹은 상사에게 꾸지람을 듣고 '상심하거나'라고 생각할 것이다.

❍ 묶음

하나가 아닌 그 사람의 다른 몸짓언어들을 묶어서 함께 봐야 한다.

팔짱을 끼는 것은 폐쇄적이고 대표적인 방어자세로 알려져 있다. 상대가 이럴 경우, 대화의 벽을 닫는 것처럼 보이고 평가받는 기분이 들어 의기소침해지곤 한다. 하지만 팔짱 하나만 끼고 있다고 해서 상대방이 무조건 자신에게 공감을 하지 않고 무시하는 것은 아니다.
팔짱을 끼고 있지만 환하게 웃고 있으면 전혀 다른 느낌이 든다. 멋쩍어서 웃는 것처럼 보이기도 하고 손을 어디에 둬야 할지 모르거나 소극적인 사람은 자세가 어색하고 불편해서 팔짱을 끼기도 한다.

❍ 일치

몸짓언어는 말의 내용과 일치해야 한다. 짝을 지어 상대방이 "네", "아니요"로 답할 수 있는 질문을 하고 이때 "네"라고 답할 때는 고개를 가로젓고 "아니요"라고 답할 때는 고개를 끄덕인다. 그리고 서로 바꾸어서 질문하고 같은 방식으로 답해본다. 평소에 해왔던 방식과 다르게, 또 말의 내용과 달리 행동하며 답하는 것이 잘 되지 않을 것이다. 또한 그런 상대방의 모습을 보는 것도 적지 않은 웃음이 나온다.

❍ 일관성

평소에 그 사람이 행동하는 몸짓언어를 파악해야 한다.

김 부장은 모 회사에 임원면접을 보러 가게 됐다. 면접관은 시종일관 무표정에 팔짱을 끼고 있어서 그 회사와 더 이상의 인연은 없는 줄 알았다. 그런데 돌아오는 길에 비서에게 전화가 왔는데 합격을 했다는 것이다. 놀라서 물으니 "대표님 원래 그러세요. 아마 마음에 들지 않으셨다면 대화도 나누지 않으시고 나가셨을 거예요."라는 답을 들었다.

❍ 문화

로마에 가면 로마법을 따라야 한다. 각 나라의 몸짓언어의 의미를 이해해야 다른 나라 사람들과의 관계에서 오해를 없앨 수 있다.

예) 아랍에서는 발바닥을 보이면 상대방에게 무례를 범한 것

잠깐!

몸짓언어의 사용

모든 몸짓언어는 준비 - 결정 - 회복의 단계가 있다. 준비단계는 몸짓 언어의 필요성을 느끼고 기본자세에서 손이나 몸을 움직이는 동작을 말한다. 그 후 강조하고자 하는 동작은 정확하고 빠르게, 그리고 완벽하게 표현해야 하는데 이를 결정 또는 완성의 단계라고 한다. 정확하게 표현한 몸짓언어는 다시 기본자세로 돌아와야 하는데 이를 회복 단계라고 한다. 회복단계에서 거두는 동작의 속도는 완성단계보다 한 박자 느리게 한다.

- 몸짓언어는 크고 정확하게, 격에 맞게 사용해야 한다.
- 손이나 고개 어느 하나만이 아닌 몸 전체를 활용하는 것이 좋다.
- 머리끝부터 발끝까지 한 방향을 나타내는 것이 좋다.
- 상대방이나 슬라이드, 특정한 것을 가리킬 때는 손가락이나 손등이 아닌 손바닥을 보이는 것이 좋다.

각 몸짓언어의 의미

❍ 시선

눈맞춤이란 상대방과 눈을 맞추는 행위로 상호작용의 가장 기초적인 단계이다. 외향적인 사람일수록 상대방과 눈을 마주치는 시간이 길다. 눈을 마주치지 않는 것은 상대방의 이야기에 귀를 기울일 마음이 없거나 이미 다른 생각 중인 것을 의미한다. 초조하거나 자신감이 없어서 눈을 마주치지 못하는 경우도 있으니 자신과 마주한 사람이 눈을 마주치지 않는다면 그 의미를 파악해야 한다.

시선과 관련된 말들을 보면 눈빛에 많은 의미를 부여하고 있음을 알 수 있다.

● 시선과 관련된 문장

"그 사람이 싸늘한 시선을 보냈어."
"마치 잡아 죽일 듯이 쳐다보던데…"
"눈이 휘둥그레졌어."
"우리를 눈 아래로 깔아보더군."

잠깐!

시선의 종류

친근한 시선	눈부터 쇄골까지 가장 큰 삼각형. 가족이나 연인을 바라볼 때 보는 시선이다.
사교적 시선	동료나 친구 사이에 바라보는 시선으로 눈부터 턱까지 아래쪽 삼각형이다.
공적인 시선	처음 만나거나 어색한 사이에 바라보는 시선으로 눈부터 이마까지 위쪽 삼각형으로 이성적인 눈이라고 한다.

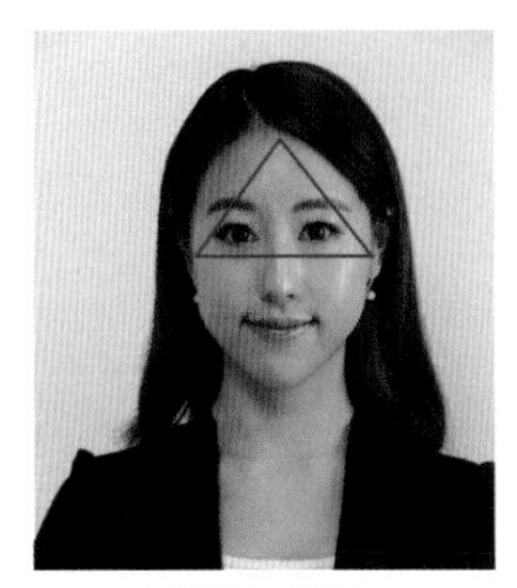
공적인 시선

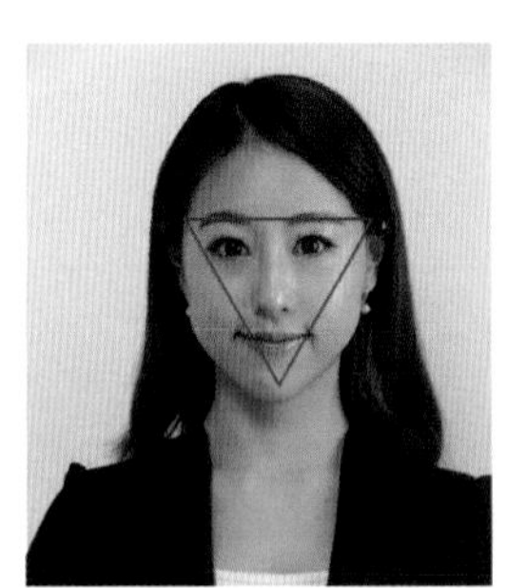
사교적인 시선

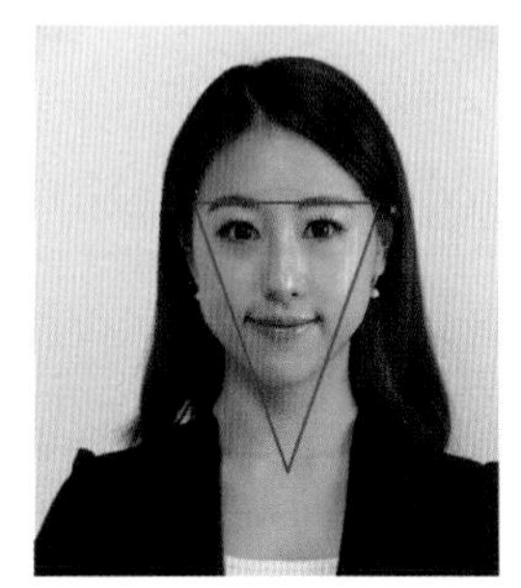
친근한 시선

상대방과 소통&공감을 하고 싶다면 공적인 시선보다는 사교적 시선으로 바라보는 것이 좋다.

❍ 끄덕임

상대방의 의견을 귀담아들으며 고개를 끄덕이는 것은 굉장히 좋은 몸짓언어이다. 다만 너무 자주 고개를 끄덕이는 것은 '이야기를 빨리 끝내주세요.'라는 표현이 되기도 한다. 너무 강한 긍정은 부정의 신호이기도 한 셈이다.

❍ 몸

두 사람 혹은 여러 사람이 대화를 나눌 때 상체가 서로의 방향으로 가까울수록 더 친밀하고 소통하고 있다는 증거이다. 상체나 전체 몸의 방향을 틀면서 화답해줄 경우는 대화에 환영한다는 뜻이다. 하지만 상체나 몸의 방향을 틀지 않았다면 '이 대화에 끼어서는 안 된다.'라는 무언의 신호를 보낸 것이다.

❍ 다리 · 발

다리는 가고자 하는 방향을 나타낸다. 동료와 대화 중인데 동료의 다리의 방향이 자꾸 문 쪽을 향한다면 마음은 이미 문 밖을 나서고 있다.

또 서너 명이 함께 앉아서 회의를 하고 있는데 한 명이 다리를 닫아걸고 있다면 이 그룹에서 소외당하는 느낌을 받고 있음을 보여준다. 누구나 치과에서 대기 중이거나 치료 중일 때 다리가 교차되어 있는 자신을 발견한 적이 있을 것이다. 발 닫아걸기는 위축, 소외감 등을 보여준다. 물론 무의식중이나 습관상 다리를 자신의 쪽으로 닫아걸 수는 있다.

❍ 거리

수년 전에 모 회사에서 '46센티미터'라는 치약이 출시되었다. 이 이름에는 비밀이 숨겨져 있다. 노스웨스턴 대학의 인류학 교수 에드워드 홀(Edward T. Hall) 박사는 사람들이 자기 주위 공간을 어떻게 이용하느냐가 관계의 친밀도에 달려 있다고 말했다. 친근한 거리, 개인적 거리, 사회적 거리, 공적인 거리로 나뉘는데 이 공간적 거리는 친밀도에 비례한다는 것이다. 친하면 상대방과의 거리가 짧아지고 무관심하거나 좋지 않은 관계의 경우는 멀어진다는 것이다. 이

거리공간은 남성보다는 여성이, 어른보다는 아이가, 외향적인 사람보다는 내향적인 사람이 좁다고 한다.

종류	거리	특징
친근한 거리	46cm 이하	가족, 연인처럼 아주 가까운 사이이다. 포옹, 키스하는 연인, 엄마에게 안기는 아이들이 이런 경우이다. 시각, 후각, 촉각 등이 감각이 가능한 거리이다.
개인적 거리	46cm~1m20cm	손을 잡을 수 있고 대화를 나눌 수 있는 거리이다. 친구나 직장동료와의 만남, 모임, 회의 등 지인과의 사이에서 이루어지는 거리이다.
사회적 거리	1m20cm~3m55cm	• 좁은 사회적 거리와 넓은 사회적 거리로 나뉜다. 1~2m 정도의 좁은 사회적 거리는 업무를 처리하는 거리로 비즈니스 공간이라고도 한다. • 넓은 사회적 거리는 2~3m로 형식적이고 사업적 관계에 이용된다. 낯선 사람, 상점주인, 집배원 등 잘 모르는 사람을 대할 때 두는 거리이다.
공적인 거리	3m55cm 이상	가장 확장된 거리로 대중에게 강연이나 연설하는 교육장 같은 공간에서의 거리를 뜻한다. 아예 상관없이 저 멀리 지나치는 사람과의 거리를 나타내기도 한다.

자세

오드리 헵번은 "아름다운 자세를 갖고 싶으면 혼자 걷고 있지 않음을 명심하라."라고 말했다. 서 있거나 앉아 있는 기본자세를 보면 그 사람의 마음가짐이 보인다.

❍ 바르게 선 자세

- 턱은 살짝 잡아당기고 시선은 정면을 향한다.
- 등은 곧게 하고 가슴을 편다.
- 두 어깨는 힘을 빼되 축 늘어지지 않게 좌우 수평이 되게 한다.
- 몸의 중심을 잘 잡고 두 다리를 붙여 선다.
- 아랫배를 안으로 잡아당긴다.
- 팔은 바르게 펴고 차려 자세를 한다.
- 양발을 남자는 45도, 여자는 30도 정도 벌린다.

❍ 대기 자세

- 공식적인 행사를 주최할 경우 손님 또는 고객을 맞이하기 위한 준비자세이다.
- 바로 선 자세에서 남자의 경우 다리를 어깨 너비만큼 11자로 벌려야 한다.
- 여자의 경우 한쪽 발의 뒤꿈치가 다른 발의 중앙 지점에 닿도록 한다.
- 모두 공수자세를 한다.

❍ 앉는 자세

- 등과 의자의 등받이 사이에 주먹 한 개가 들어갈 정도의 거리를 두고 깊숙이 앉는다.
- 등을 바르게 펴고 등받이에 기대지 않는다.
- 의자에 앉을 때 의자 아래로 발이 들어가지 않게 한다.

- 시선은 정면을 향한다.

● 남자

- 양손은 가볍게 주먹을 쥐고 양 다리 위에 오게 둔다.
- 양발은 허리너비로 벌리되 수직이 되게 하고 발끝은 11자로 만든다.

● 여자

- 앉을 때 치마를 정리하며 앉는다.
- 두 손을 포개어 무릎 위에 둔다.
- 무릎과 다리, 발끝을 모은다.

❍ 걷는 자세

드라마 '도깨비'(tvn)에서 왕후가 되기 위해 머리와 어깨에 도자기를 올려두고 치마를 살포시 든 채 걷는 연습을 한다. 왕후가 되는 첫 번째 길이 걸음걸이인 이유는 걸음걸이에도 품격이 담기기 때문이다.

- 다리만으로 걷는 것이 아닌, 골반 아래가 전체적으로 움직인다는 느낌으로 편안하게 걸어야 한다.
- 이때 여성은 무릎을 스치며 11자로 걷는다.
- 보폭은 체격에 맞도록 자연스럽게 한다.
- 어깨에 힘을 빼고 편안하게 팔을 늘어뜨린 상태에서 앞뒤로 흔든다.
- 고개를 숙이거나 치켜들지 않고 시선은 정면을 바라본다.

❍ 대화하는 자세

- 상대방의 의견에 공감하거나 호감이 가면 몸을 상대 쪽으로 방향을 바꾸거나 기울인다.
- 팔짱을 끼거나 몸을 뒤로 젖히는 것은 하지 않는다.
- 서서 대화를 할 때에 뒷짐지지 않는다.
- 다리를 꼬거나 허벅지를 문지르지 않는다.
- 머리를 자꾸 넘기거나 목을 만지지 않는다.
- 시계를 비롯한 액세서리를 만지작거리지 않는다.

❍ 가리키는 자세

- 손가락은 가지런히 모으고 손 전체로 가리킨다. 이때 손바닥이 위로 와야 한다.
- 손등은 보이지 않게 손목은 굽지 않게 해야 한다.
- 팔꿈치를 굽히면서 방향을 가리키고 거리에 따라 팔을 가까이 또는 멀리 뻗는다.
- 오른쪽을 가리킬 경우에는 오른손을, 왼쪽을 가리킬 경우에는 왼손을 사용한다.
- 상대의 눈과 마주친 후 가리키는 방향으로 시선을 돌리고 다시 상대의 눈을 바라본다.

- 상대를 바라보지 않거나 고개만 사용하는 것, 또 손가락으로 가리키는 것은 하지 않아야 한다.

❍ 물건을 주고받는 자세

- 아무리 가볍고 작은 물건이라도 정성스럽게 다뤄야 한다.

● 줄 때

- 가벼운 물건은 오른손으로 들고 왼손으로 받쳐 들어 전달한다.
- 무거운 물건은 양손으로 건넨다.
- 물건은 가슴과 허리 사이로 건넨다.
- '물건명'이나 목적(샘플, 승진축하선물 등)을 말하면서 건넨다.
- 시선 처리는 상대방의 눈 → 건네는 물건 → 상대방의 눈으로 한다.

● 받을 때

- 아무리 가벼운 물건이라도 양손을 사용하여 공손하게 받는다.

● 동시에 주고받을 때

- 가벼운 물건은 오른손으로 건네면서 왼손으로 받고 오른손으로 다시 받쳐 든다.

- 무거운 물건은 양손으로 물건을 건네고 양손으로 물건을 받는다. (한 번에 두 가지 동작을 하지 않고 하나씩 주고받는다.)

❍ 좋지 않은 자세

- 서 있을 때 한쪽 다리에 힘을 주고 선 일명 "짝다리"를 한 채 팔짱을 끼고 서있지 않는다.
- 의자에 다리를 교차하고 앉아 신발을 반만 걸치고 흔들지 않는다.
- 책상이나 탁자 위에 앉지 않는다.
- 의자에 몸을 기댄 채 흔들지 않는다.
- 담배를 피우면서 걷거나 일하지 않는다.
- 걸을 때 신발을 질질 끌면서 걷지 않는다.
- 여성의 경우 힐이나 샌들을 신었을 경우 실내에서 또각또각 소리 내어 걷지 않는다.

하버드 MBA 에이미 커디(Amy Cuddy) 교수는 TED강연에서 자세를 바꾸는 것만으로도 자신감을 얻을 수 있다고 말했다. 커디 교수는 남녀 열 명을 두 그룹으로 나눈 후, 한 그룹은 어깨를 쫙 펴고 허리를 세우는 'High power 포즈'를, 다른 한 그룹은 팔짱을 끼고 몸을 웅크리는 'Low power 포즈'를 각각 2분간 취하게 했다.
실험 전후 참가자들의 소변을 분석한 결과 하이파워 포즈(힘 있는 자세)를 취한 그룹은 자신감을 높여주는 호르몬인 테스토스테론이 평균 20% 증가하고 스트레스를 유발하는 코르티솔 호르몬은 25% 감소했다. 반면에 로우 파워 자세(힘 없는 자세)를 취한 그룹은 테스토스테론이 10% 감소하고 코르티솔은 15% 증가했다. 그리고 이 두 그룹이 모의면접을 본 결과 하이 파워 포즈를 취한 사람들이 면접에 통과할 확률이 20%이상 높았다.
단 2분 동안 자세나 몸짓을 바꾸는 것만으로도 자신감이 커진다는 것을 보여준다. 평소에도 자신감을 높이고 싶다면, 까다로운 업무 상황에서도 힘을 내고 싶다면 나아가 사회적인 관계를 성공으로 이끌고 싶다면 당당한 자세로 자신감을 키우자.

2 목소리

네 명의 남자가 미팅을 하러 갔다. 만나보니 소위 말하는 폭탄녀들이 앉아 있었다. 다행히 여자는 세 명! 한 명은 이 자리를 모면할 수 있기에 네 명의 남자들은 폭탄남으로 보이기 위해 노력한다. 각자 소개를 하는 시간에 세 번째 남자 소개 시간이 돌아왔다.
"아… 미팅하는 거 엄마한테 말 안하고 나왔는데… 엄마 알면 안 되는데…"
이 말에 실망한 미팅녀들은 마지막 한 명을 기대에 찬 눈으로 바라본다. 잘생긴 외모와 당당한 미소의 남자의 한마디
"안녕! 난 김또딘이야. 후덴티후라이 먹을래? 후덴티후라이. 아. 마딛따."

- 드라마 '신사의 품격' 중에서

스피치와 음성을 훈련하는 데 들인 시간과 돈은 그 어느 것보다 보상이 확실한 투자이다.

- 영국 전 수상 윌리엄 글레드스톤 -

목소리 알기

성품이 온화한 사람은 목소리도 편안하며 성격이 급한 사람은 말의 속도도 빠르다. 슬픔에 잠겨 울고 있는 사람은 목소리도 잠겨있다. 이렇듯 목소리는 소리의 울림을 넘어 자신의 마음의 울림이다. 목소리가 좋아지면 자신감도 생기고 자신감이 있으면 목소리도 당당해진다.

○ 목소리와 표정은 따로 놀 수 없다.

밝은 표정을 유지하면서 상대에게 "너 미워!", "그만 나가주시죠." 등 좋지 않은 말을 기분 나쁘게 들리도록 건네 보자. 또는 무표정하거나 화가 난 표정으로 상대에게 "고마워요.", "당신 덕분이에요." 등 따뜻한 말을 건네 보자. 힘들

어하는 자신을 발견하게 될 것이다. 밝은 표정으로 기분 나쁜 말을 하다보면 표정이 굳어지거나 목소리가 듣기 좋게 바뀔 것이다. 아니면 목소리의 느낌대로 표정이 어두워지기도 한다. 이처럼 표정이 밝으면 목소리도 밝아지고 표정이 어두우면 목소리도 어두워진다. 마찬가지로 목소리가 밝아지면 표정도 좋아지고 목소리가 어두우면 표정이 어두워지기도 한다.

❍ 목소리는 바꿀 수 있다.

사람은 상황이나 감정에 따라 목소리를 조금씩 달리 낼 수 있다. 하지만 단순히 기분이나 상황에 따라서 약간의 변화만 주는 것이 아닌 자신만의 목소리를 찾고 가꿔나가야 한다. 그리고 사회에서 원하는 이미지에 따라 전략적으로 활용해야 한다.

좋은 목소리의 요소

❍ 바른 자세

사람의 몸 전체가 발성기관이다. 피아노 건반이 구부러져 있거나 플루트가 망가져 있으면 온전한 소리를 낼 수 없듯이 바른 자세가 좋은 소리를 낸다.

- 상체의 불필요한 힘을 뺀다.
- 다리를 골반 너비 정도 벌린다.
- 허리와 어깨를 곧게 편다.
- 턱은 숙이거나 올리지 않고 바르게 한다.
- 시선은 정면을 향한다.

❍ 호흡

오래달리기를 한 후에 누군가가 인터뷰를 요청한다면 바로 말하기가 쉽지 않다. 숨만 헐떡이기도 바쁘다보니 발성이나 발음하기가 힘들기 때문이다. 이처럼 호흡은 기본이다. 흉부로만 짧게 들이마시는 숨은 좋지 않다. 그렇다고 복식호흡만 연습하는 것도 오히려 역효과가 날 수 있다. 배에만 공기를 채우려고 흉부에 힘을 잔뜩 줘서 호흡과 발성이 더 힘들어지기도 하기 때문이다. 흉·복식호흡이 가장 이상적이다. 편안하게 가슴과 배, 옆구리 전체에 깊은 호흡을 들이마시고 내쉰다는 마음으로 한다. 흉·복식호흡은 면접이나 PT와 같이 긴장되는 자리에서 마인드컨트롤을 해주기도 한다.

❍ 발성

발성은 입 밖으로 소리를 내는 것을 말한다. 입안에서 웅웅대는 것이 아니라 공기의 흐름에 따라 올라온 소리가 입술 밖으로 나가야 한다. 여러 요인에 따라 발성이 달라지는데 하나의 예로 턱과 입을 움직이지 않은 채 "안녕하십니까."를 해보면 소리도 작고 우물우물거리는 것처럼 들린다. 이처럼 발성이 좋지 않을 경우 발음도 제대로 들리지 않는다.

- 구강미소를 짓는다.
- 흉·복식호흡을 한다.
- 날숨에 목소리를 실어 보낸다.
- 입을 크게 벌리고 미소를 짓는다.
- 소리는 멀리 앞으로 보낸다.

잠깐!

구강 미소

얼굴에 미소가 있듯이 입 안에도 미소가 있다.
침을 꼴깍 삼키며 입을 꽉 다물어본다. 목과 입이 닫힐 것이다. 이 상태에서 "안녕하세요."를 말하려면 둘 중 하나이다. 입이 떨어지면서 '쩝' 소리가 나거나 아니면 입이 열리고 공기가 들어가는 시간이 걸린다.
그래서 말하기 전에는 구강미소를 지으며 준비해야 한다.
다물었던 어금니와 어금니를 약간 떼어주며 편안하게 푼다. 이때 입술과 입술은 붙인 채로 살짝 미소를 짓는다. 입과 목 안이 편안해지면서 바로 "안녕하세요."라고 말을 할 수 있다.

❍ 발성크기 조절

전화통화를 하거나 바로 앞에 있는 사람과 이야기를 할 때, 프레젠테이션을 할 때, 아주 멀리 있는 사람을 불러야 할 때 등 상황과 목적에 따라 목소리 크기를 조절해야 한다.

안녕하십니까. 안녕하십니까. 안녕하십니까.

❍ 톤

목소리에도 남성성과 여성성이 있는데 상대적으로 낮은 남성성의 공명감이 전달력과 신뢰감을 높여준다. 뉴스를 보면 앵커는 중저음의 목소리를, 짧은 시간 방송하는 캐스터&리포터는 높은 톤을 많이 활용한다.

가장 좋은 것은 자신의 중간 톤을 알고 살짝 높은 톤과 살짝 낮은 톤을 모두 사용할 수 있는 것이다. 배우 최송현은 아나운서 시절, MC를 할 때에는 미 톤으로, 뉴스를 할 때는 '도' 톤으로 말을 한다고 했다.

일반적으로 전화통화의 경우 약간 높고 밝은 톤으로 하는 것이 좋으며 프레젠테이션이나 회의의 경우 보통이나 약간 낮고 진지한 톤으로 하는 것이 좋다. 물론 전화나 프레젠테이션 등 모든 커뮤니케이션은 주제나 분위기에 따라 목소리 톤이나 여러 요소들이 바뀐다.

❍ 발음

흔히 혀가 짧아서 발음이 힘들다는 사람이 있다. 하지만 연구결과를 보면 혀가 짧다고 말하는 사람 중에 3%만이 혀가 짧다고 한다. 실제로 혀가 짧은 사람은 거의 없다고 말해도 과언이 아니다. 그런데도 발음이 잘 되지 않는 이유는 무엇일까? 건강상의 이유가 있을 수도 있고 발성이 안으로 먹어 들어가서 잘 들리지 않는 등 여러 이유가 있다. 그중 자신이 대충대충 발음한 것은 아닌지 생각해봐야 한다. 외국어 발음은 신경 써서 공부해왔지만 우리나라 말이나 정확한 발음에 대해서는 공부한 사람이 많지 않다.

- 기초 모음을 먼저 연습해야 한다. 자음만으로는 말을 할 수가 없다. 완벽한 모음 발음에 자음이 입혀졌을 때 정확한 발음이 이루어진다.
- ㅏ, ㅔ, ㅣ, ㅗ, ㅜ 등 단모음부터 연습한다.

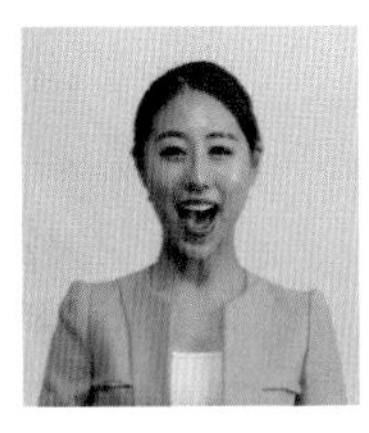

- ㅑ, ㅕ 등의 경우에는 턱이 벌어지는지 확인해야 한다.
  입은 움직이지 않고 혀만 움직인다면 이는 잘못된 발음이다.
- ㅟ, ㅘ 같은 자주 쓰이는 이중모음도 연습한다.
  흔히 ㅘ 발음을 ㅏ 발음으로 잘못하기도 한다. (관람객, 영화, 원인과 결과)
- 가, 갸, 거, 겨 등 기초발음 연습도 중요하다.

기초발음만 연습한다고 해서 말을 할 때 모든 발음이 좋아지는 것은 아니다. 음절과 음절 사이, 단어와 단어 사이 등 여러 상황에 따라 발음이 잘 되기도 안 되기도 하기 때문이다. 자신이 어떤 발음이 잘 되고 안 되는지를 확인하고 보고나 프레젠테이션, 통화할 때 자주 쓰는 중요한 단어가 있다면 집중해서 연습한다.

❍ 속도

- 일반적으로 빠른 속도보다는 여유 있게, 보통의 속도가 좋다.
- 누구나 알고 있는 내용, 중요도가 떨어지는 경우, 긴장감이 흐르는 내용에서는 빠른 속도로 해야 한다.
- 강조하거나 진지한 이야기를 할 때, 숫자나 인명, 지명 등을 말할 때는 천천히 한다.
- 똑같은 속도로 말하면 지루하여 집중을 덜 하게 되니 반드시 속도의 변화를 준다.

❍ 억양

말의 높낮이를 말한다. 억양 변화 없이 단조롭게 말하면 말이 아닌 글을 읽는 느낌이 들고 감정 없이 말하는 것과 같아 보인다. 또한 너무 모든 음절의 억양을 변화시키면 산만해보이고 내용에 집중이 되지 않는다. 자연스럽고 편안한 억양변화를 보여준다.

❍ 어조

말의 가락 즉 말에서 느낄 수 있는 화자의 태도이다. 단호하게 지시해야 할 때는 강한 어조로, 고객을 응대하거나 안내할 때는 부드러운 어조로 해야 한다. 또 연결어미와 종결어미의 어조를 달리해서 변화를 알리는 것도 좋다.

- 둥근 조 : 둥글고 부드럽게 올리거나 내리는 어조
- 직선 조 : 앞 음절이나 단어와 같은 높이로 내는 어조
- 내림 조 : 앞 음절이나 단어보다 낮은 높이로 내는 어조

❍ 장단음

긴 소리인 장음과 짧은 소리인 단음으로 구분된다. 밤, 배, 눈, 굴과 같이 한 글자 음성을 비롯해 부자, 감정 등 2음절 한자어, 걷다, 그리다 등 2음절 이상의 용언의 첫음절에서도 장음이 나타난다. 특별한 규칙이 없기 때문에 모든 장단음을 기억 및 활용할 수는 없다. 21세기가 되면서 장단음을 구분하는 경우 또한 많지 않다. 하지만 장단음을 구별하여 사용하는 것이 원칙이므로 자주 사용하는 장음이나 중요한 말하기에서 중요 단어는 신경써서 말하는 것이 좋다.

어른이 어른 노릇을 못하면 어린이(단음)와 다를 바가 없다.
나는 돈이 **없다**. 나는 아이를 업고(단음) 있다.
정직은 모든 이의 기본 덕목이다. 김 과장이 정직(단음)되었다.
부장님 **전화** 받으세요. 물건이 전부(단음) 팔렸다.
이렇게 와주셔서 **감사**합니다. 부정 대출사건에 대해 감사(단음)가 진행 중이다.
저의 잘못을 **사과**드립니다. 올해는 사과(단음)가 대풍이다.

❍ 강조

말의 멋을 살려주고 전달력과 집중력을 높여준다. 자신이 하고자 하는 메시지에서 무엇이 중요한지, 어떤 강조법을 활용할 것인지 생각해야 한다.

- **높임강조** : 강조하고자 하는 메시지에서 목소리를 크게, 높게 한다.
  "제가 말씀드리고 싶은 바는 바로 **상생**입니다."에서 '상생'의 경우
- **낮춤강조** : 실패나 부정적인 메시지에서는 목소리를 작고 낮게 한다.
  "최선을 다했지만 결과는 **얻지 못했습니다**."에서 '얻지 못했습니다.'
- **늘림강조** : 특정 모음 발음 시간을 길게 늘린다.
  "오래오래 사세요."에서 '오래'의 경우
- **늦춤강조** : 숫자나 인명, 지명이나 중요한 부분을 천천히 해준다.
  "우리 회사 매출액이 20% 증가했습니다."에서 '20%'
- **멈춤강조** : 상대가 꼭 들어야할 메시지 앞에서 잠깐 쉬어줌으로써 환기시키고 집중도를 올리는 기법이다.
  "이번 프레젠테이션대회 1등은 바로 ○○○입니다."에서 ○○○ 앞에서 멈춰야 한다.
  또한 단순히 멈추고 끊어 읽는 것만이 아닌, 강조를 위해 높임, 낮춤 등 다른 강조법을 활용해 분위기를 만들어 준다.

"대신들은 들어라. 호판은 폐지한 대동법을…"
"그만, 그만!"
영화 광해를 보면 왕의 대역(주인공 이병헌)이 얕은 호흡과 높은 톤, 흩어지는 듯한 발성과 빠른 속도 등으로 말을 하자 대신 중 한 명(류승룡)이 이를 중단시킨다.
"폐하는 임금이십니다. 낮고 위엄있게 임금처럼!"을 요구한다. 이내 호흡과 마음을 가다듬은 왕의 대역은 안정된 호흡과 중저음의 톤, 알맞은 속도로 멀리 뻗어나가는 목소리를 들려주니 대신의 표정이 바뀌고 상선은 "예. 폐하"하고 대답한다. 아무리 왕의 자리에 앉아있고 왕의 말을 하더라도 왕의 목소리가 아니면 인정해주지 않는 것이다.

생각해 보기

1. 나의 평상 시 자세 중 잘못된 자세는 어떤 자세인가?
2. 각 상황에 맞는 몸짓언어란 어떤 동작을 말하는 것일까?
3. 명확한 메시지 전달을 위해 내가 노력할 사항은 무엇이 있는가?

PART 3

매력을 부르는 관계형성매너

남보다 빨리 승진하기 위해서는 두 가지 조건이 있다고 했다. 첫 번째는 일을 남보다 잘하는 것이고 두 번째는 타인의 호감을 얻는 것이다.

- 벤자민 프랭클린 -

10 Chapter

인사/소개/명함/악수

닉은 매일 아침 만나는 모든 사람에게 인사를 건넨다. 스스로 매너있고 인기있는 남자라고 생각하는 닉. 하지만 상대방을 들여다보지 않은 채 혼자 판단해버리고 건네는 말, 성적인 농담, 도무지 배려라고는 찾아볼 수 없는 인사에 사실 모두 속으로는 기분이 언짢다. 어느 날 갑작스런 감전사고로 인해 여자들의 속마음이 들리게 된 닉은 평소와 마찬가지로 인사를 건네다가 충격을 받는다.

'또 추잡한 농담을 건네겠지? 속물 같으니…'
'그래. 알아. 알아. 나는 뚱뚱해도 베이글 먹는다. 뭐? 네 몸땡이는 멋지다!'

– 영화 '왓 위민 원트(What women want)'

어떠한 경우라도 인사하는 것이 부족하기보다는 지나칠 정도로 하는 편이 좋다.

- 톨스토이 -

1 인사

인사는 가장 먼저 배우는 사회 행동이자 가장 기본에티켓이다. 일본 아키타 대학의 아베 노보루 교수의 '기적의 아키타 공부법'을 보면 자율적인 학습태도로 공부하는 아키타 지역의 학생들이 우수한 성적을 거두는 비법이 나와 있는데 전국 평균을 크게 웃도는 90%의 학교가 '인사를 가르치고 있는 덕분'이라고 한다. 지금 이 순간 우리나라 모든 학교와 기업 등에서도 '친절하게 인사하기'의 중요성을 강조하고 있다. "인사는 만사다."라는 말이 있다. '인사만 잘해도 모든 일이 잘 풀린다.'는 인사의 의미와 효과를 알아보자.

인사의 의미와 효과

인사는 사람인(人) 섬길사 · 일사(事)로 이루어진, 즉 '사람이 마땅히 해야 할 일, 사람을 섬기는 일'이라는 큰 뜻을 품고 있다. 자신의 가치뿐 아니라 상대방의 가치를 인정하고 높여주는 것, 사람이 가장 사람다울 수 있게 하는 행위인 것이다. 인사는 인격과 교양을 나타내는 척도이고 상대방에 대한 우호적 감정의 표현으로써 과거에는 상대방에게 공격이나 적대감이 없다는 의미로 사용된 자기 보호 수단이었다. 즉, 자신을 알리는 동시에 마음을 열고 상대에게 다가가는 만남의 첫걸음이다. 또한 관계가 시작되는 신호이자 헤어지는 순간에도 건네는 선물이다.

Point

인사의 의의

예절의 으뜸
인격과 교양을 나타내는 척도
상대에 대한 존경심을 표현하는 도구
인간관계의 시작이자 끝
만남의 첫걸음이자 마음가짐의 외적표현
상대방이 느끼는 첫 번째 감동
마음의 문을 여는 열쇠

한 대학 강의에서 배우 최수종 씨는 연기를 꿈꾸는 학생들에게 이렇게 말했다고 한다. "연기를 잘하는 것보다 인사를 잘하는 사람이 되어라." 또 김성근 감독은 "인사하지 않은 것은 상대에 대한 존중이 없다는 것이고 존중이 없다는 것은 겸손이 없고 겸손이 없으면 오만하다는 뜻이다. 오만은 자신의 실력을 제대로 모르고 있다는 것이다. 이런 선수들로는 승부세계에서 살아남을 수 없다."며 선수들에게 인사하는 것을 제일 먼저 가르쳤다고 했다.
진심어린 인사에는 지나침이 없다. 상대를 보는 즉시 내가 먼저, 밝은 표정으로 인사를 건네보는건 어떨까?

인사의 방법

언제 어디에서 누구를 만나든지 남녀노소를 불문하고 진심을 담아 상냥하게 인사해야 한다. 상대방이 나를 알아보지 못할지라도 먼저 인사해야 한다. 만약 상대가 먼저 인사했을 경우에는 바로 답례한다. 인사는 많이 하면 할수록 자신의 이미지가 좋아지고 상대방의 기분이 좋아지니 마주칠 때마다 하는 것이 좋다. 눈을 마주치거나 바라보는 즉시 해야 하며 앉아있다 하더라도 일어서서 인사해야 한다. 바른 자세뿐 아니라 T·P·O(때와 장소와 상황)에 맞게 인사를 하는 것도 잊어서는 안 된다.

❍ 기본자세

상대의 시선을 바라보며 선다. 어깨와 가슴을 펴고 등을 곧으면서도 자연스럽게 세운다. 턱과 시선은 정면을 바라보고 표정은 부드럽고 따뜻하게 한다. 여성은 오른손을 왼손 등 위에 포갠 공수 자세, 남성은 주먹을 가볍게 쥐고 차려 자세를 한다. 무릎과 뒤꿈치는 붙인다.

허리와 등, 머리가 일직선이 되도록 숙인다. 머리가 아닌 허리부터 숙이는 기분으로 해야 하며 엉덩이가 뒤로 빠지지 않게 한다. 상체를 숙인 상태에서 약 1초간 멈추고 천천히 들어 올리는 것이 중요하다. 속도의 미학을 통해 상대방에 대한 존중과 존경심을 표하는 것이다. 똑바로 선 후 다시 상대방의 눈을 바라보고 미소를 짓는다.

하나 둘 셋(멈춤) 넷

잠깐!

이런 인사 no no no!

1. **까딱 인사**: 무심코 고개만 까딱하는 인사
2. **뻥긋 인사**: 입만 뻥긋 하거나 눈을 마주치지 않는 인사
3. **눈치 인사**: 할지말지 눈치보며 머뭇거리는 인사
4. **폴더인사**: 90도 인사
5. **예쁜 척 인사**: 머리카락을 말거나 머리카락을 흩날리며 하는 인사

❍ 공수

공수(拱手)자세란 손을 가지런히 앞으로 모으고 자신을 낮춘 자세를 취함으로써 상대에게 인사를 한다는 의미를 알린다. 어른 앞에서 공손한 자세를 취하거나 전통배례를 할 때, 의식행사에 참석했을 때 공수를 한다. 공수는 남자와 여자가 다르고 평사시와 흉사시가 다르다.

● 평사시(제사, 차례 포함)

여자는 오른손이 위로 올라오도록 포개고 남자는 왼손이 위로 올라오게 포갠다. 이는 왼쪽을 동쪽, 즉 양(陽)으로 보고 오른쪽은 서쪽, 즉 음(陰)으로 보기 때문에 남자는 왼손이 위, 여자는 오른손이 위로 오게 포갠다.

● 흉사시(사람이 죽었을 때)

평사시와 반대로 여자는 왼손이 위로, 남자는 오른손이 위로 오게 두 손을 포개야 한다. 상주노릇을

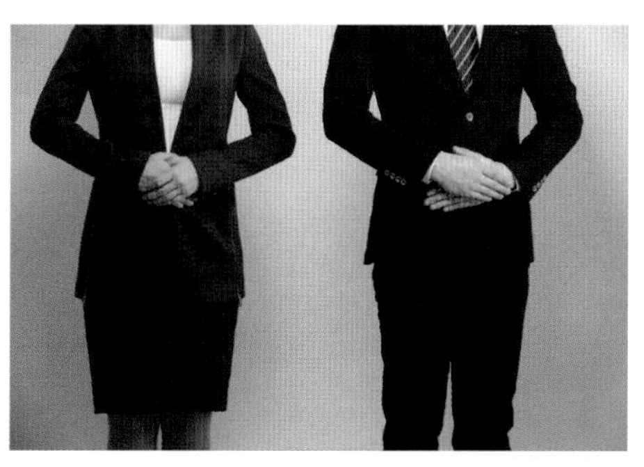

하거나 상가나 영결식에 참석할 때는 흉사의 공수를 한다. 제사는 조상을 섬기는 길(吉)한 일이기에 흉사의 공수를 하면 안 된다.

인사의 종류

인사는 마음가짐뿐 아니라 기본자세를 비롯한 형식도 중요하다. 각 인사의 종류와 상황에 맞는 인사를 살펴보면 다음과 같다.

● 가벼운 인사(목례)

상체를 숙이지 않고 머리만 가볍게 숙여서 하는 인사이다. 아무 말 없이 고개만 끄덕이기보다는 웃는 얼굴로 눈도장을 찍으며 5도 정도 가볍게 숙인다. 화장실 등 인사를 생략하여도 괜찮은 곳이나 낯선 사람과 만난 경우 사용된다. 또 통화중이거나 양손에 무거운 짐을 들고 있을 때 사용할 수 있다.

눈으로 하는 인사

짧은 인사

- 짧은 인사(약례)

목례보다는 정중하나 보통례보다는 단순한 인사로 15도 정도 숙이는 인사이다. 하루에 상사나 손님을 두 번 이상 만날 때 사용된다. 엘리베이터와 같이 좁은 공간에서 제대로 인사할 수 없을 때 건넨다.

- 보통 인사(보통례)

가장 많이 하는 보편적인 인사로 30도 정도 허리를 굽힌다. 고객을 맞이하거나 배웅할 때, 또래의 사람을 처음 만났을 때나 나이차이가 심하지 않은 선배에게 하는 인사이다. 상사에게 보고하는 경우에도 한다.

- 정중한 인사(정중례)

가장 공손한 인사로 45도 정도 허리를 굽힌다. 감사나 사죄의 뜻을 표현하거나 면접, 예식 등 공식적인 석상에서 사용한다. 또 VIP, 국빈, CEO 등을 맞이하는 경우나 단체고객을 배웅할 때 사용한다.

보통 인사

정중한 인사

❍ T·P·O에 맞는 인사

일반적으로 인사하기 좋은 시기는 30보 이내, 가장 좋은 시기는 6보 이내이다. 하지만 갑작스럽게 마주친 경우에는 즉시 인사를 하는 것이 좋고 멀리 있을 때에도 눈이 마주쳤다면 정식으로 인사하기 전에 목례를 먼저 건네는 것이 좋다. 거리가 가까워지면 정지한 상태에서 제대로 인사해야 한다.

- 걷고 있을 때는 상대를 향해 선 후 기본자세를 취하고 인사를 한다.
- 계단을 오르고 있을 때 상대가 내려온다면 길을 비켜주고 상대가 자신보다 한 계단 위에 왔을 때 인사한다. 내려가고 있을 때 상대가 올라오는 경우라면 길을 내어주고 같은 계단 정도에 왔을 때 인사한다.
- 출퇴근 시 활기찬 인사말과 함께 하는 것이 좋다.
- 전화통화 중일 때는 눈인사를 먼저 한다. 통화를 가급적 빨리 끝내고 감사인사로 대화를 시작한다.

  * 생략해도 되는 경우
    - 상대방이 앉아서 열심히 업무를 하는 중일 때
    - 복잡한 계산이나 위험한 작업, 중요한 상담을 하고 있을 경우
    - 상사에게 결재나 주의를 받고 있는 경우 등
    - 단! 인사할 타이밍이 생긴다면 되도록 하는 것이 좋다.

Point

인사

1. **먼저 하기**: 마음의 문을 여는 열쇠인 인사, 내가 먼저 인사한다!!!
2. **진심**: 진심이 담긴 인사는 상대방을 감동시킨다. 호감을 표현하고 존중하는 마음을 담아 인사를 하자. 잠깐의 멈춤과 천천히 상체를 들어올려야 성의가 느껴진다.
3. **눈맞춤**: 눈은 마음의 창이다. 모든 인사에는 눈맞춤이 필수요소이며 이때 밝은 미소는 꼭 한 세트로!
4. **플러스 "잡담"**: 처음 만나는 상대나 잘 알지 못하는 상대를 만났을 때 꿀먹은 벙어리가 되어본 적이 있지 않은가? 어릴 때부터 잡담하지 말라는 핀잔을 많이 들어온 우리지만 요즘 시대의 잡담은 소통과 공감을 불러일으키는 능력 중의 능력이다. "안녕하세요." 인사 후에 구체적인 칭찬이나 날씨, 식사 등 공통화제의 이야기를 건네자. 호감을 주는 분위기를 만들어줄 것이다.

2 소개

우리는 일상에서 수많은 사람을 만난다. 이때 소개를 하고, 받는 방법을 몰라 당황하거나 우물쭈물대다가 그냥 넘겨버린 경험이 한번쯤은 있을 것이다. 누구나 상대를 처음 만나면 어색하다. 그럴수록 자연스럽고 부드러운 분위기를 만드는 사람이 된다면 얼마나 좋을까? 소개는 단순히 그 사람이 누구인지를 알려주는 것이 아니다. 사람과 사람 사이를 연결하는 다리이고 인맥을 형성하는 기회이다. 또한 소개를 주고 받을 때의 느낌과 인상은 오랫동안 관계에 영향을 미친다. 지금부터 상대에게 호감을 주는 소개 시 매너와 에티켓을 알아보도록 하자.

소개 매너

❍ 인사말+이름+소속

스스로 자신을 소개하는 경우에는 인사말과 함께 당당히 자기 이름과 소속을 밝히는 것이 좋은 인상을 준다. 대부분 자신의 이름은 소극적으로 말하는데 상대방이 자신의 이름을 되묻게 해서는 안 된다. 만약 제 3자에게 소개를 받은 후 자신을 소개할 때에도 상대방이 정확하게 들을 수 있도록 다시 한 번 분명한 발음으로 소개해야 한다.

❍ 눈맞춤

1:1로 만났을 경우에는 상대방을 바라보며 미소를 짓고 자기소개를 한다. 여러 사람 앞에서 자신을 소개하는 경우에는 허공이 아닌 그 자리에 함께 있는

사람을 돌아가며 쳐다보는 것이 좋다. 많은 경우에는 그룹별로 묶어 각 그룹별 두는 시선을 같이 하는 것이 좋다.

❍ 최신 정보

상대방을 소개하기 전에 정확한 이름과 소속 등 소개할 내용을 확인해야 한다. 급한 마음에 이름을 잘못 발음하거나 회사명이나 직함을 몰라서 실수하는 경우가 많다. 또한 승진이나 이직을 하기 전의 내용으로 소개하는 실수를 범하기도 하는데 꼭 최신 정보로 상대방과 자신을 소개해야 한다.

❍ 소개 시 인사말

- 소개가 끝나면 먼저 소개를 받은 사람이 상대방에게 먼저 인사를 청한다.
- "처음 뵙겠습니다.", "만나 뵙게 되어 반갑습니다."라고 하며 공손한 태도로 상대방에게 호감을 줘야 한다.
- 소개를 받고 인사를 나눌 경우, 상대방의 이름과 직함을 반복하며 인사말을 덧붙여주면 좋다.
- 소개받은 상대방의 이름을 꼭 외워야 한다. 만약에 상대의 이름을 정확하게 듣지 못했다면 제3자에게 조용히 확인하는 것이 좋다.
- 초면에 대화가 이어질 경우, 날씨, 문화, 스포츠 등 편안하게 접근할 수 있는 주제를 선택해야 한다.
- 정치, 종교, 지역, 금전 관련 화제는 피하는 것이 상식이다.

❍ 헤어질 때

- 적은 인원의 모임에서는 소개받았던 모든 이에게 인사를 하고 자리를 떠야 하며 사람이 많은 모임은 호스티스, 호스트와 주변 사람, 자신의 지인에게만 인사하면 된다.

소개하는 순서

소개할 때에는 모두 일어나는 것이 원칙이다. 특히 자신보다 지위가 매우 높은 사람을 소개받을 때는 남녀에 관계없이 일어서야 한다. 환자나 노령인 사람은 예외이다. 동성끼리 소개를 주고받을 때나 남성이 여성을 소개받을 때는 반드시 일어선다. 하지만 나이가 많거나 앉아 있던 여성이 남성을 소개받을 때는 반드시 일어날 필요는 없지만 파티의 호스티스일 때는 일어나야 한다.

- 직위가 높은 사람에게 직위가 낮은 사람을 먼저 소개해야 한다.
- 연장자에게 연소자를 먼저 소개한다. 이때 연소자는 연장자가 악수를 청하기 전에 먼저 손을 내밀어서는 안 된다. 연장자라 하더라도 직위가 낮은 경우에는 연장자를 먼저 소개한다. 즉 직위가 나이보다 먼저이다.
- 선배에게 후배를 먼저 소개한다.
- 여성에게 남성을 먼저 소개하지만 이때도 남성이 연장자이거나 직위가 높을 때는 여성부터 먼저 소개한다.
- 직장 사람과 손님의 경우에는 손님에게 직장 사람을 먼저 소개한다.
- 거래처를 방문한 경우에는 고객에게 상사를 먼저 소개한다. 자신도 처음 만나는 고객일 경우에는 상사가 먼저 고객에게 자기소개를 하고 상사로부터 소개받기를 기다린다.
- 한 사람을 여러 사람에게 소개해야 할 때에는 그 한 사람을 먼저 모두에게 소개한 다음 여러 사람을 한 사람씩 소개한다.
- 나이나 사회적 지위가 비슷한 경우에는 더 가까운 사이에 있는 사람을 먼저 소개한다.
- 잘 아는 사람을 잘 모르는 사람에게 소개한다.
- 가족의 경우 자기 가족을 다른 사람에게 먼저 소개하는 것이 예의이다. 즉, 부하직원을 만났을 경우에 부인을 그 부하 직원에게 먼저 소개한다. 이때 소개는 먼저 받았지만 부하직원이 인사를 먼저 드리는 것이 좋다.
- 미혼인 사람을 기혼인 사람에게 먼저 소개한다.

- 은사님과 부모님의 경우에는 은사님에게 부모님을 먼저 소개한다.
- 많은 사람이 모인 자리에서는 호스트가 자신을 소개한 후 자연스러운 방향으로 직접 자기소개를 하도록 한다.

각 나라의 소개 문화

나라	관습
영국	소개를 신중하게 하는 편인 영국은 반드시 모임에 주최자가 초대받은 손님을 소개해야 한다. 모임 규모가 큰 경우에는 주최자가 소개를 끝마친 뒤 손님끼리 자유롭게 인사를 주고받는다.
프랑스	손님끼리 인사를 나누는 것이 보편적이다.
유럽&남미	자기가 자기소개하는 것을 예의없는 행동으로 여긴다. 주최자를 통해 소개를 주고받거나 그렇지 못한 경우에도 다른 사람에게 부탁한다. 남성은 참석한 모든 여성, 연장자, 손윗사람에게 소개를 해야 하며 나이어린 여성은 연장자인 여성 전원에게 소개해야 한다.

3 명함

명함은 자신의 또 하나의 얼굴이자 첫인상이며 신뢰형성을 통해 관계를 이어주는 끈이다. 또 서비스에 있어서는 고객에게 자신을 알리는 중요한 매너이자 고객만족에 책임을 지겠다는 무언의 약속이다. '신문기자의 왕' 조셉 퓰리처(Joseph Pulitzer)는 '명함은 간략해야 고객이 읽을 수 있고 분명해야 감사할 것이며 일목요연해야 기억할 것이며 정확해야 제대로 안내서 구실을 할 것.'이라고 했다. 그렇기 때문에 명함은 품위 있고 올바르게 사용해야 하는 것이다.

명함의 유래

고대 중국에서는 방문한 집에 사람이 없는 경우 대나무로 깎은 판에 자신의 이름을 적어 남겨두었다. 집에 돌아온 사람이 그 명함을 보고 바로 찾아가 인사하는 것이 관습이었다고 한다. 또 프랑스 루이 14세 때 사교계 부인들이 트럼프 카드에 자신의 이름을 써서 왕에게 올린 것이 시초라는 의견도 있다. 독일에서는 16세기 경 작은 종이에 이름과 소속을 적어 사용한 것이 유래가 되었다. 이렇듯 직접 글씨를 쓰던 것에서 동판 인쇄물로 발전해 지금의 형태를 갖추게 되었다. 우리나라의 경우에는 민영익이 나라를 대표하여 미국을 방문할 때 사절단의 자격으로 만든 명함이 그 시작이라 여겨진다.

명함의 규격과 내용

우리나라를 비롯한 동양권에서는 자신을 알리는 수단으로 첫 만남에서도 명함을 교환하지만 서양에서는 비즈니스 경우 외에는 초면에 명함을 내밀지 않는다. 우리나라에서는 사교용 명함과 업무용 명함이 구별 없이 사용되고 있으나 서양에서는 구분해서 사용한다. 업무용 명함의 경우 자신에 대한 정보를 알리며 신뢰를 나누기 위한 수단으로 사용한다. 사교용 명함은 초대받은 경우 감사와 참석 여부를 알리거나 모임에서 교제를 친밀하게 하기 위해 사용한다. 꽃이나 선물 등을 보낼 때에 이름과 주소를 남길 때도 사교용 명함을 쓴다.

구분	항목	내용
업무용 명함	규격	90mm × 50mm (약간의 차이는 있을 수 있음)
	내용	회사의 이름과 로고, 본인의 이름, 소속부서와 지위, 회사의 주소, 전화번호, FAX번호, 본인의 e-mail주소, 회사의 홈페이지 주소
사교용 명함	간단한 디자인에 이름과 주소만 넣는다.	

❍ 명함 교환

● 시선, 이름, 소속

인사, 소개, 악수를 비롯해 명함에서도 놓쳐서는 안 되는 것이 상대방에 대한 시선이다. 상대방과 눈을 마주치면서 건네며 정확하게 인사말과 자신의 이름, 소속을 밝히는 것이 중요하다. 서로 마주보고 인사하며 주고받은 후에 명함 속 내용을 확인해도 늦지 않다.

● 두 손으로 주고받기

상대방의 명함을 받거나 자신의 명함을 줄 때에 두 손으로 공손하게 주고받는
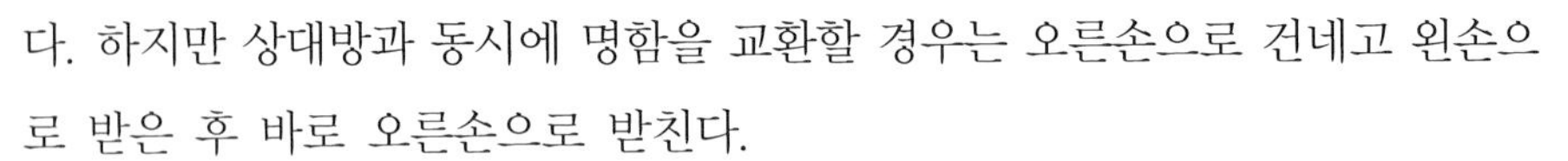
다. 하지만 상대방과 동시에 명함을 교환할 경우는 오른손으로 건네고 왼손으로 받은 후 바로 오른손으로 받친다.

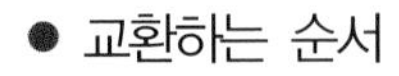

● 교환하는 순서

아랫사람이 손윗사람에게 먼저 건넨다. 만약 윗사람과 함께 건네게 되는 경우에는 윗사람이 건넨 다음 건네도록 한다. 상대방이 두 사람 이상일 경우에는 직급이 높은 사람에게 먼저 건넨 후 차례로 건넨다. 또한 이성일 경우에는 남성이 여성에게 먼저 명함을 건넨다. 손님을 초대했을 경우에는 먼저 명함을 건네지만 거래처 등 자신이 방문했을 경우에는 방문자가 먼저 명함을 건네야 한다.

● 교환 전 준비사항

구겨지거나 지저분한 명함은 건네지 않는 것이 좋으며 명함을 찾느라 허둥대는 것도 매너가 아니다. 명함지갑에 넣어 미리 준비해야 한다. 준비가 되지 않아 받기만 하고 주지 못하는 경우가 생길지 모르므로 만날 사람의 2~3배수를 준비해간다.

● 교환 후 주의사항

명함을 주고받은 후에는 바로 명함지갑이나 주머니, 가방에 넣는 것은 "당신에 대해 관심이 없습니다."라고 말하는 것과 같다. 상대의 이름과 소속을 확인한다. 서서 대화를 이어갈 경우에는 명함을 든 채로 한다. 만약 회의석상에서 받았거나 중간에 자리에 앉게 되는 경우에는 테이블 왼쪽에 상대의 명함을 두고 대화를 이어간다. 여러 명일 경우에는 명함을 겹치지 않게 가지런히 펼쳐둬야 한다. 받은 명함 위에 글씨를 쓰거나 무심코 낙서를 해서는 안 된다. 상대방에 대한 메모라 하더라도 상대를 존중하지 않는 것처럼 보이므로 바로 앞에서는 삼가야 한다. 돌아와서 기록해야 한다.

명함을 건네는 방향

- A씨는 모 제약회사 영업부장을 만났는데 A씨는 세로 방향으로 건넨 반면, 영업부장은 이름이 바로 보이도록 가로방향으로 명함을 건넸다.
- A씨는 모 대학 교수를 만나게 되었는데 지난번 경험이 있어 가로방향으로 건네려고 준비했는데 교수가 세로방향으로 명함을 건넸다.

명함은 가로방향으로 주기도, 세로방향으로 주기도 한다. 명함을 가로로 전달하느냐 세로로 전달하느냐는 옳고 틀리다로 말할 수 없다. 자신이 중요하게 생각하는 것이 무엇이고 상대방을 배려하는 초점을 어디에 두느냐의 차이이다.

- 이름을 바로 보게 하는 것을 중요시하는 경우 : 가로방향 전달

  * 상대적으로 짧은 가로방향을 건네다 보면 손이 닿을까 조심스럽고 서로의 눈이 아니라 명함을 바라보게 된다.

- 거리감과 눈맞춤에 초점을 맞추는 경우 : 세로방향 전달

* 잡을 수 있는 면이 길어져서 두 손이든 한 손이든 주고받기에 수월하다.
받은 뒤 명함을 잡은 손을 몸의 방향으로 살짝 틀면 이름과 내용을 바로 볼 수 있다.

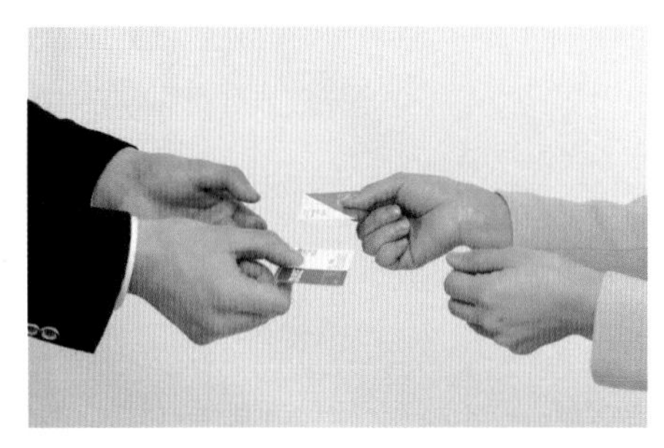

〈가로방향 명함 전달〉

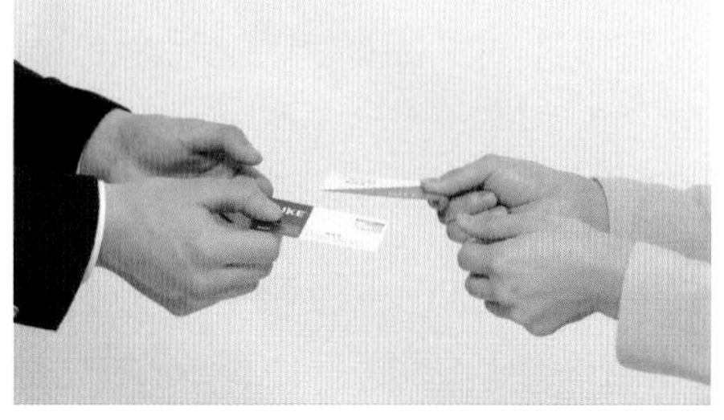

〈세로방향 명함 전달〉

4 악수

악수는 전 세계인이 사용하는 가장 보편적인 인사이다. '인사, 감사, 친애 등의 뜻을 나타내기 위하여 두 사람이 각자 한 손을 마주 내어 잡는 일'이라는 의미를 가지고 있다. 악수는 자연스러운 스킨십을 통해 상대에게 친밀감과 호감을 주는 인상을 심어준다. 대등한 입장에서 상호간의 호의와 신뢰, 감사를 보이는 악수는 현대 비즈니스 사회에서 매우 중요한 행위이다. 특히 서양에서는 악수를 사양하는 것은 결례로 여겨지니 올바른 매너와 에티켓을 알아둬야 한다.

5만원 지폐가 떨어져 있는 것을 발견한 A가 있었다. 아무도 보지 않았을 때 주워서 주머니에 넣었다. 그런데 이때 누군가가 다가와 악수를 요청하며 지폐를 주운 적이 있는지 묻자 사실대로 고백하게 되었다. 그런데 악수를 요청받지 않은 B는 그 사실을 숨겼다. 이렇듯 악수를 하면 진실을 말하지만 악수를 하지 않으면 은폐한다는 연구결과도 있다.

악수의 유래

고대 바빌론에서는 신성한 힘이 인간의 손에 전해지는 것을 상징하는 의미로 통치자가 성상의 손을 잡았다는 이야기가 있다. 이집트시대의 상형문자에 '주다'라는 동사 표현이 손을 내민 모양으로 나타내져 있을 만큼 악수는 신에게서 지상의 통치자에게 권력이 이양되는 것을 의미한다고 한다.

고대 로마시대에는 약속이나 계약을 굳건히 한다는 뜻으로 악수를 했다. 신중하게 악수를 했기 때문에 함부로 손을 내밀거나 잡지 않았다고 한다. 카이사르는 오른손으로 악수하는 인사법을 그의 장군들에게 가르쳤다.

중세시대 때 기사들은 칼을 차고 다녔는데 적을 만났을 때는 오른손으로 칼을 빼들어서 적의를 표현했다. 하지만 상대와 싸울 의사가 없을 때에는 무기가 없다는 것을 증명하기 위해 오른손을 내밀어 잡았다. 앵글로색슨족도 우호적인 관계를 맺고 싶다는 의미로 무기가 없음을 보여주며 오른손을 내밀었다.

팔을 흔드는 이유는 맞잡은 손의 소매 부분에 무기를 숨기지 않았다는 의미이다.

* 당시의 대부분 여성들은 무기를 소지하지 않았으며 무기 소지가 허락되지도 않았다. 이러한 역사적인 사실이 최근에서도 여성들 사이에서 악수가 일반화되지 않은 것에 영향을 크게 미친 것으로 보인다.

악수 순서

상호 평등하고 대등한 인사이지만 순서는 정해져 있다.

- 손윗사람이 손아랫사람에게
- 상사가 부하에게
- 연장자가 연소자에게
- 선배가 후배에게
- 고객이 직원에게
- 기혼자가 미혼자에게
- 여성이 남성에게
- 국가원수, 왕(귀족), 성직자가 일반 사람에게

악수 매너

빌 클린턴을 만나보고 반한 사람들이 공통적으로 하는 이야기가 있다.
"클린턴은 나와 악수할 때 오로지 나에게만 뜨겁게 집중해줘요!"
지금 나와 악수하는 사람에게 1초만이라도 집중해야 한다.

- 상대방과 계속 시선을 맞춰야 한다.
  여러 사람과 악수해야 하는 경우 상대의 손을 잡자마자 시선과 몸의 방향이 그 다음 상대에게 옮겨가지 않도록 한다.
- 오른손에 부상이 있거나 장애가 있는 경우를 제외하고는 원칙적으로 오른손으로 한다. 왼손잡이여도 마찬가지이다.
- 장갑을 벗는 것이 예의지만 여성의 경우에는 드레스와 세트인 장갑은 벗지 않아도 된다.
- 파티에서는 주최자가 먼저 청한다.
- 손을 너무 오랫동안 잡지 않도록 주의한다.

- 가끔 상대방이 너무 세게 잡거나 오래 잡을 경우, 손의 각도를 위로 오게 하여 빼겠다는 의사표현을 한 후 빼는 것이 좋다.
- 대통령이나 왕족을 대하는 경우 외에는 허리는 곧게 편다.
- 우리나라의 경우 아랫사람이 윗사람과 악수할 때 허리를 약간 숙이거나 다른 손을 오른쪽 손목이나 팔꿈치에 살짝 대기도 한다. 또 가볍게 인사를 먼저 한 후 악수하기도 한다.
- 상대가 악수를 청할 때 남자는 반드시 일어나야 하며 여자는 앉아서 해도 괜찮다.

악수 방법

● 눈맞춤

반가운 마음으로 상대와 시선을 맞춘다.

● 밝은 미소

미소 띤 얼굴로 상대를 편안하게 한다.

● 적당한 거리

팔꿈치가 자연스럽게 굽혀지는 거리에서 손을 내민다.

● 적당한 힘

너무 세거나 약하지 않은 힘으로 상대의 손을 마주잡는다.

● 리듬

2~3번 가볍게 흔들며 호의감을 표시하고 손을 놓는다.

악수의 종류

● 악수의 유형

지배형 악수	상대방을 지배하겠다는 생각이 있는 사람은 자신의 손등을 위로 오게 하거나 더 잘 보이게 한다.	
동등형 악수	동등한 악수 자세를 취한다. 상대 힘의 강도만큼 상대의 손을 쥔다.	
순응형 악수	지배형 악수의 반대로 손등이 보이지 않으며 아랫방향으로 가기도 한다.	

잘못된 악수

Dead Fish 악수	수동적 악수의 전형으로 힘없이 하는 악수를 말한다. 일반적으로 무관심을 표현한다.	

Vice 악수	손에 피가 흐르지 않을 정도로 꽉 잡는 악수이다. 상대를 지배하겠다는 욕구와 힘을 과시하려는 의미이다.
Bone Crush 악수	Vice 악수와 비슷한 악수로 뼈를 부술 듯 세게 잡는 악수이다.
손가락 끝만 살짝 잡는 악수	여성과 남성이 악수할 때 흔히 일어나는 악수이다. 소극적이거나 복종을 의미한다.

나라별 인사법

사람이 살아가는 모습이 각각 다르듯 인사를 표현하는 방법도 매우 다양하다. 수직적 사고인 동양의 경우는 대부분 몸을 낮추는 모습이다. 고개를 숙이거나 허리를 굽히거나 무릎을 꿇거나 엎드리는 인사이다. 한편 서양의 인사는 수평적 사고로 인해 반듯이 선채 악수, 포옹, 키스 등 신체 일부를 접촉하는 형태이다.

종류	나라	인사법
손(악수)	미국	손을 힘 있게 쥐며 악수를 한다. 손윗사람일 경우 격려의 뜻으로 손아랫사람의 어깨를 두드리기도 한다.
	독일	언제나 강하고 짧게 흔드는 악수를 한다.
	중남미	여성과 악수할 때 손등에 입을 맞추는 경우가 많다.
	인도네시아	악수를 한 다음 가슴에 손을 얹는다.
볼 (비쥬 외)	프랑스	비쥬(Bisou)라는 인사법으로 서로 볼을 대며 인사한다. 악수하는 경우에도 손에 힘을 많이 주지 않는다.
	멕시코 페루	가까운 사이에는 볼에 입을 맞추거나 부드럽게 뺨을 부딪친다. 오른쪽 뺨부터 한다.

볼	하와이	"알로하 알로하" 하며 포옹하고 양쪽 볼을 대며 인사한다. '샤카'라는 전통 인사법을 더 많이 사용한다. 엄지손가락과 새끼손가락을 펴고 손등을 보이며 흔드는데 이때 미소를 지어야 한다.
	터키	일반적인 인사는 양쪽 볼에 키스, 어른들에게는 존경의 의미로 손등에 입을 맞춘 후 손을 이마에 가져가며 "앗 살라무 알라이쿰(당신에게 평화가 있기를)"이라고 한다.
	아랍	서로 껴안고 뺨을 비비며 인사한다.
	이탈리아 스페인 포르투갈	주로 양쪽 뺨에 키스를 한다. 단, 이성 간에는 연인이 아닌 경우라면 소리만 내고 실제 키스는 하지 않는다.
포옹	러시아	베어 허그(BEAR HUG) : 악수를 하며 힘을 주어서 꽉 끌어안는다. 이때 볼에 키스하기도 한다.
	아르헨티나	서로 껴안고 키스를 한 후 친근감의 표시로 어깨를 두드리는 행위로 키스보다 훨씬 신체접촉이 많으며 시간도 길게 걸린다.
코	마오리족	코를 두 번 비비며 "키아오라"라고 말한다. '홍이'라는 전통 인사법인데 이는 숨을 서로 섞어 삶을 서로 교환한다는 의미가 있다.
고개	미얀마	팔짱을 낀 채 가볍게 고개를 숙인다. 팔이 묶여 있어 당신을 위협할 수 없다는 뜻으로 상대에 대한 존경을 나타낸다.
	태국	'와이'라는 전통 인사를 한다. 가슴 앞에 두 손을 모으고 고개를 살짝 숙인다. 남자는 "사와디 캅", 여자는 "사와디 카"라고 말한다.
	인도	두 손을 모으고 고개를 살짝 숙이며 "나마스테"라고 말하며 인사한다.
귀&혀	티베트족	친근함의 표시로 자신의 귀를 잡아당기며 혀를 길게 내민다.

빌 게이츠는 “사실 전 다른 사람의 좋은 습관을 내 것으로 만들어요.”라고 말했다. 미국 심리학자이자 철학자인 Williams James는 “생각이 바뀌면 행동이 바뀌고 행동이 바뀌면 습관이 바뀌며 습관이 바뀌면 인격 또한 바뀌고 인격이 바뀌면 운명까지도 바뀐다.”고 했다. 인사하는 습관이 바뀌면 내 인격과 운명이 바뀔 것을 믿어야 한다. 언제나 자연스럽게, 정감가면서도 예의바른 인사로 나와 상대의 가치를 올리자.

생각해 보기

1. 평소 내가 하는 제대로 된 인사는 어떤 효과를 가져다줄까?
2. 여러 명이 함께 간 공식 미팅 시 어떤 순서와 방법으로 인사해야 할까?
3. 명함 교환 시 조심해야 할 부분은 어떤 것들이 있는가?

11 Chapter

직장예절

백설공주는 숲 속 작은 집에 도착한다. 백설공주는 집안을 깨끗이 정돈하고 자리에 눕는다. 다이아몬드 광산에서의 하루를 마치고 집에 돌아온 7명의 난쟁이는 정돈된 그들의 집에서 처음으로 안락함을 느낀다. 이런 행복감을 계속 누리고 싶은 난쟁이는 백설공주를 가정부로 채용한다. 그리고 죽어가는 그녀를 살려내기 위해 노력한다. 백설공주를 살린 건 그녀의 미모가 아니다. 귀찮거나 힘들어 하는 내색 하나 하지 않고 항상 밝은 표정으로 맡은 바를 해내던 백설공주의 능력이 자신을 살린 것이다.

"성취동기가 강한 사람은 토네이도 같아서 주변을 힘들게 하거나 피해를 주지. 하지만 그 중심은 고요하잖아. 중심을 차지해."

- 드라마 '미생' 중에서 -

1 성공을 위한 비즈니스 매너

휴넷에서 같이 일하고 싶은 직장인에 대한 설문조사를 했다. 회사생활에서 가장 중요한 인성요소는 열정과 도전정신이 있는 사람이 3위(18.1%), 의사소통 능력과 대인관계가 좋은 사람이 2위(28.1%)에 올랐다. 그리고 무려 45.8%가 '성실성'이라고 답해 1위에 올랐다. 능력이 뛰어난 사람보다 성실하고 책임감 있는 사람을 선호한다는 것을 알 수 있다. (KBS뉴스 2014.3.17) 이 외에도 회사에 대한 충성심과 커뮤니케이션 능력, 탁월한 직무능력, 마지막으로 겸손과 감사가 직장인이 선호하는 인재의 필수요소이다.

캐나다에서 항공학교를 다니고 있던 레이먼 킴은 우연히 학교 식당에서 요리하는 모습을 보고 음식을 만들기 시작했다. 적응하기가 어려웠지만 2~3년간 매일 17시간씩 일을 하는 성실함을 보였다. 재능보다는 직업으로서 열심히 했다는 그는 27살에 셰프직을 제안 받았다. 지독한 성실함으로 잘 알려져 있는 레이먼 킴은 현재 자신만의 요리의 길을 걷고 있다.

기본 매너

❍ 출근

- 정해진 출근시간보다 20분 전까지는 도착한다. 정리정돈을 하고 하루의 계획을 확인한다.
- 거울을 보며 옷매무새와 마음가짐을 가다듬는다. 자세를 가다듬으며 미소를 짓는 순간 하루가 달라질 것이다.

- 상사나 동료를 향해 밝은 표정과 힘찬 목소리로 먼저 인사한다.
  상사나 선배에게는 보통례, 동료에게는 목례를 한다. "좋은 아침입니다."
- 상대의 인사를 잘 받아준다.

❍ 근무

- 업무시간과 휴식시간을 구분한다.
- 기기나 사무실용품을 소중하게 다룬다.
- 근무 중에 사적인 용건으로 전화를 사용하지 않도록 한다.
- 개인적인 휴대전화 이용은 가급적 줄인다.
- 대화할 때는 낮은 목소리로 한다.
- 신발을 끄는 소리를 내지 않는다.
- 사무실 내에서 양치를 하며 돌아다니지 않는다.
- 문을 꽝 닫거나 발로 열지 않는다.

❍ 퇴근

- 근무시간이 끝난 후에 퇴근 준비를 한다. 근무시간에 퇴근 준비를 하는 것은 회사에 대한 충성심이나 업무에 대한 책임감이 부족해 보인다.
- 퇴근시간이 되었더라도 하던 일은 마무리를 지어야 한다.
- 오늘 한 일을 점검하고 내일 할 일을 메모한다.
- 정리정돈을 하고 가장 늦게 나갈 경우에는 창문을 닫고 컴퓨터, 전등, 냉·난방기 등 전원을 끈다.
- 상사나 동료가 아직 퇴근하지 않았을 때는 "먼저 가보겠습니다.", "실례하겠습니다." 등의 적절한 인사말을 한다.

❍ 지각

하루의 시작은 회의나 조회, 업무 지시, 협의 등으로 이루어진다. 각자 자신의 일을 시작할 때 슬그머니 들어와 앉으면 무책임한 인상을 준다. 또한 상사의 입장에서는 다시 한 번 업무지시를 내려야 하는 번거로움을 주는 것이 된다.

- 지각하게 될 경우에는 반드시 회사에 연락을 취해야 한다. 먼저 사과와 함께 이유를 밝히고 출근 예정시간을 보고한다.
- 예정되어 있는 거래처 직원의 방문이나 고객의 전화가 있을 경우에는 동료에게 메모 및 전달을 부탁한다.
- 도착하면 상사에게는 물론 동료들에게도 "늦어서 죄송합니다."라고 인사를 한 뒤 자리에 가서 앉는다.

❍ 조퇴

- 근무시간 중 조퇴를 해야 할 경우에는 절차와 허락을 받아야 한다.
- 맡은 일은 마무리를 지어야 하며 상사의 지시대로 처리하고 간다.

❍ 자리를 비울 때

- 근무 중 자리를 비울 때는 상사나 동료에게 용건과 행선지 등을 밝혀야 한다.
- 30분 이상 자리를 비울 경우에는 책상 및 주변정리를 해야 한다.
- 업무흐름을 방해할 수 있기 때문에 장시간 마음대로 자리를 비워서는 안 된다.
- 외근일 경우에도 목적지나 용건, 소요시간과 돌아오는 시간을 반드시 상사에게 알려야 한다.
- 상사나 동료에게 "다녀오겠습니다." "지금 돌아왔습니다." 등 거취를 설명하는 인사를 한다.
- 외출 장소에서 용건이 길어지면 상황설명과 변경된 도착예정시간을 전화로 보고한다.
- 외근 중 바로 퇴근해야 할 경우에는 회사에 전화를 걸어 상황을 보고한다.
- 다음날 출근해서 전날 외근에 대해 자세하게 보고한다. 지시 또는 보고 후에도 보통례를 한다.

❍ 식당

- 식당에서 상사와 마주쳤을 때는 자리를 양보한다.
- 식사 중 큰소리로 떠드는 것은 삼간다.
- 식사 후 먼저 자리에서 일어나야할 경우에는 자리를 간단히 정리하고 "맛있게 드십시오.", "실례합니다." 등의 인사말을 한다.

❍ 세면장에서

- 세면장 또는 화장실에서 용무중일 때는 인사를 하지 않는 것이 예의다.
- 용무를 마친 경우에는 목례를 한다.

❍ 퇴사할 때

- 희망 퇴사일보다 최소 3~4주 전에 의사를 밝혀야 한다.
- 자신의 희망 퇴사일을 주장하지 않고 회사의 스케줄과 조율해야 한다.
- 인수인계를 정확하게 해야 한다.
- 퇴사문제로 문제가 생기더라도 상사와 다툼이 있어서는 안 된다.
- 동료들과 좋은 관계를 유지한다.

조직문화를 위한 매너

❍ 상사에 대해

상사는 자신의 성장 발판이자 사회생활에 있어서 현재 가장 큰 영향력을 행사하는 사람이다. 또한 업무를 책임지는 든든한 조언자이자 목표 달성을 위해 함께 뛰어야 하는 존경의 대상이기 때문에 어떠한 상황에서도 예의를 갖춰야 한다.

- 상사와 대화하는 기회를 많이 갖는다.
- 업무적인 대화를 할 때에는 반드시 바른 말, 고운 말을 사용한다.
- 상사의 조언과 충고를 겸허하게 받아들인다.

- 상사를 수행할 때는 반보 정도 뒤, 왼쪽 편에 서고 소지품을 들어주는 것이 매너이다.
- 상사가 들어오면 의자에서 일어나거나, 일어날 수 없는 경우에는 앉아서 상체를 굽히고 인사한다.

잠깐!

센스 있게 충고하는 법

- 충고나 주의를 줘야할 경우에는 둘이서만 이야기할 수 있는 곳을 선택한다.
- 추궁을 하는 질문을 하지 않는다.
- 판단이나 평가를 하지 않는다.
- 칭찬과 함께 대화를 시작한다.
  "자넨 확실하게 일을 처리하는 능력이 있어.
  그런데 이번엔 실수를 조금 했더군. 신경을 더 써야 할 것 같아."
  "김대리. 요새 자네 업무가 상당히 많지. 힘든 거 알아.
  하지만 잦은 지각은 고쳐야할 태도인 것은 분명해."

센스 있는 충고로 존경받는 멘토, 인생선배가 되어주자!!

○ 동료에 대해

- 서로를 존중하는 마음으로 대한다.
- 상대의 의견을 아껴주고 의논하고 토론하면서 협업한다.
- 대화가 필요할 경우에는 조용히 나눈다.
- 불필요한 잡담으로 다른 동료의 업무를 방해해서는 안 된다.
- 서로 험담을 하지 않고 칭찬을 자주 한다.

○ 부하에 대해

- 모범이 될 수 있도록 솔선수범해야 한다.
- 부하여도 근무 중에는 존대를 하는 것이 예의이고 거친 말투는 삼간다.
- 업무지시는 명확하게 하고 결재는 신속하게 처리한다.

- 업무상 실수를 했을 경우에는 격려하고 처리를 도와준다.
- 사적인 지시는 삼가하며 퇴근시간에 임박해서 지시를 내리지 않는다.
- 부하의 인격을 존중한다.
- 다른 사람과 비교하지 않는다.
- 부하가 최대한 능력을 발휘할 수 있도록 분위기를 조성한다.

성공하는 직장인의 비즈니스 매너

- 불필요한 불평을 하지 않는다.
  최악의 경우가 아니라면 되도록 불평은 삼간다.
  특히 상사에 대한 험담은 갈등을 조장하는 위험한 발언이 될 수 있다.
- 동료의 행동에 대해 상사에게 보고를 해야 하는 경우
  고객이나 거래처에 다른 동료의 험담을 하거나 잦은 업무 지연 등 문제가 생겼을 때, 여러 번 바로잡는 시도를 했지만 소용없을 때 한다.
  이때 불평이나 비난으로 들리지 않도록 객관적인 사실만 말한다.
- 업무에 지장을 초래하는 장애물을 만날 경우 새로운 대안을 찾는다.

"할 수 없어."
"또 문제가 생겼네."

"할 수 있어."
"초기에 문제를 발견해서 다행이군."

지은탁(김고은) : "진짜 열심히 할게요! 정말 진짜!
알아서 척척 잘하겠습니다!
사장님 안 계실 때 더 열심히 할게요.
안 보일 때 더 열심히 해야죠."

써　니(유인나) : "안 보일 때 더 열심히 하면 사장은 몰라."

- 드라마 '도깨비' 중에서

- 보이지 않을 때에도 열심히, 보일 때는 더 열심히 한다. 상사나 동료 눈에 일에 몰두하고 성과를 내는 것을 비출 때 실제로 더 많은 일을 해낼 수 있게 된다.
- 사내 교육과정이나 외부강의를 들으며 자신의 분야에 대한 지식을 넓힌다.
- 자신의 업무성과에 대해 꼼꼼하게 메모해두는 것이 필요하다.

잠깐!

헬리콥터 뷰(view)가 필요해!

부하는 상사의 시각으로, 상사는 부하의 시각으로 바라보자는 뜻이다.
헬리콥터가 너무 높거나 너무 낮아 시야가 잘 보이지 않으면 안전하게 다닐 수 없듯이 상사와 부하가 서로의 시각 차이를 줄여서 적정한 시야를 확보하는 것이 좋다. 이 같은 적정한 시야를 '헬리콥터 뷰'라고 한다.

신입사원이 알아야 할 비즈니스 매너

- 가능한 한 일찍 출근하는 것이 좋다.
  먼저 와서 선배나 상사, 동료들을 맞으면 좋은 인상을 심어줄 수 있다.
- 신입사원은 단순 업무나 잔심부름만 할 경우가 많다. 잘할 수 있는 일을 적극적으로 찾아보거나 상사에게 도울 일은 없는지 물어본다.
- 매사에 열정적이고 적극적인 태도로 임한다. 회사업무에 관심을 가지고 소소한 일부터 하나하나 열심히 배워야 한다.

면접매너

- 면접시간보다 30분 전에 일찍 도착하는 것이 좋다.
- 직종이나 직무에 맞는 깔끔한 복장을 한다.
- 면접장에 들어서면 환한 미소와 당당한 목소리로
  "안녕하십니까. ○○○입니다."라고 인사하고 자리에 앉는다.
- 면접관의 눈을 바라본다.
- 질문을 잘 듣고 잠깐의 포즈(pause)를 둔 후 신중하게 대답한다.
  질문이 끝나자마자 바로 대답하는 것보다 신뢰감이 생긴다.
- 대답은 간략하게, 핵심을 먼저 말한다.
- 잦은 제스처는 하지 않는다.

잠깐!

성공하는 비즈니스를 위한 법칙

- 369법칙
  직장인들 사이에 '입사한지 3개월, 6개월, 9개월마다 해마다 3개월, 6개월, 9개월이 되면 그만두고 싶은 시기가 찾아온다'는 말이 있다.
  그런가 하면 또 다른 좋은 369법칙도 있다. 세 번 정도 만나야 기억이 되고 여섯 번 정도 만나야 마음의 문이 열리며 아홉 번 정도 만나야 친근감이 생기기 시작한다는 것이다. 누군가와 좋은 관계를 만들고 싶다면 꾸준하게 연락하고 만남을 이어가자.

- 911법칙
  아홉 번을 잘해도 한 번을 못하면 물거품이 될 수 있다는 뜻으로 열 번째와 열한 번째를 조심해야 한다. 친해진 후에도 말과 행동을 조심해야 한다.

2 상석

자리에도 힘이 있다. 자리 배정 시 염두에 두어야 할 관례상 서열 기준은 다음과 같다.

외국인 → 손님의 친구 → 과거 공직자 → 손님(초면) → 가끔 초대손님 → 자주오는 손님 → 친척

가장 먼저 외국인을 상석에 배정해야 하며 손님의 친구 중 초면인 사람이 2위이다. 과거 공직에 있던 사람이 세 번째이며 처음 방문한 사람은 그 다음이다. 그 뒤로는 가끔 초대하거나 자주 오는 손님, 마지막으로 친척의 순서이다.

레스토랑

레스토랑에서의 상석이란 전망이 좋은 자리를 뜻한다.

- 외부의 전경이 한눈에 내려다보이는 곳
- 쇼를 관람하는 경우라면 스테이지가 제일 잘 보이는 곳

잠깐!

상사에게 이런 자리. 아니 아니 아니되오~

- 입구에서 가까운 곳
- 통로 옆, 사람들이 많이 오가는 곳
- 서비스를 제공받거나 동석자가 이동하면서 의자의 등받이가 스치는 곳

회의 및 PT 시

- 앉는 자리를 미리 정해준다.
- 출입문에서 가장 먼 자리가 상석이다.
- 창문이 있을 경우 전망이 좋은 자리가 상석이다.
- 햇빛이 강한 자리는 피한다.
- 스크린이 잘 보이는 위치가 상석이다.
- 팀이 같은 경우와 다른 경우 상석의 위치가 달라진다.

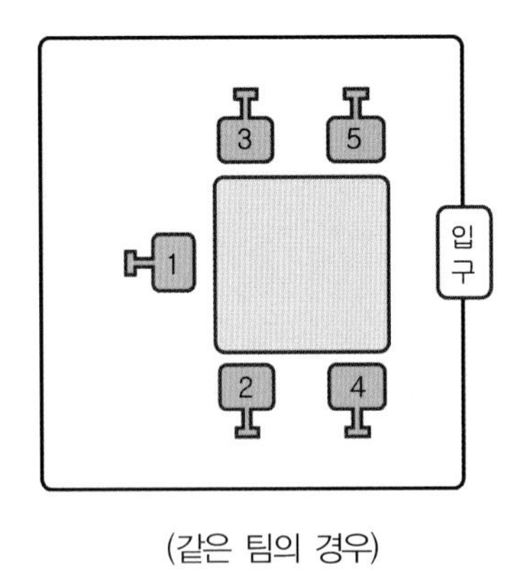

(같은 팀의 경우)

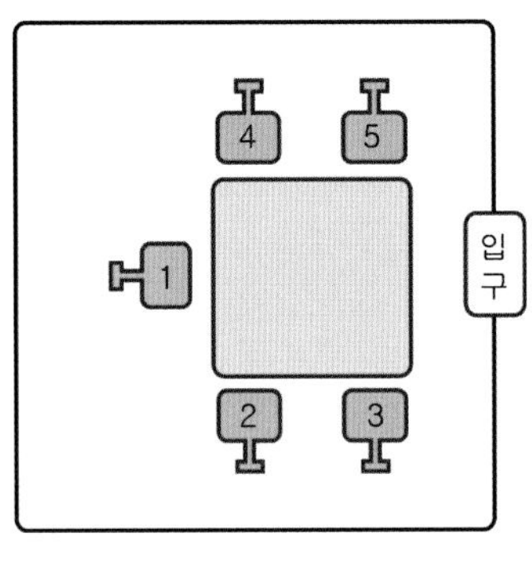

(다른 팀의 경우)

엘리베이터

- 출입문에서 먼 쪽이 상석이다.
- 방향은 상사를 기준으로 둘러싼다.
- 아랫사람이 먼저 탄 후 문이 닫히지 않도록 열림 단추를 누른다.
- 내릴 때는 열림 단추를 눌러 상사가 먼저 내리게 한 후 아랫사람이 내린다.

차량

- 차주가 직접 운전을 할 경우에는 운전석 옆자리에 앉는다.
- 운전자의 부인이 탈 경우에는 운전석 옆자리는 부인이 타야 한다.
- 문이 두 개인 차의 경우 운전석 옆자리가 상석이다.
- 택시와 같이 기사가 있는 경우는 운전자석의 대각선 뒷좌석이 가장 상석이다. 그 다음이 운전자석 바로 뒷자리, 세 번째는 조수석, 마지막으로 뒷좌석 가운데가 최하석이다.

(같은 팀의 경우)

(다른 팀의 경우)

출처 : 현대자동차 공식블로그

- 기차는 창 쪽과 기차가 진행하는 방향과 같은 쪽으로 향한 좌석이 상석이다.
- 버스는 운전자석에서 가까울수록, 창가에 가까울수록 상석이다.

3 회식

음주 매너

- 술을 따를 때에는 지위가 높거나 나이가 많은 윗사람 순으로 술을 따른다. 이때 의사를 확인하고 정중하게 권한다.
- 술을 따를 때에는 오른손으로 잡고 왼손으로 받쳐 정중하게 따른다.
- 술병의 글자가 위로 가게 잡고 따른다.
- 동년배여도 경어를 사용하는 사이이면 두 손으로, 친구나 아랫사람의 경우에는 한 손(오른손)으로 따른다.
- 술을 따라준 상대가 사양하지 않으면 반드시 답잔을 따라준다.
- 연장자나 상사가 술을 권유할 때에는 두 손으로 받는다.
- 술을 마시지 못하더라도 잔을 받아 형식적으로 입에 가져가는 것이 매너이다.
- 술을 마시지 못하는 사람에게는 무리하게 술을 권하지 않는다.
- 자신의 주량과 분위기를 함께 고려하고 다음날 업무에 지장을 주지 않도록 한다.
- 거래처 직원이나 고객, 상사 앞에서의 취중 실수는 심각한 오점을 남기게 되니 조심한다.
- 술 먹은 다음날 늦게 출근해서는 안 된다. 평소와 다름없이 일찍 출근한 모습을 보여주는 것이 좋다.

기타 매너

- 회식, 상사와 함께 하는 술자리는 근무의 연장이라 생각한다.
- 신입사원의 경우 되도록 모든 회식자리는 참석하는 것이 좋다.
- 높은 순서대로 컵에 물을 따르고 수저와 물수건을 세팅한다.
- 고기를 구워야 하는 경우면 가장 어린 사원이 고기를 굽는다.
- 상사가 먹기 전까지는 먹지 않는다.
- 특정 음식이나 한 가지 반찬만 골라먹지 않는다.
- 옆에 있는 사람하고만 대화하는 것은 전체 분위기를 해칠 수 있으니 조심한다.
- 신발을 벗고 들어갈 때 고객이나 상사, 동료 등 다른 사람의 신발을 밟지 않도록 주의한다.

4 방문&접대

방문

"대리님 마침 계시네요. 근처에 볼 일이 있어서 왔다가 잠시라도 말씀을 나누고 가면 좋을 듯해서 들렸습니다. 저희가 시간도 촉박하고 마음이 급해서요. 미팅도 제대로 못하고 작업하는 것보단 시간도 단축되고 빨리 완성하면 대리님도 편하실 거고 누이 좋고 매부 좋고 좋잖아요."

갑자기 찾아온 거래처 담당자의 방문 때문에 업무에 집중하고 있던 장 대리는 심기가 불편해졌다.

❍ 사전준비

- 방문 시에는 반드시 사전에 약속을 정하고 가야 한다.
  연락 없이 상대를 방문하는 것은 매너에 어긋난다.
- 지위가 높은 사람과 약속할 경우에는 비서를 통해 하는 것이 일반적이다.
- 상대의 시간과 상황을 고려하여 업무에 지장이 없도록 한다.
- 방문 목적, 방문하는 장소까지 걸리는 이동시간, 미팅 소요시간을 예상해 두고 필요한 서류 등을 준비해둔다.
- 방문할 고객이나 거래처 담당자의 이름과 연락처, 회사에 대한 정보 등을 파악한다.

❍ 방문시간

- 회사로 방문할 때는 출근이나 퇴근 시간대를 피한다.
- 일반적으로 방문시간은 오후 2~5시 사이가 적당하다.
- 오전에 방문을 하게 될 경우 10~11시 사이가 무난하다.

❍ 방문매너

- 명함과 필요한 관련서류를 잘 휴대하였는지 확인한다.
- 약속시간보다 15~20분쯤 일찍 도착해서 용모와 복장을 점검한다.
- 너무 일찍 도착했을 때에는 근처에 있다가 시간에 맞춰 들어간다.
- 부득이하게 늦을 경우에는 미리 연락하여 상황과 예상도착시간을 알린다.
- 예정된 일행 이외의 동행이 있는 경우에는 사전에 알린다.
- 회사 방문 시 안내데스크에 자신의 신분과 상대(방문 대상자), 방문 목적을 간단명료하게 밝힌다.
- 사무실이나 방에 들어갈 때에는 노크를 해야 한다.
- 앉으라는 권유가 있은 후에 앉는다.
- 회의실로 안내를 받았다면 방문 대상자가 올 때까지 출구에서 가까운 하석에서 기다리는 것이 좋다.
- 상대를 기다려야 하는 경우 서류를 미리 꺼내둔다.

❍ 미팅

- 첫 대면 시 반갑게 인사를 나누고 명함을 교환한다.
- 방문 목적을 전달하고 원활한 미팅이 진행되도록 한다.
- 차나 음료를 권하면 사양하기보다는 감사의 인사를 하고 마신다.
- 내용은 반드시 메모를 하며 시계나 휴대폰은 보지 않는다.

❍ 미팅 후

- 미팅 후에는 시간을 내어 준 것에 대해 감사인사를 한다.
- 목적이 달성됐을 때는 그 결과에 대한 감사인사를 충분히 한다.
- 원하는 결과를 얻지 못했을 경우에는 다음 미팅을 기약한다.

접대

띵동띵동!

김 신(공 유) : 누구지?
지은탁(김고은) : 다녀왔습니다. 손님이 오셨어요. 두 분께…
써 니(유인나) : (다짜고짜) 둘이 같이 살아요?
김 신(공 유) : 아뇨. 이렇게 셋이. 그런데 무슨 일로?
지은탁(김고은) : (김신(공유)를 때리며) "앉으세요"가 먼저죠!
앉으세요. 사장님. 뭐 마실 거라도 드릴까요?"

- tvn 드라마 '도깨비' 중에서

❍ 고객응대의 기본

- 방문객의 옷차림이나 외모에 상관없이 친절하게 응대한다.
- 자신이 회사의 얼굴이라는 마음가짐으로 정중한 모습을 보인다.

- 만약 일하던 중에 고객, 또는 손님이 방문했다면 하던 일을 잠깐 멈추고 일어나서 "안녕하십니까. 무엇을 도와드릴까요?"라고 말하며 인사한다.
- 통화를 하거나 일을 하면서 방문객을 쳐다보지 않는 등 무례한 행동은 보이지 않는다.
- 방문 목적과 대상, 선약여부를 물어보며 안내할 준비를 한다.
- 신분을 밝히지 않는 손님의 경우는 정중히 물어본다.
- 명함을 받은 경우에는 내용을 확인한다.
- 고객이 원하는 용건은 신속하고 정확하게 처리한다.
- 고객이 기다려야 하는 상황이 생긴다면 차를 대접한다.

❍ 안내매너

● 즉시 안내할 경우

- 선약인 경우 준비된 장소로 안내한다.
- 선약이 되어 있지 않은 경우, 상사의 지시에 따라 안내한다.
- 1m쯤 앞에서 걸어가며 고객의 속도에 맞춰 보폭을 달리 한다.
- 장소에 도착하면 좌석을 안내한다.

● 기다려야 하는 경우

- 고객에게 양해를 구하고 당사자에게는 고객이 방문해 있음을 메모로 알린다.
- 소요시간을 확인하고 고객에게 상황을 알려준다.
- 고객이 기다리는 경우에는 상석으로 안내하고 차와 책 등을 준비한다.
- 기다리지 않고 돌아갈 경우 별도로 전달할 메모가 없는지 물어본다.

● 음료 및 다과 서비스 매너

- 왼손에 쟁반을 들고 오른손을 이용하여 노크한다.
- 목례를 하고 들어간다.
- 쟁반은 하급자의 왼쪽 끝에 내려놓는다.
- 차를 드리는 순서는 고객 먼저, 그 다음 상사이다.
- 고객의 오른편에 서서 차는 오른쪽, 다과는 왼쪽에 놓는다.

❍ 배웅

- 방문해준 것에 대해 감사의 인사를 한다.
- 엘리베이터나 현관 앞까지 배웅하는 것이 예의다.
- (주차권 제공 가능 시) 차량 여부 확인 후 주차권을 제공한다.
- 보관을 부탁받은 물품이 있다면 잘 챙겨두었다가 준다.

생각해 보기

1. 직장인 또는 예비 직장인이 갖춰야 할 기본 매너 BEST 3을 꼽는다면?
2. 회식(술자리)에서 지켜야 할 주도에는 어떤 것들이 있을까?
3. 면접 당일 최종 점검사항은 무엇이 있을까?

12 Chapter

비즈니스 커뮤니케이션

2010년 1월 도요타는 미국 내 출시된 일부 차량에서 결함이 발견되면서 대규모 리콜을 진행했다. 미국에서 촉발된 리콜은 전 세계로 확산되었다. 창사 이후 최대 위기를 맞은 도요타는 그해 포브스 발표 세계 선도 기업 순위 3위에서 36위로 추락했다. 전문가들은 도요타 사태의 원인이 무리한 생산원가 절감과 글로벌화 때문이라고 밝혔다. 그러나 도요타 사태의 가장 근본적인 원인은 변화와 혁신에 대응하지 못한 폐쇄적이고 경직된 커뮤니케이션, 부서 간 커뮤니케이션의 부재 때문이라고 입을 모아 말하고 있다.

의사소통(Communication)은 공동 또는 공통성을 뜻하는 라틴어 'communis'에서 유래되었다. 보통 둘 이상의 사람들 사이에서 서로 생각이나 느낌 등을 주고받으며 공통성을 만들어내는 과정을 뜻한다. 상대에게 일방적으로 메시지를 전달하는 것이 아니라 상호작용을 통해서 메시지를 만들어가야 하며 상대의 의도와 생각을 파악하는 것에서 출발한다. 무엇보다 성공적인 의사소통은 소통과 공감이 되어야 한다.

직장에서의 의사소통

현대 비즈니스사회에서 의사소통능력은 무엇보다 중요하다. 의사소통능력이 뛰어난 사람이 조직의 시너지를 창출하는 핵심인재라고 생각하기 때문이다. 대웅제약 이종욱 회장은 "개념이 정확하면 1분 이내에 의사전달이 가능하고 직원들에게 명령을 하달할 때 생길 수 있는 혼선을 줄이는 것이 기업문화이자 경쟁력"이라고 했다. 의사소통이 부족하면 원만한 관계를 유지할 수 없다. 또한 중요한 순간이나 갈등상황이 생기면 해결하기가 더욱 어려워진다.

1997년 발생한 대한항공 801편 비행기 추락사고는 직장 내 커뮤니케이션 부재가 빚은 참사 중 하나다. 이 추락사고는 기장의 판단이 잘못됐다는 것을 알면서도 승무원들이 이를 지적하지 못해 200명이 넘는 승객이 목숨을 잃었다. 대한항공 참사는 말콤 글래드웰의 저서 『아웃라이어』에서 소통 부재가 낳은 대표적인 사례로 꼽혔다.

- 권한과 책임범위를 설정한다.
- 의사결정에 필요한 정보를 제공한다.
- 동기를 부여하고 소속감과 일체감을 형성한다.
- 조직의 생산성을 높인다.

잠깐!

- 후배가 상사나 선배에게 가장 듣고 싶은 한마디

"고맙다."
"자네라면 잘할 거야."
"어려운 거 있으면 얘기해. 도와줄게."

• 상사나 선배에게 가장 듣기 싫은 말

"잔말 말고 시키는 대로 해."
"그것밖에 못하나. 이것도 일이라고 했어?"
"도대체 회사 와서 하는 일이 뭐야."

2 전화매너

A : 통신보안 ㅇㅇㅇ입니다. 무엇을 도와드릴까요?
B : 너처럼 그렇게 느리게 말을 하면 도와줄 수가 없어.
무슨 말인지 알지? 딱, 신속 명확 정확하게! 알았어?
A : 네! 알겠습니다.
B : 자자~ 전화 또 온다. 또 온다. 따르르르릉~~~
A : 통신보완 ㅇㅇㅇ입니다. 무엇을 도와드릴까요?
B : 어… 나 ㅇㅇ인데… 대대장님 안계시던데? 어디 가셨나?
A : 네. 자리에 안계시지 말입니다.
B : 지금 어디 가셨냐고 묻잖아.
A : 아, 네. 관사에 가셨습니다.
B : 그래? 관사 전화번호가 어떻게 되지?
A : 관사전화번호 말씀입니까?
… … 음… 어… 저… 9373입니다.
B : 9374야!

- 영화 '용서받지 못한 자' 중에서

전화매너의 중요성

예고 없이 찾아오는 전화는 상대의 얼굴이나 상황이 보이지 않는 만남이다. 전화 받는 태도나 목소리에 의해 모든 첫인상이 결정되고 이때 형성된 첫인상은 회사의 이미지로 굳어버린다. 그래서 좋은 느낌과 나쁜 느낌, 잘 성장한 회사인지 아닌지를 판가름하는 잣대가 되기도 한다. 또 신입사원의 사회생활 첫 관문이기도 하다. 자신의 인격이자 회사의 품격인 전화의 매너와 에티켓을 알아보자.

A씨는 인터넷쇼핑몰에서 물건을 구입했는데 정사이즈를 구입하라는 업체 안내 문구와는 다르게 사이즈가 맞지 않았다. 상담직원과 통화를 하는데 "음~ 응… 음… 음… 아…" 처음부터 끝까지 추임새를 반말로 넣으며 자신들은 아무런 잘못이 없다는 것이었다. A씨보다 나이가 많지 않아 보였지만 나이여부를 떠나서 회사의 직원과 고객으로 만난 사이인데 반말을 일삼으니 기분이 좋지 않았다. 수화기 너머 들려오는 그녀의 말 한마디에 인격이 보였고 그 회사의 싹이 보였다. 아니나 다를까. 또 다른 주문 건에 대해서도 자신들이 판매해놓고 막상 배송이 시작되니 중간역할만 했을 뿐 해당업체가 아니니 그쪽으로 연락하라며 책임을 전가하려 했다.

전화 응대의 특징

❍ 음성으로만 소통이 이루어진다.

- 청각요소가 82%를 차지한다.
  밝은 목소리와 정확한 발음, 알맞은 속도로 말을 해야 한다.
- 상대의 표정, 태도, 상황을 알기 어렵다. 중간중간 의사를 확인해야 한다.

❍ 비용이 소요된다.

- 통화는 간결하게 한다.

대기시간이 오래 걸리는 경우 상대에게 양해를 구하고 끊은 다음, 다시 전화를 건다.

❍ 증거를 남기기 쉽지 않다.

- 자신의 이름을 알리고 상대의 성명과 소속을 정확하게 확인한다. 용건은 복창하며 확인하고 반드시 메모를 해서 전달한다.

전화 응대의 3원칙

❍ 신속

- 가능한 벨이 울리자마자 받는다. 적어도 세 번 안에 받는다.
- 빨리 받지 못했을 경우에는 "늦게 받아 죄송합니다."라고 인사한다.
- 하던 일을 멈추고 왼손으로 수화기를 잡고 오른손에는 필기구를 준비한다.
- 상대방이 대기해야 하는 상황이 오면 상황을 설명한다.
- 대기가 길어질 때는 기다릴지 나중에 다시 전화할지 물어본다.
- 약속했던 시간보다 늦어질 경우에는 중간보고를 해서 기다리지 않게 한다.

❍ 정확

- 고객의 용건을 파악하고 중요한 용건은 복창하며 확인한다.
- 이름이나 연락처 같은 정보는 반드시 확인하여 메모한다.
- 결정이 필요한 경우에는 성급히 대답하지 말고 상사나 동료에게 조언을 구한다.
- 담당하는 업무나 회사와 관련된 정보를 알아둔다.
- 분명한 발음과 편안한 화법으로 알아듣기 쉽게 설명한다.

❍ 친절

- 전화를 받기 전에 좋지 않은 일을 겪었더라도 포커페이스가 되어야 한다.
- 밝은 표정과 목소리로 말한다.

- 본인소개, 고객이 원하는 정보 등은 천천히 설명한다.
- 고객의 말에 공감하며 친절하게 응대한다.
- 반말이나 낮춤말, 속어 등은 사용하지 않는다.
- 고객보다 먼저 끊지 않는다.

통화 시 고려사항

❍ 시간고려

- 이른 아침시간이나 식사시간, 밤중에 전화를 거는 것은 피해야 한다.
- 중요한 용건으로 전화를 걸 때에는 시간이나 장소에 대해 사전에 양해를 구해야 한다.

❍ 상황고려

- 상대의 목소리가 유독 작거나 한참을 말하지 않는다면 일단 끊는다.
  "곤란하신 상황인 것 같으니 괜찮으실 때 전화 부탁드립니다."
- 자신에게는 상대의 말이 들리지 않아도 상대는 자신의 목소리를 듣고 있을 수 있으니 아무 말도 하지 않고 끊는 것은 피해야 한다.
- 잡음이 심할 때는 양해를 얻은 후 끊고 다시 걸어야 한다.
  "전화 상태가 좋지 않습니다(또는 잘 들리지 않네요). 제가 끊고 다시 걸겠습니다."

❍ 내용고려

- 용건은 잘 정리해두었다가 순서대로 말한다.
- 통화 중에 전달할 내용이 확인이 필요하거나 의사결정이 필요한 경우에는 송화기를 손으로 막고 조용한 목소리로 상사 혹은 동료와 대화를 주고받아 신속하게 결론을 내린다.
- 송화기에 주먹이 하나 들어갈 만큼 간격을 두고 정확하게 전달한다.

기본자세

❍ 준비자세

- 메모와 필기도구를 항상 준비한다.
- 전화는 왼손으로 받는다.
- 전화가 걸려오면 미소를 짓는다.

❍ 말할 때

- 명랑한 표정으로 말한다.
  밝은 표정은 음성으로도 드러난다.
- 밝은 음성과 정확한 발음으로 말한다.
- 적절한 속도를 유지한다.
- 강조할 부분에는 강조해준다.
- 알아듣기 쉽게 설명한다.
- 전문용어는 사용하지 않는다.

❍ 들을 때

- 상대의 의견을 끝까지 듣는다.
- 통화 중 상대가 말할 때에 끼어들지 않는다.
- 추임새나 맞장구로 잘 듣고 있음을 알려준다.

상황별 전화 응대

❍ 상대를 기다리게 할 때

- 반드시 사과의 뜻을 밝힌다.
- 상황과 예상시간을 말한다.
- 상대가 기다리지 않겠다고 할 경우에는 메모를 남겨준다.

❍ 다른 사람에게 연결할 때

- 상대에게는 연결해줄 사람을 알리고 연결 받을 사람에게는 상대의 요청을 인계한다.
  "김과장님 연결해 드리겠습니다. 혹시 전화가 끊어지면 000-0000으로 걸어 주시면 됩니다.
  "○○건은 ○○부서 ○○대리가 담당합니다. 연결해 드리겠습니다. 잠시만 기다려 주시겠습니까?"
  "김과장님. ○○건으로 ○○에서 전화가 왔습니다. 연결해 드릴까요?"
- 연결을 확인한다.

❍ 담당자가 부재중일 때

- 상황을 설명하고 통화 가능 시간을 알린다.
- 메모 여부를 묻는다.
- 메모를 남겼을 시 담당자에게 전달한다.

잠깐!

부재 중 메모에 들어갈 사항은?

To. OOO

□□□님 전화 부탁하셨습니다.

내용 : OO 관련
연락처 : 010-123-4567

00/00, 00시

From. OOO

❍ 전화를 끊을 때

- 대화를 나눈 내용과 더 필요한 사항을 확인한다.
- 감사의 인사를 한다.

- 전화를 받은 사람의 경우 상대가 끊기 전에 먼저 끊지 않는다.
- 발신자가 먼저 끊는다.
  단, 상사나 고객과의 통화일 경우는 상대가 먼저 끊은 것을 확인한 후 끊는다.

❍ 손님이 있을 때 걸려온 전화

- "죄송합니다만 잠시만 기다려주시겠습니까?"라고 손님에게 양해를 구한다.
- 통화가 길어질 것 같으면 연락처를 물은 후 끊는다.
  "손님이 와 계십니다. 잠시 뒤 전화를 드리겠습니다."

❍ 잘못 걸려온 전화

- "전화를 잘못 거신 것 같습니다."라고 정중히 응대한다.

❍ 회의 중에 걸려온 전화

- 급한 상황이 아니면 전화연결을 하지 않는 것이 좋다.
  상대에게 끝나는 예정시간을 알려주거나 메모를 받아준다.
- 사전지시가 있었을 경우에는 바꿔준다.

❍ 전화가 도중에 끊겼을 경우

- 발신자가 다시 건다.
- 상대가 고객이나 거래처일 경우는 전화를 받은 경우라도 다시 건다.
  "전화가 끊겨 죄송합니다."라고 사과 후 통화한다.

전화 걸기

- 용건, 순서 등을 정리하고 통화준비를 한다.
  육하원칙, 필요 자료, 상대의 번호 확인 등
- 상대가 받으면 자신을 밝히고 상대를 확인한다.
  "안녕하십니까? ㅇㅇ회사 ㅇㅇ부 ㅇㅇㅇ입니다. ㅇㅇㅇ님이시죠?"

- 간단한 인사말을 한 후 용건을 말한다.
  "식사는 맛있게 하셨어요? 다름 아니라 ○○○건으로 전화 드렸습니다."
- 다른 사람이 받은 경우
  "아. 이 건은 ○○○부장님과 통화를 해야 하는군요.
  혹시 메모를 부탁드려도 되겠습니까?"
- 끝맺음 인사를 한 후 수화기를 내려놓는다.

전화 받기

- 왼손으로 수화기를 즉시 든다.
- 인사 및 소속과 이름을 밝힌다.
  "안녕하십니까. ○○부의 ○○○입니다."
- 상대를 확인하고 용건을 들으며 메모한다.
  상대의 이름과 소속, 전화번호, 용건, 전화 받은 시각 등을 메모해 전해준다.
- 통화 내용을 요약, 복창한다.
- 또 다른 용건이 있는지 확인한다.
  "혹시 더 말씀하실(추가하실) 내용이 있으신가요?"
- 끝맺음 인사를 한 후 상대방이 끊는 것을 확인하고 조용히 내려놓는다.

휴대전화

- 회의시간에는 휴대전화를 매너모드로 전환하거나 전원을 꺼둔다.
- 거래처를 방문했을 경우에는 휴대전화 통화를 자제한다.
- 전화를 건 사람이 먼저 끊는 것이 원칙이나 상사와 통화한 경우에는 상사가 먼저 끊은 것을 확인하고 끊어야 한다.

❍ 문자메시지

- 받는 사람과 자신의 이름을 적어 보낸다.
  '○○과장님 안녕하십니까. ○○회사 ○○대리입니다.'
- 시간과 횟수를 가려서 보낸다.
- 상대에 따라 적절한 단어를 선택한다.
- 답신 메시지는 바로 보낸다.

3 이메일, SNS

A : ○○○대리님~ 안녕하세요. ○○부서 ○○○입니다.
다름 아니라 며칠 전 제가 대리님께 이메일을 한 통 발송했는데요.
아직 답을 주시지 않아서 전화 드렸습니다.

B : 그래요? 조금 전에 메일을 확인할 때에도 중요한 메일은 보이지 않던데요. 다시 확인해볼게요. …음… 아!
혹시 ○○씨 메일 발신자가 love로 설정되어 있나요?

A : 네! 맞아요. 대리님

B : 발신자가 모르는 사람인데다가 제목도 "안녕하세요."라고 적혀 있어서 스팸메일인줄 알았어요.

이메일이 전 세계에 보편화된 지 약 40여년이 된 현재, 리서치 전문기업 래디카티 그룹(Radicati Group)이 실시한 이메일 통계 보고(Email Statistics Report, 2009~2013)에 따르면 전 세계 이메일 사용자 수는 14억 명을 넘어섰다. 하루에 2,940억 건, 1초에 280만 건, 1년으로 환산하면 90조 건의 이메일을 주고받는다. 비즈니스 상에서 대부분의 업무는 미팅, 전화에 이어 이메일을 통해 이루어진다. 정보통신의 발달로 지금은 사진, 동영상, 한글파일 등 다양한 자료를 첨부해 빠르게 발송할 수 있다. 또한 스마트폰의 출현으로 언제, 어디에서, 누구든 편하게 이메일을 주고받을 수 있게 되었다.

이메일의 장단점

○ 장점

- 객관적인 기록을 남길 수 있다.
- 업무 진행과정을 알 수 있다.
- 짧은 시간에 정보가 전달된다.
- 정보 공유가 가능하다.
- 무료로 이용가능하다.
- 다른 수단에 비해 객관적이고 이성적인 커뮤니케이션이 가능하다.

○ 단점

- 자신의 실수가 증거로 남는다.
- 감정의 전달이 어려워 오해가 생기는 경우가 있다.
- 한 번 전송된 내용은 돌이키기가 어렵다.
- 보완이나 정보유출 가능성이 있다.
- 방대한 양의 스팸메일로 업무 관련 메일을 놓칠 우려가 있다.

계정 때문에 FBI조사를 받게 된 힐러리!

힐러리 전 국무장관이 재임 중 개인 이메일 계정을 사용한 것이 밝혀져 논란이 일었다. 관용이 아닌 편의 때문에 개인 이메일 계정을 이용했다고 해명했다. FBI에서는 심각한 위법 행위이자 범죄라며 조사를 하겠다고 밝혔다.
우리나라는 개인 이메일을 업무에 사용하는 경우가 많지만 프로답지 않은 인상을 줄 수도 있다.
미국 및 유럽은 업무 관련 내용은 회사 이메일 계정을 이용하는 것이 원칙이다.

이메일 작성

❍ 목적성 파악

- 한눈에 이메일을 보낸 사람과 의도를 알 수 있도록 제목을 작성한다.
- 메일 본문은 간단명료하게 작성한다.
- 복잡한 내용인 경우에는 첨부파일을 이용한다.

❍ 메일 제목

- 제목은 이메일의 첫 인상이다.
  상대가 이 이메일을 당장 확인해야 하는지, 그렇지 않은지 제목에서 결정난다. 베스트셀러도 90% 이상은 제목에서 판가름 난다. 비즈니스 이메일은 특히 누가, 왜, 무슨 용건으로 보냈는지가 명확해야 한다. 그렇지 않으면 그냥 쌓여가는 메일 중 하나가 되거나 휴지통에 버려질 수도 있다.
- '안녕하세요.', '감사합니다.'와 같이 내용을 짐작할 수 없는 제목은 삼간다.
- 목적이나 주요내용을 간단명료하게 표현해야 한다.
- 빠른 시일 안에 의사결정이 필요한 경우에는 '회신요망'도 넣어야 한다.

❍ 인사

인사말을 작성할 때는 형식적인 느낌이 들지 않도록 작성한다.

❍ 내용 작성

- 표준어와 쉬운 표현을 사용한다.
- 외국어, 외래어, 전문용어는 가급적 자제한다.
- 결론을 먼저 작성하고 이유와 근거, 대안 제시에 대해 작성한다.
- 메일 내용은 간결하고 정확하게 전달한다.
- 메일 내용이 길어질 경우에는 "끝까지 확인 부탁드립니다."와 같이 설명한다.
- 파일 첨부 시에는 메일 본문에 첨부 파일명과 내용을 안내한다.
- 오 · 탈자를 확인한다.
- 첨부파일은 열었을 때 맨 앞줄이 나올 수 있도록 저장한다.

이메일 발송

❍ 메일 발송 시기

- 의사결정이 필요한 내용일 경우 여유기간을 두고 발송해야 한다.
  메일 수신 후 내용 검토 후 답신을 줄 때까지 시간이 오래 걸릴 수 있다.
- 출근시간 이전에 메일을 보내두면 출근과 동시에 확인할 수 있다.
- 밤늦게나 새벽에 발송하는 경우, 스마트폰 설정에 따라 알람소리가 울릴 수 있으니 주의해야 한다.

❍ 발신/수신인

- 발신할 경우에는 실명을 써야 한다. 별명을 사용하면 전문가다운 느낌을 주지 못한다.
- 끝인사 시에 서명란을 활용한 경우
  이름과 회사, 직급, 연락처(휴대전화, 사무실 직통전화, sns, 회사 주소) 등 기본 정보를 넣는다.
- 수신인에 따라 메일 본문 끝인사에 배상, 드림, 올림을 적는다.

❍ 참조/숨은 참조

동시에 여러 명에게 메일을 보낼 경우에 사용하는 것이 참조 기능이다. 참조는 메일을 받는 사람 모두에게 메일 주소가 표시되게 할 수도 있고 자신 이외의 수신자에 대한 정보를 공개하지 않을 수 있다. 수신자들이 서로 잘 모르는 경우에는 숨은 참조 기능을 활용해야 한다. 흔히 보고의 목적으로 내·외부 업무 등 연관성이 있는 사람들에게 보낼 때 사용한다.

이메일 답신

❍ 신속한 답장 보내기

이메일을 확인하고 답장을 보내지 않는 것은 매너가 아니다. 여유있게 답장을 할 수 없는 상황이라면 “확인했습니다. 곧 회신 드리겠습니다.”라는 짧은 인사를 해야 한다.

❍ 효과적인 ‘Re’

- 회신을 할 경우에는 상대의 제목에 Re가 표시되도록 한다.
- 의사결정이 필요한 중요한 메일의 경우 Re를 꼭 활용한다.
- 상대가 보낸 메일의 내용을 쉽게 확인할 수 있다.
- 관련된 추가내용을 계속 주고받을 때에도 혼동이 없다.
- 다만 다른 용건일 경우에는 새로운 메일을 작성해야 한다.

파일 첨부 3가지 원칙

❍ 파일명 작성

- 상대와 파일을 수정, 보완해나가야 하는 경우 ver.를 붙이는 것이 좋다.
  서비스회복 방안 ver. 1, 서비스회복 방안 ver. 2
  창업지원프로젝트 시안 ver. 1, 실험결과 ver. 3

❍ 용량 최소화

- 첨부파일이 많을 경우 압축 파일을 활용한다.
- AVI는 WMA로, BMP는 JPG로 변환해서 보내면 용량이 줄어든다.

❍ 첨부여부 확인

- 첨부파일을 빠뜨릴 경우 오점을 남길 수 있다.

- 첨부파일이 상대의 컴퓨터에서 열리지 않으면 번거로울 수 있으니 잘 확인한다.
- PPT와 엑셀 등 정보유출이 될 수 있는 파일은 PDF로 변환하여 첨부한다.

잠깐!

업무상 SNS를 비롯한 온라인 공간을 이용 시 주의사항

- 제목과 내용에 맞는 글을 사용한다.
- 제목 앞에 말머리를 사용한다.
- 지나치게 긴 글은 피한다.
- 사내 통신망을 개인 목적으로 사용해서는 안 된다.
- 업무 시간 외 SNS로 업무지시를 금지한다.

4 지시와 보고

지시

❍ 지시받을 때

- 상사로부터 업무를 지시받는 경우에는 긍정적인 자세로 임해야 한다.
- 지시 내용을 끝까지 경청하고 지시받는 도중에 말을 가로막지 말고 끝난 후에 질문해야 한다.
- 목적과 이유를 정확하게 파악하고 마감일을 확인한다.
- 요점을 말하며 지시 내용을 그 자리에서 확인해야 한다.

- 업무지시나 명령이 비합리적이거나 무리하다고 생각되더라도 그 자리에서 직접적으로 표출하는 것은 좋지 않다.
- 이해하기 어렵거나 애매모호한 경우에는 질문하여 확인해야 업무에 차질이 생기지 않는다.
- 간단명료하게 메모를 해 잊어버리거나 다른 방향으로 진행하지 않도록 해야 한다.
- 처리하는 과정에서 예상하지 못했거나 곤란한 경우가 생기면 경과보고를 통해 대응방법을 찾아서 문제를 해결해야 한다.

Point

지시받는 3원칙

- 지시 내용을 메모한다.
- 애매한 부분은 질문으로 확인한다.
- 기한을 반드시 확인한다.

❍ 지시할 때

- 명령만 하지 말고 의견을 물어본다.
- 지시를 하는 타이밍을 잘 맞춘다.
  마감시간에 임박하거나 퇴근시간에 가까워질 때 지시를 하면 심리적인 부담감이 커질 수 있다.
- 결론을 먼저 말하고 부가적인 부분은 뒤에 한다.
- 업무와 책임의 범위를 명확히 해준다.
- 지시한 사항을 메모해둔다.

보고

- 지시받은 내용을 완료하면 즉시 보고한다.
- 상사의 책상에서 조금 떨어진 측면에서 보고한다.
- 이메일로 보고할 경우에도 반드시 상사에게 다가가 알려야 한다.
- 보고의 내용과 자신의 의견은 구분한다.
- 지시받은 모든 일은 그 결과를 반드시 보고한다.
- 보고가 모든 업무의 마무리이다.
- 보고가 끝나면 상사의 지시사항이나 의견을 기록해서 보관하는 것이 좋다.
- 지시한 사람에게 직접 보고하는 것이 원칙이다.
- 결론을 먼저 말하고 이유와 근거, 경과, 마지막으로 자신의 의견 및 다시 한번 결론 순서로 보고한다.
- 꾸미는 말을 넣지 않고 간단명료하게 보고한다.
- 보고의 내용이 복잡할 때는 문서로 요약작성해서 제출한다.
- 필요한 경우 중간보고를 한다.
  장시간, 장기간 걸릴 때, 지시한 범위를 벗어날 때, 지시한 방안이나 방법으로 수행이 불가능할 때, 변수가 생길 때 등이다.

Point

보고 3원칙

- 보고는 결론부터 말한다.
  결론 – 이유 – 근거 – 결론(의견)
- 수식어는 줄이고 명료하게 보고한다.
- 필요한 경우 중간보고를 한다.
  - 장시간, 장기간 걸릴 때
  - 지시한 범위를 벗어날 때
  - 지시한 방안이나 방법으로 수행이 불가능할 때
  - 변수가 생길 때 등

5 회의와 토론

회의

이 팀장은 주말마다 이루어지는 회의 때문에 심한 스트레스에 시달렸다. 토요일 오전 10시여서 가족과 함께 주말 오전시간을 보내지 못해서가 첫 번째 이유였다. 하지만 더 견딜 수 없는 건 명확하지 않은 목표와 안건, 참석자들의 지각, 순서 없이 진행되는 만담 같은 형식이었다. 늘 점심시간이 지나서까지 결정된 것이 하나도 없는 회의, 이제라도 바로잡아야겠다는 생각을 하는 이 팀장이다.

업무 중 오랜 시간이 걸리는 것을 꼽으라면 그중 하나가 회의일 것이다. 직장인을 대상으로 '회의시간에 대한 부담도'를 조사한 결과 두 명 중 한 명은 부담을 가지고 있었다. 또 회의시간 꼴불견 유형에 대한 조사도 이루어졌는데 자기마음대로 형, 자기 고집 형, 말 끊기 형, 요점 일탈 형 등이 꼽혔다. 그렇다면 합리적인 회의가 되기 위해서는 어떻게 해야 할까?

- 회의 전에 자신에게 중요한 항목에 대해 미리 연구한다.
- 중요한 사항은 메모한다.
  단, 서기가 아닌 이상 회의 내내 필기하는 것은 좋지 않다.
- 시작과 종료 시간을 지킨다.
- 다른 사람이 발언하는 동안 경청한다.
- 간단명료하게 발언한다.
- 너무 오랜 시간 발언하는 것은 실례이다.
- 자신의 의견을 강요하지 않는다.
- 다른 사람의 이야기를 인정한다.
- 다른 의견이 최종선택이 됐을 경우 열린 마음으로 협조한다.
- 안건을 벗어난 이야기나 사적인 이야기는 하지 않는다.

토론(디베이트)

1559년 1월 퇴계가 고봉에게 편지를 보낸다. 이에 고봉은 이의를 제기하였고 두 사람은 약 8년간 열띤 사단칠정 논변을 벌이게 된다.

* 사단칠정(四端七情) : 성리학(性理學)의 철학적 개념 가운데 하나.

"선비들 사이에서 그대가 논한 사단칠정설을 전해 들었습니다. 나의 생각에도 스스로 전에 한 말이 온당하지 못함을 병통으로 여겼습니다. 그대의 논박을 듣고 더욱 잘못되었음을 알았습니다."라며 당대 최고의 성리학자로서 성균관 대사성 퇴계가 이제 과거에 합격한 32세 청년에게 겸손한 자세로 자신의 의견을 보낸다. 자신의 생각과 일치하는 것, 자신이 잘못 안 것, 견해가 다른 것 등을 이야기하며 자신의 잘못 안 것에 대해 시인하며 고봉의 이의를 받아들인다.

토론이란 하나의 주제를 정해 대립하는 두 팀으로 나눠 일정한 규칙에 따라 논쟁을 통해 이기고 지는 쪽을 결정하는 것을 말한다. 디베이트의 사전적 의미는 "어떤 주제에 대해 다른 견해를 가진 사람들이 토의를 하는 것"이다. 즉 토론도 토의의 개념 중 하나로 토의의 여러 가지 형식 중에 어떤 쟁점에 대해 찬반논쟁을 하는 것을 뜻한다.

토론은 모두를 위한 더 나은 가치를 만들어내기 위해 펼쳐진다. 즉 이기고 지는 싸움이 아니라 서로 윈-윈하는 시너지 효과를 만드는 것이 목적이다.

잠깐!

세종대왕도 싫어하는 토론유형은?

대화와 토론을 통해 비판과 반대의견도 존중하며 소통의 리더십을 발휘한 세종대왕 그런 세종대왕이 싫어하는 토론유형이 있었다.

- 형식적으로 일관하는 태도
- 현학적인 지식과 언변으로 본질을 흐리는 태도
- 상대방의 말을 의도적으로 왜곡하는 태도
- 무조건 찬성하거나 반대하는 태도
- 감정적 대립으로 상대를 인식 모독하는 태도

❍ 시너지를 창출하는 토론방법

1. 주제에 대해 상대의 관점에서 생각해보기
2. 관련 주제의 핵심 쟁점과 관련사항을 공유하기
3. 어떤 결과가 모두에게 수용 가능한 해결책인지 결정
4. 그 결과를 가져다주는 방법 찾기

무엇보다도 상대를 존중하고 경청하며 무엇을 위한 토론인지 끊임없이 생각해야 한다.

❍ 토론 스피치의 핵심기법

간략하면서도 명확한 근거제시를 들어서 자신의 의견을 말한다.

● ORP기법

- Opinion
  - 자신의 생각을 먼저 간단명료하게 말하고 시작한다.
  - "결론부터 말씀드리면", "가장 중요한 것은 ~라고 생각합니다.", "저는 이 안건에 대해 찬성/반대, 긍정/부정입니다." 등의 문장으로 발표를 시작한다.
- Reason
  - 이유와 근거는 뉴스나 신문과 같은 객관적인 정보, 구체적인 데이터나 사례를 들어야 한다.
  - "왜냐하면, 예를 들어, 이유는"의 표현을 시작으로 이유나 근거를 제시한다.
- point
  - 요점과 결론을 반복한다. 핵심을 강조하며 상대에게 각인시켜 설득력을 높인다.
  - "다시 한 번 말씀드리자면", "요약해서 말씀드리자면", "말씀드린 바와 같이" 등의 시작으로 토론의 마지막 부분을 집중시키고 메시지를 강조한다.

잠깐!

고대 그리스를 세계문화의 중심지로 만든 것은 다름 아닌 아고라를 중심으로 펼쳐진 토론문화였다. 아고라는 인류 역사상 가장 먼저 보편화된 토론이다. 아고라는 시민들의 일상적인 생활과 여론을 형성하는 의사소통의 중심지였을 뿐만 아니라 정치, 경제, 문화, 예술, 학문 등에 대해 토론이 이루어지던 곳이었다. 그리스와 헬레니즘 도시국가에서 특징적으로 나타났으며 로마에서는 포룸이라는 명칭으로 계승되었다.

6 프레젠테이션

"사실 저 명예퇴직대상자였어요. 그런데 교육을 받은 바로 다음 달에 승진자로 바뀌어서 지금까지 잘 다니게 되었습니다."

강의를 하면 할수록 많은 교육생과의 소중한 기억과 인연이 쌓이게 된다. 그 중 한 교육생이 S기업 모 부장님이다. 부장님은 명예퇴직대상자로 선정이 되어 고민이 많았다고 한다.

아들도 고등학생인데다 여러 가지 상황들 때문에 퇴직 후의 인생에 대해 어떤 준비를 해야 하나 막막했다고 한다. 그러던 중 회사내부에서 PT교육이 진행된다는 소식을 듣고 기분전환 차원에서 별 기대 없이 강의를 듣다가 PT의 중요성을 알게 되었고 부서로 돌아가서 기획, 발표 등 하나씩 적용해 보니 놀라운 일이 일어났다는 것이다. 지금은 명예퇴직대상자가 아닌 본부장으로서 멋진 리더로 활약하고 계신다.

프레젠테이션은 청중에게 시각적 학습물을 보여주고 설명하는 행위를 말한다. 요즘에는 광범위하게 쓰여져 '자신의 생각을 알리는 모든 대화'를 프레젠테이션이라고 한다. 현대사회는 보고나 프레젠테이션하는 능력이 곧 그 사람의 의사소통 능력이며 조직의 시너지를 창출한다고 본다. 프레젠테이션을 통해 시너지효과를 만들어내는 인재야말로 핵심인재인 것이다.

성공하는 프레젠테이션을 위한 요소

❍ 3P분석 – 청중, 목적, 장소를 확인

- 청중 : 청중의 숫자, 연령, 학력, 관심사나 컨디션 등
- 목적 : 단순한 정보 전달, 제안 등
- 장소 : 발표장소 및 규모, 빔프로젝트 여부, 마이크 확인, 조명 확인 등

모 광고기획회사에서 있었던 일이다. 세 명의 지원자가 마지막 관문을 위해 모였다. 그들은 '상대성이론'에 대해 프레젠테이션을 준비하라는 말에 각자 열심히 준비를 했다. 그런데 면접시간이 다가오자 인사팀장은 이 세 사람을 차에 태우고 서울 근교의 한 농촌으로 갔다. 그리고는 "저기 계신 일하는 농부 할아버지께 상대성이론을 PT해라."라고 하는 것이다.
첫 번째 지원자는 3p의 변화를 무시했다. "할아버지~ 제가 상대성이론에 대해 설명해 드릴게요. 어쩌고저쩌고 블라블라…" 어렵고 전문적인 용어만 남발했다. 이를 본 두 번째 지원자는 좀 더 상냥한 말투로 설명했다. 세 번째 지원자의 순서가 됐다. 인사를 드리고 PT를 하려는데 할아버지가 막걸리 한 잔을 건네주셨다. 짠~ 하고 마시려는 순간 할아버지가 화를 내기 시작했다. 알고보니 머리카락 한 올이 막걸리 잔 안에 떨어져 있던 것이다. 이를 놓치지 않고 세 번째 지원자는 말을 한다. "할아버지~ 머리에서 빠지는 머리카락은 아까우시죠? 하지만 막걸리 잔 안에 떨어져 있는 머리카락은 성가시지요? 그게 바로 상대성이론입니다." "응?" 하고 반문하시며 드디어 호기심을 보이셨고 세 번째 지원자가 최종 합격이었다.
물론 '상대성이론'과는 다소 거리가 멀 수 있다. 하지만 들판이라는 환경, 일하고 있던 할아버지의 눈높이, 주어진 시간 동안 PT준비를 한 것을 보여주는 것이 아닌, 청중의 이해를 도운 점이 높은 점수를 받은 것이다.

프레젠테이션 구성기법 : OOSSC

❍ Opening

심리학자 즈닌(JANINE)은 '모든 커뮤니케이션은 최초 4분에 의해 결정된다'는 실험결과를 발표했다. 오프닝으로 인상이 결정된다는 것이다.

- 인사 → 자기소개 → 핵심가치의 순으로 진행한다.
  - * 핵심가치 : 본문과 연관되는 내용으로 이번 PT를 통해 말하고자 바를 뜻한다.

- 이야기로 시작한다.
- 결론부터 말한다.
- 예상치 못한 것으로 청중을 놀라게 한다.
- 질문을 던진다.

❍ Overview

두괄식에서 한걸음 더 나아가 전체 그림을 보여준다.

"오늘 제가 말씀드리고자 하는 바는 성공하는 프레젠테이션 방법으로 기획, 디자인, 스피치 세 가지 부분에 대해 말씀드리겠습니다."

❍ Story

- 정보만이 아닌 Story가 함께 들어가는 것이 좋다.
- 스토리는 상대의 마음에 각인되고 행동으로 옮기게 하는 힘이 있다.
- 스토리텔링은 사람이야기가 가장 좋다.
  - 자신의 경험담, 자신의 지인의 경험담
  - 직접적이진 않지만 모두가 알고 있는 사람이야기

❍ Summary

- 마무리를 짓기 전에 요약을 해줘야 한다.

> "오늘 저는 저의 잠재적인 능력 세 가지 끈기, 도전정신, 그리고 마지막으로 넓은 인간관계에 대해 말씀드렸습니다."
> "지금까지 저희 회사의 투자 가능성 세 가지에 대해 말씀드렸습니다."

❍ Closing

- 감동과 여운을 줘야 한다.
- 책이나 드라마, 영화대사, 유명인의 명언을 활용하여 마무리하는 것도 방법 중의 하나다.

생각해 보기

1. 지시와 보고의 핵심3원칙은 각각 무엇인가?
2. 전화수신과 발신 시 가장 신경 써야 할 부분은 무엇인가?
3. 업무목적의 이메일과 SNS에서 실수하기 쉬운 항목은 어떤 것들이 있는가?

13 Chapter

대화매너

모 대학 사회학 교수가 딸과 함께 대형의류 쇼핑몰에 갔다. 모처럼의 외출인데다 딸과 함께라서 더욱 행복했던 교수는 피곤한 줄 모르고 여기저기 한참을 돌아다녔다. 마침내 한 층을 다 돌아보고 장소를 옮기려는 데 뒤에서 누군가가
"언니~~~ 여기도 둘러보세요. 우리집 예쁜 옷 많아요."
하며 팔을 붙잡는 것이다. 이때 교수가 점원에게 한 한마디!

"아니 내가 왜 당신 언니에요?"

사람은 누구나 자신이 하는 말에 의해 판단 받게 된다. 원하든 원치 않든 말 한마디가 남 앞에 자신의 초상화를 그려놓는 것이다. - 에머슨(미국의 사상가 · 시인) -

식당에 가면 보통 '아줌마', '이모'라고 부른다. 대신 '아주머니'라고 부르면 오히려 어색해한다. 사실 아주머니는 '부모와 같은 항렬에 여자를 부르는 말이다. '아주머니'를 낮춰 부르는 '아줌마'의 영향 때문인지 '이모'라는 말이 더 정겹게 들리기도 한다. 하지만 어머니의 형제가 아니니 이는 엄밀히 말하면 맞지 않는 표현이다. 특히 비즈니스 사회에서 제대로 된 호칭과 대화매너는 기본 요소이므로 잘 알아둬야 한다.

1 호칭과 경어

기본원칙

만나는 대상과 상황에 맞는 호칭과 경어를 구사해야 한다. 상사, 동료, 거래처와 담당자 등의 성명과 직위를 기억한 후 정확한 호칭과 함께 경어를 사용한다면 상대는 친근함을 느낄 것이다.

이름을 불러주면 상대방은 친근함을 느낄 것이다. 자주 만나는데도 성명을 기억하지 못하면 상대방은 자신에 대해 관심이 없거나 추진하는 일에 대해 성의를 보이지 않는다고 느낄 것이다.

잠깐!

이름을 잘 기억하는 방법

- 성과 이름을 분명히 확인한다.
- 얼굴과 잘 연결시켜서 기억해야 한다.
- 자주 부른다.
- 상대의 이름에 관해 이야기를 들으며 기억한다.
- 헤어질 때 한 번 더 부른다.

바른 호칭

● 상사에 대해

- 성과 직위에 '님'을 붙인다.
- 성명을 모를 경우에는 직위에 '님'을 붙인다.

- 상사에게 자신을 지칭할 경우에는 '저'라고 한다.
- 상사에 대한 존칭은 호칭에만 붙이고 장소나 문서에서는 생략한다.

● 동료나 부하

- 동료 사이에는 성과 직위, 또는 ○○씨라고 부른다.
- 초면이거나 선임의 경우에는 '님'을 붙인다.
- 부하의 경우 직위나 직책이 있으면 ○○대리, ○○팀장, 직위나 직책이 없으면 ○○씨라고 부른다.
- 부하가 연장자일 경우 적당한 대우를 해주는 것이 좋다.
- 남녀 직원의 경우도 마찬가지이다. 직위가 있는 동료나 후배, 부하의 경우에는 성과 직위를 부르고 직위가 없는 경우에는 ○○○씨라고 부른다.
- 손아래 남자직원이 선배 여직원을 부를 때는 '선배님'이라고 한다. 직위가 있으면 직위로 부른다.

● 상사에 대해 더 높은 윗사람에게 말할 때

- 직책이나 직위만 사용한다.
- 국립국어원에 따르면 윗사람에게 관해서 말할 때는 듣는 사람이 누구이든지 상관하지 않고 선어말어미 '-시-'를 넣어 말하는 것이 원칙이다. 평사원이 과장을 사장에게 말할 때라도 "사장님. 김 과장님 거래처에 가셨습니다."라고 말해야 한다.
- 존칭조사 '께서'는 필수적인 요소가 아니다.

  "부장님. 과장님께서 외출하셨습니다."

  → "부장님. 과장님이 외출하셨습니다."

● ~씨

- 또래이거나 나이 차이가 위아래로 10년을 넘지 않을 때 사용한다.
- 나이가 10세 이상 위로 차이가 나는 경우에는 '○○○선생님'이라고 한다.

● 당신

- 3인칭 대명사 '자기'를 아주 높여 부르는 말이다.
- 상대방을 높여 부르는 2인칭 대명사이다.
  (상대방을 낮춰 부르는 말은 '자네'이다.)
- "당신이나 똑바로 해요."라고 말하면 "뭐? 당신?"이라며 불화가 생길 수 있으니 좋은 대화에서 사용하는 것이 좋다.

● 선생

- 누구나 존경할 만한 사람이나 나이 차이가 아주 많은 연장자, 연상의 부하에게는 '선생님'이라고 한다.
- 대학 교수의 경우도 교수는 지칭이기 때문에 '선생님'이라고 불러야 한다.

● 어르신

- 부모와 같이 나이가 많은 어른

● 여사

- 결혼한 여자나 사회적으로 이름 있는 여자를 높여 이르는 말로 주로 성명 뒤에 붙인다.

● 부인

- 남의 아내를 높여 부르는 말

● 사모님

- 스승의 부인이나 윗사람의 부인, 타인의 부인을 높여 부르거나 이르는 말이다.

잠깐!

회사에서 호칭 시 참고 사항

- **직위** : 서열 혹은 계급을 뜻하며 직무에 따라 규정되는 사회적 혹은 행정적인 위치이다. 회장, 부회장, 사장, 부사장, 전무, 상무, 이사, 부장, 차장, 과장, 대리, 주임, 사원을 말한다.
- **직급** : 직무의 등급을 뜻하며 직위를 세부적으로 분류한 것이다. 업무의 종류나 난이도, 혹은 책임도가 비슷한 지위를 묶은 최하위의 구분이다. 공기업에서 많이 사용하며 '호봉제'가 적용된다.
- **직책** : 직무상의 책임을 뜻하며 책임이나 권한이 따른다. CEO, CFO, 본부장, 팀장 등이다. 과장이나 대리는 직위, 팀장이나 팀원은 직책에 해당한다.
- **직함** : 직위와 직책을 통틀어 일컫는 말. 'ㅇㅇㅇ팀장을 맡고 있는 박ㅇㅇ과장'
- **직무** : 하는 일을 말한다. 영업, 회계, 인사, 마케팅, 관리, 기획 등

경어법

● 주체경어법

동작이나 상태의 주체를 높이는 경어법으로 선어말어미 '-시-'로 표현하고 '이/가' 대신 '께서'를 사용하거나 존대어를 써서 표현한다. 주체높임법이라고도 하며 직접 높임과 간접 높임이 있다.

> 직접 높임 : 어머니께서 편찮으시다.
> 간접 높임 : 할머니께서는 귀가 밝으시다.

● 객체경어법

동작의 대상이 되는 객체를 높이는 경어법이다. 중세 국어 시기에는 객체 경어법을 담당하는 문법 형태소가 따로 있었지만 현대 국어에서는 높임의 조사

'께'와 '드리다', '뵙다' 등의 높임의 동사에 의해 표현된다.

주다 → 드리다	데리다 → 모시다	묻다 → 여쭙다

● 상대경어법

상대 경어법은 대화에 참여하고 있는 대화 상대방인 청자를 높이거나 낮추어 대우하는 경어법이다.

- 상대를 높여 대우하는 경우

"말씀하십시오."

* 말씀은 상대를 높이는 말과 동시에 자신을 낮추는 말이다.
"제 의견을 말씀드리겠습니다."일 경우 자신을 낮추는 말

- 상대를 낮추어 대우하는 경우

"자네가 대신 다녀왔으면 하네."

잠깐!

잘못 사용하는 경어

- 아프시다 → 편찮으시다.
- 자시다 → 주무시다.
- 커피 나오셨습니다 → 커피 나왔습니다.
- 진료비가 만원이십니다 → 진료비는 만원입니다.
- 부장님이 일을 마치시고 가셨어. 혹은 부장님이 일을 마치시고 갔어.
  → 부장님이 일을 마치고 가셨어.
- 수고하셨습니다. → 고생하셨습니다. 감사합니다.
  * 수고라는 말은 윗사람이 아랫사람에게 하는 말로 '평가'의 의미가 담겨져 있다.
  윗사람에게 사용하면 큰 실례가 될 수 있으니 주의하도록 하자.

2 기본대화매너

사람은 말투에서 됨됨이를 알 수 있고 말이 곧 한 사람의 인격의 창이라는 말이 있다. 한마디로 천 냥 빚을 갚을 수 있다는 말, 어떻게 해야 매너 있게 하는 것일까?

배려

단체사진을 찍으면 사진 속에서 자신을 먼저 찾는다고 한다. 이렇듯 사람은 누구나 자신을 가장 소중하게 생각한다. 대화를 할 때에도 마찬가지이다. 아무리 상대방을 배려하고 상대를 존중하며 대화한다고 하여도 자신도 모르게 자기중심적으로 대화를 하게 된다. 배려는 '여러 가지로 마음을 써서 보살피고 도와준다는 의미와 관심을 가지고 도와주거나 마음을 써서 보살펴 준다.'라는 의미이다. 자신보다 상대를 위하는 마음으로 대화하자.

- 먼저 다가가기

호감이 있거나 관계형성이 필요한 경우에는 마냥 기다리거나 무관심하기보다는 당당하게 다가가 대화의 문을 트는 것이 좋다.

- 마음과 마음의 거리

사랑하는 사람들은 서로에게 더 부드럽게 말을 하며 말을 한다기보다 속삭임에 가깝다. 화가 난 사람들을 보면 언성이 높아지고 바로 옆에 있는데도 큰 소리를 지른다. 두 사람 모두 화가 나서 마음의 거리가 멀어졌기 때문에 소리를 질러야만 서로의 말을 들을 수 있게 된 것이다. 사회생활을 하다가 의견이 맞지 않거나 충돌하는 경우에도 이 마음의 거리가 멀어지게 해서는 안 된다. 동료나 상사, 고객을 비롯해 함께 하는 사람들과의 마음의 거리를 짧게 유지해야 한다.

대화의 원리

● 협동의 원리

대화는 서로 협동을 하고 있다는 전제에서 출발한다.

- 양의 원칙 : 필요한 양만큼 정보를 제공한다.
  서로 다툴 때 지난 과거나 오랫동안 쌓아둔 이야기를 다 이야기하는 것은 너무 많은 양을 말해서 이 원칙을 어기는 것이다.
- 질의 원칙 : 진실해야 한다.
  사회생활에서 남자는 자신의 능력을 과장하기 위해 거짓말을 하고 여자는 부드러운 관계형성을 위해 거짓말을 한다는 말이 있다.
- 방법의 원칙 : 말하는 의도를 분명히 파악할 수 있도록 간단명료하게 한다.
- 관련성의 원칙 : 적합한 말을 해야 한다. 다른 모든 원칙을 다 지켜도 관련성이 없다면 좋은 대화가 아니다.

관련성의 원칙

- A씨는 골프장에서 비즈니스 미팅이 있었다. 처음 만나는 자리에서 서로 인사하고 자신을 소개하면서 "저는 싱글입니다."라고 했는데 여자가 수줍게 웃으며 "어쩌죠. 저는 결혼했어요."라고 답해 당황했다고 한다.

  * 싱글 : 골프는 보통 총 18홀 72타가 정규타수인데
    정규타수 + 한자리수 오버파를 치는 골퍼를 말한다.
    싱글 골프 핸디캡퍼의 줄임말이다.

- 한 아버지가 아들을 훈계하면서 물었다. "너 도대체 몇 살이니?" "열다섯 살인데요." "나도 네가 몇 살인지는 알고 물은 거다."

- 회사에 지각한 신입사원에게 과장이 시계를 가리키며 "자네 지금이 도대체 몇 시인가?" 물었더니 "네. 지금은 9시 30분입니다."라고 대답했다.

상대의 말의 본질이 무엇인지 이해하고 관련 있는 답을 해야 한다.

● 맥락의 원칙

말을 받는 사람은 받아들이기와 돌려주기라는 두 가지 작업을 해야 한다. 상대방의 말을 듣고 받아들인 후, 그 말을 받아서 새로운 정보를 담아 상대방에게 돌려줘야 하는 것이다.

#1.

A : 영화 좋아하세요?
B : 네.
A : 무슨 영화 좋아하세요?
B : SF요.
A : SF 영화 중에서 기억에 남으신 영화는요?
B : 글쎄요.

#2.

A : 영화 좋아하세요?
B : 아니오. 저는 영화를 별로 좋아하진 않아요.
하지만 뮤지컬이나 연극은 자주 보는 편이에요.
선생님은 어떤 영화 좋아하세요?
A : 저는 로맨틱코미디를 좋아해요.

#1 대화에서는 오고 가는 말이 없다. 처음 말을 들은 사람이 받아들이기만 하고 돌려주지를 않았기 때문이다. 반면 #2 대화에서는 영화를 좋아하지 않지만 관련성 있는, 좋아하는 다른 무언가에 대해 이야기를 하면서 상대는 어떤 영화를 좋아하는지 물었다.

● 각인 효과

"고마워", "미안해", "사랑해" 등을 습관적으로 말을 하면 상대도 자신도 모르게 "고마워", "미안해", "사랑해"를 한다. 하지만 불평과 불만을 일삼으면 상대는 힘이 빠지고 그 순간 불평과 불만이 생겨난다.

* 각인 효과 - 인공부화로 깨어난 새끼오리들이 처음 보는 사람이 어미인 줄 알고 졸졸 따라다니게 되는데 이를 각인효과라고 한다. 오스트리아 학자 콘라드 로렌츠(Konrad Lorenz) 실험에 의해 밝혀졌으며 서로의 행동을 따라하게 된다는 '상호 각인 효과'도 후속연구결과로 나온 바 있다.

상대방을 사로잡는 대화매너

칭찬

음식을 본 소년(송중기)은 정신없이 먹기 시작한다. 이를 본 소녀(박보영)는

"기다려!"

라고 단호하게 명령한다. 음식을 앞에 두고 배고픔의 본능을 참을 수 없는 소년이지만 먹는 것을 잠시 멈추고 소녀의 말이 떨어지기만을 기다린다.
소녀가 "먹어."라는 말을 한 후에야 다시 먹기 시작하는 소년에게

"아이고. 우리 철수 잘했어~~" 하고 머리를 쓰다듬어 준다.

소년은 기다리는 법, 옷 입는 법, 글을 읽고 쓰는 법 등 소녀가 가르치는 것마다 빠르게 배워나간다. 그렇게 하나씩 인간세상에서 살아가는 법을 터득할 때마다 소년은 소녀에게 머리를 내민다. 쓰다듬어 달라고. 잘했다 칭찬해 달라고…

- 영화 "늑대소년" 중에서

❍ 칭찬의 효과

'칭찬은 고래도 춤추게 한다'는 말이 있다. 칭찬은 상대의 자신감과 의욕을 불러일으키며 상대를 성장시킨다. 상대의 기분이 좋아지고 그 모습을 보는 자신도 기분이 좋아진다. 서로의 관계에 있어 분위기가 좋아지고 웃음이 늘어난다. 서로에 대한 이해와 배려가 많아지고 주위 사람에게 호감을 얻게 된다. 칭찬을 하다보면 사람을 보는 안목이 늘어나며 적극적인 인생관이 형성된다. 또한 상대는 칭찬에 보답하기 위해 더욱 노력하게 된다.

잠깐!

말하는 대로!

- 피그말리온 효과

  그리스 신화의 피그말리온은 자신이 조각한 여인상에 사랑에 빠졌는데 그 사랑을 너무나 간절하게 원하였다. 그 모습에 사랑의 여신 아프로디테가 조각상에 생명을 불어넣어 주어 피그말리온은 그 여인을 아내로 맞이하게 되었다. 이렇듯 타인에게 긍정적인 기대를 받은 경우 그 사람의 기대에 부응하기 위해 노력한 결과 실제로 이루어지는 효과를 뜻한다.

- 로젠탈 효과

  하버드 대학 심리학과 로버트 로젠탈 교수는 샌프란시스코의 한 초등학교에서 무작위로 선택된 명단을 교사에게 주며 지능지수가 높은 학생들이라고 말했다. 교사는 머리 좋은 학생들을 더욱 칭찬했고 8개월 뒤 명단 속 학생들은 다른 학생들보다 평균 점수가 높아졌다.

- 스티그마 효과

  '스티그마'는 뜨겁게 달군 인두로 가축에게 낙인찍는 것을 말한다. 그래서 낙인효과라고 한다. 부정적인 태도나 선입견을 느끼게 되면 그에 맞게 반응한다는 것이다. 신입사원에게 일처리를 못하는 한심한 사람이라고 이야기를 계속하면 그 신입사원은 자신이 정말 한심한 사람이라고 믿고 매번 일처리를 못하게 된다.

❍ 칭찬의 원칙

● 즉시, 구체적으로

> 대학생 A는 존경하는 스승을 뵐 때마다 칭찬을 했다. 남녀노소를 막론하고 모두가 좋아하는 분이었고 굉장히 아름다운 분이었기에 저절로 우러나는 마음을 담은 말이었다. 그런데 그 모습을 보던 대학생 B가 "너 사회생활 잘 하겠다! 그렇게 입에 발린 소리 잘하는 걸 보니까." 아무리 웃으면서 농담처럼 한 이야기였지만 A는 충격 아닌 충격을 받았다.

A학생의 문제점은 바로 두루뭉술한 화법이었다. 칭찬은 구체적으로 언급해야 진실성이 느껴진다. "아름다우시네요."라고 말하는 것보다 "오늘 립스틱 색

상이 정말 잘 어울리시네요."라고 표현해야 한다.

또한 칭찬은 바로바로 해야 한다. 즉시 칭찬을 하지 않고 마음만 간직했다가 오랜 시간이 지난 뒤에 칭찬을 하면 100%의 효과를 기대할 수 없다. 아껴둔 초콜릿은 시간이 지나면 녹기 마련이다.

● 사람을 칭찬하기보다는 행동을 칭찬

단순히 상대 자체를 칭찬하면 무엇에 대한 칭찬인지 알 수가 없다. 자칫 잘못하면 아부로 보이기도 한다. 상대의 행동을 칭찬하면 상대 자체를 칭찬하는 효과도 함께 누릴 수 있다. 또한 이런 칭찬을 받은 상대는 동기부여 및 만족감을 얻고 더 좋은 행동을 하기 위해 노력한다.

* 아부는 칭찬의 대상이 되지 않는 것도 보상이나 대가를 바라고 상대에게 하는 말이다. 하지만 칭찬은 상대의 장점을 발견하는 것이며 바라는 것 없이 상대에게 주는 기쁨이다.

"교수님 존경합니다."

⇨ "예순이 넘은 지금도 저희보다 더 논문준비며 많은 프로젝트까지, 정말 본받고 싶습니다."

"김대리는 참 좋은 사람이야."

⇨ "김대리는 성실한데다가 일을 맡기면 최선을 다한다니까. 아주 훌륭한 사람이야."

● 칭찬은 공개석상에서

단둘이 있을 때 상대에게만 칭찬을 하는 것보다 회의나 회식 등 공개석상에서 하는 것이 훨씬 효과적이다. 칭찬뿐 아니라 여러 사람들의 축하나 덕담까지 듣게 된 상대는 자신감이 생겨 더욱더 좋은 모습을 보인다. 또한 애사심도 생겨 일에도 최선을 다할 것이다. 뿐만 아니라 함께 한 다른 사람들도 환기효과를 받아 칭찬을 들은 사람처럼 좋은 행동을 하기 위해 노력할 것이다.

제 3자에게 칭찬을 하는 것도 좋다. 상대가 제3자를 통해 칭찬을 듣게 되면 보이지 않는 곳에서도 칭찬을 한 자신의 인격도 높아진다. 마지막으로 간적접으로 칭찬을 하는 것도 좋다. "○○○가 그런 칭찬을 하더라고요."라고 하면 더 객관적인 평가이자 두 명에게 동시에 칭찬을 받은 효과를 누리게 된다.

● 냉소적 말꼬리 붙이기는 금물

칭찬을 하는데 마무리를 비판이나 비난을 한다면 칭찬을 하지 않는 것보다 못하다. 또한 과거나 현재 상대의 부정적인 모습이나 상황에 대해 말을 한 뒤 칭찬을 하는 것도 좋지 않다. 칭찬을 하고자 함인지 비난을 하고자 함인지 상대는 헷갈리거나 오히려 불쾌한 기분이 든다.

"어머… 너 옷 예쁘다! (칭찬)"
그런데 내가 입으면 더 예쁘겠다. 야~ (말꼬리)"
"너는 다 좋은데 그건 왜 그 모양이니?"
"너 뚱뚱했었는데 예뻐졌구나."

● 진심으로

진심으로 하는 칭찬은 상대를 감동시키지만 건성으로 하는 칭찬은 효과가 없다. 오히려 무관심의 표현으로 느껴진다. 빈말과 진심이 담긴 칭찬은 하는 사람도 듣는 사람도 다르다는 것을 안다. 상대에 대한 호감과 애정을 담아 진심으로 칭찬해야 한다.

○ 칭찬의 기술

● 관심과 관찰

모 기업에서 A강사가 청중들에게 부탁을 하였다. "1분간 짝의 정수리에서부터 발끝까지 바라보세요. 그리고 매력 한 가지씩을 발견해서 칭찬을 해주시는 겁니다." 처음에는 멋쩍은 듯 웃으며 서로를 바라보던 청중들은 상대의 매력을 찾기 시작했다. 서로 칭찬을 주고받더니 어느새 하나, 둘 계속 상대에 대한 칭찬이 늘어나고 분위기는 화기애애하였다.

상대에게 관심을 가지고 자세히 관찰하면 진심어린 칭찬이 생겨난다. 칭찬은 칭찬을 낳고, 그 칭찬은 또 다른 칭찬을 낳는다. 이렇게 늘어난 칭찬만큼 상대와는 더 가까워지고 상대에 대한 더 깊은 관심과 관찰을 만들어낸다.

● 상대가 듣기 원하는 칭찬

자신이 하고 싶은 칭찬이 아니라 상대방이 듣고자 하는 칭찬을 할 수 있다. 잇시키 유미코의 '매력의 조건'에서는 남자는 '믿음직스럽다, 결단력 있다, 리더십 있다' 등에서 능력과 관련한 내용의 칭찬을 듣고 싶어했다. 여자의 경우 '예쁘다, 귀엽다' 등 외모나 마음에 관련한 칭찬을 듣기를 원한다는 연구결과가 있다. 그러나 70대의 한 여성은 이제는 '예쁘다'라는 말보다 '매력적이다'라는 말을 원한다고 했다. 상대가 듣기 원하는 칭찬을 알고 할 수 있다면 이보다 더 매력적인 조건은 없을 것이다.

● 칭찬에 익숙해지기

> 한 결혼식장에서 A가 B에게 "어머~ 얼굴 더 좋아 보인다."라며 밝은 미소로 칭찬을 하였다. 하지만 칭찬받는 것에 어색한 B는 "아닌데… 요새 살도 더 찌고 이상해졌는데…."라고 답해버렸다. 칭찬을 한 A는 B의 반응에 자신의 칭찬이 무색해진 듯해서 낯빛이 바뀌었다.

지나친 부정이나 외면은 상대의 호의를 거부하는 것과 같다. 그리고 칭찬을 받는 것에 서투르기에 칭찬을 하는 것도 어색해진다. "고마워요.", "칭찬을 들으니 좋은데요."라는 인사와 함께 칭찬을 받아들이는 것이 좋다. 쑥스러워하기보다는 기쁜 마음을 솔직하게 표현해야 한다.

반대로 칭찬을 으레 받기만 한 사람도 칭찬을 하는 것에는 익숙하지 않기도 하다. 자신이 많은 칭찬을 들은 것은 사실 주변 사람들의 관심과 애정을 받은 것이다. 관심을 갖고 상대를 바라보며 장점을 찾아 칭찬을 돌려주는 연습을 해야 한다.

유머

- 뇌 연구학자 질 볼트 테일러는 뇌졸중으로 마비된 자신의 오른팔을 보면서 "뇌졸중이잖아. 세상에. 멋진걸. 자기 자신의 뇌를 직접 연구하는 뇌 과학자가 몇이나 되겠어?"라고 말했다며 TED강연장에서 웃음꽃을 피웠다.
- 2003년 캘리포니아 주지사 선거에 출마한 아놀드 슈왈제네거는 연설하던 중 한 학생이 던진 계란에 맞았다. 누구나 당황하고 많이 언짢을 수 있는 상황인데 슈왈제네거는 "베이컨도 좀 던져주지 그래?"라고 했다. 슈왈제네거는 주지사에 당선되었다.

❍ 유머의 의미와 효과

유머는 남을 웃기는 말이나 행동으로 '우스개', '익살', '해학'을 뜻한다. 유머는 고대 그리스 의학용어에서 체액을 뜻하는 후모르(Humor)라는 라틴어에서 유래됐다. 인간의 몸에는 네 가지 체액이 흐르는데 혼합된 비율에 따라 그 사람의 성격이나 체질이 정해진다는 것이다. 이 체액들의 가장 조화로운 균형상태인 굿 후모르(Good Humor)일 때 가장 힘이 솟고 웃음이 나오며 기분이 좋아진다고 보았다. 그래서 16~18세기에 후모르에 관심을 갖게 된 셰익스피어를 비롯한 극작가들이 연극이나 문학을 통해 좋은 체액만 분비시키고 사람들을 유쾌하게 하려고 하였다. 이때부터 후모르가 유머로 읽히게 된 것이다.

『최고경영자처럼 생각하는 법』을 쓴 데브라 벤턴(Debra Benton)은 최고경영자들의 성공 비결은 '재미있게 이야기하는 유머 감각'이라고 했다. 위대한 학자인 아인슈타인도 유머 감각이 뛰어난 인물이었다.

또한 2006년 삼성경제연구소가 세리 CEO회원들을 대상으로 설문한 결과, 631명 중 77.4%가 유머가 채용여부에 긍정적인 영향을 미친다고 대답하였다. 유머가 시너지효과를 창출한다고 생각하기 때문이었다.

성공한 회사의 유머경영

- 세계적인 유통회사 월마트
  "웃지 않는 직원을 보시면 가슴주머니에 있는 1$을 가져주십시오."
- 미국의 대표적인 저가항공사 사우스웨스트
  "담배를 피우고 싶은 고객님께서는 비행기 밖에 있는 테라스를 이용해주세요. 미리 말씀해 주시면 '바람과 함께 사라지다' 곡을 틀어 드리겠습니다."

Point

유머의 효과

- 유머는 커뮤니케이션을 자연스럽고 매끄럽게 한다.
- 여유 있게 사람들을 리드할 수 있다.
- 정보를 즐겁게 전달할 수 있다.
- 받아들이는 사람이 쉽고 오래 기억한다.
- 어색하거나 부정적인 상황을 긍정적으로 전환하는 힘이 있다.

❍ 남다른 유머 활용법

히브리어로 '호프마(Hopma)'란 단어는 '유머'와 '영특한 지혜'를 동시에 의미한다. 지혜로운 자만이 진정한 유머를 할 수 있다. 지혜롭게 유머를 하는 방법은 아래와 같다.

- 타이밍
  카이스트대학원에서 있었던 일이다. 수업 중 갑자기 "꼬끼오 꼬꼬꼬꼬꼬 꼬끼오 꼬꼬꼬꼬"하고 벨소리가 울렸다. 핸드폰의 주인은 얼굴이 빨개졌고 강의를 듣던 석·박사들은 흐름을 방해받아 기분이 썩 좋지는 않았다. 교수가 시계를 살짝 보니 끝나기 10분 전이었다. "끝나기 10분 전을 이렇게 알려주셔서 고맙습니다. 정확하게 10분 뒤에 마치겠습니다."하고 웃었더니 함께 한 모두가 웃으며 분위기가 풀어졌다.
- 트렌드
  드라마 '꽃보다 남자'가 여심을 사로잡고 있을 때의 일이다. 영등포구식년회에서 전여옥 전 국회의원이 다섯 번째 축사를 하게 되었는데 앞의 네 명이 다 남자였다. 축사를 시작하며 "오늘 영등포의 F4와 함께 하게 되어 영광이다."라고 해서 1,400명 청중 모두가 밝게 웃었다.

• 롱런하는 유머
만화 '헬로 카봇'을 보면 번개를 맞은 로봇이 '띠리띠띠띠 호크없다!'(심형래의 '영구 없다')라는 장면이 나오는데 어린아이들이 박장대소를 하며 따라한다.

• 너무 뻔한 유머는 피하기
"야!" 하고 상대를 부르고 상대가 "응?" 하고 돌아보면 "호" 하는 것.

• 반전
KTF 광고 중 하나이다. 아버지가 아들에게 영상 전화를 걸어 "우리 아들 꿈이 뭐야?" 하고 물으니 "대통령"이라고 답한다. 신이 난 아버지가 "우리 아들 대통령이 되면 아빠 뭐 시켜줄래?"라고 물으며 동료들을 향해 자랑을 한다. 이때 영상 속 아들은 "음…탕수육!"

• 되도록 짧게
필요 이상의 수식어를 붙이거나 말을 늘어놓게 되면 효과가 떨어진다.

심리학자 빅터 프랭클은 유머를 인간만이 가지고 있는 신의 선물이자 특권이라고 했다. 사람의 얼굴 표정근육이 많은 것도 맘껏 웃으라는 것이 아닐까? 그런데 미국의 한 통계보면 인간이 70년을 산다고 가정할 때 하루 5분 정도 웃으면 평생 웃는 시간은 88일 정도 밖에 되지 않는다. 일을 하는 시간은 26년, 차를 타는 시간이 6년, 씻거나 누군가를 기다리는 시간이 각각 3년인 것에 비교하면 웃는 시간은 굉장히 적은 시간이다. 유머를 통해 인생의 많은 순간을 웃는 시간으로 채워보는 건 어떨까?

유머를 받아들이는 각 나라 사람들의 자세

- 프랑스인 – 유머를 다 듣기도 전에 웃어버렸다.
- 영국인 – 유머를 끝까지 다 듣고 웃었다.
- 독일인 – 유머를 듣고 다음날 아침에 웃었다.
- 일본인 – 그 유머를 잘 듣고 따라 했다.
- 중국인 – 유머를 다 듣고도 못 들은 척했다.
- 유대인 – 유머를 듣고 더 유머러스하게 만들어 기록한다.

경청의 깊이에 따른 종류

탈무드를 보면 입이 하나이고 귀가 두 개인 이유는 말하는 것의 2배를 들으라는 의미라고 한다. 우리나라에도 "말을 배우는 데는 2년, 침묵을 배우는 데는 60년이 걸린다."라는 격언이 있다. 경청(敬聽)의 '聽'에는 '귀 이(耳)'와 '마음 심(心)'이 함께 들어있다. 귀로 소리만 들을 것이 아니라 마음으로 마음을 들어야 한다는 뜻이다. 이때 자신의 기준대로 판단하지 말고 먼저 들어야 한다. 사실과 판단은 엄연히 다르니 마음으로 상대의 말에 집중해야 한다. 이때 다른 생각을 하거나 말을 중간에 끊지 말고 충분히 기다려야 한다. 다 들은 후에는 상대의 말을 반복함으로써 확인하고 적절한 맞장구를 쳐줘야 한다. 카네기는 경청의 태도는 우리가 다른 사람에게 나타내 보일 수 있는 최고의 찬사 가운데 하나라고 했다.

❍ 경청의 종류

귀로 하는 경청	가장 기본적인 경청이다. 귀를 열고 상대의 소리에 집중해야 한다.
몸으로 하는 경청	상대의 말에 집중하고 있다는 것을 보여주는 것이다. 몸을 뒤로 젖히거나 팔짱을 끼거나 다른 곳을 바라보고 있으면 경청을 하지 못한 것이다.
마음으로 하는 경청	상대의 말에 집중하고자 하는 마음을 가져야 한다. 마음으로 경청을 하기 위해 중심이나 수준에 따른 경청의 종류를 알아본다.

❍ 경청의 중심에 따른 종류

나 중심 경청	결국 자신의 이야기로 화제가 전환된다. "고생했네. 하지만 사정이 좋지 않아서 나도 많이 애쓰고 있다네."
상대 중심 경청	상대에게 집중해서 원만한 대화가 이루어진다. "고생이 많았지? 자네의 능력은 역시 탁월하군."
가치 중심 경청	신뢰와 존경이 쌓인다. "고생이 많았네. 역시 해낼 줄 알았어. 이번에도 부탁하네. 혹시 도와줄 일이 있으면 언제든 내게 말하게."

❍ 경청의 수준에 따른 종류

사이비 경청	배우자 경청이라고도 한다. 가장 낮은 수준의 듣기로서 텔레비전이나 책을 보며 대충 듣거나 말을 가로 막는 형태로 흔히 가까운 사이, 가족 중에서도 배우자 사이에서 가장 많이 일어난다. "알았어. 알았다니까." "잠깐만. 조용히 해." 혹은 한쪽 귀로 흘리고 있기 때문에 엉뚱한 순간에 대답하기도 한다.
선택적 경청	듣고 싶은 말만 듣는 것이다. 관심 있는 이야기를 하면 주의 깊게 듣고 화답하지만 지루하거나 무관심한 주제의 이야기를 하면 다른 생각에 빠져든다. 대화의 방향을 바꾸기도 한다.
소극적 경청	상대의 말에 귀 기울이고 있는 그대로를 받아들인다. 하지만 상대가 말하도록 두고 어떤 움직임이나 공감도 일어나지 않는다. 가끔 "아", "음"과 같은 말만 한다. 결국 대화는 더 이어지지 않는다.
적극적 경청	주의를 집중하고 공감하는 경청이다. 눈을 맞추고 고개를 끄덕이며 "아. 그렇군요. 그래서 어떻게 됐나요?"와 같이 맞장구를 치면서 듣는다. 말하는 사람은 더욱 신이 나서 마음을 열고 말할 것이다.
맥락적 경청	말의 내용만이 아니라 의도나 맥락, 감정을 충분히 파악하고 이해한다. "커피 마실래?" "음… 커피 마시면 잠이 안오겠지?" 이 답에는 두 가지 의도가 숨어 있다. 하나는 내일 중요한 시험이 있든지 잠을 자서는 안되는 상황으로 커피를 마셔 잠을 자지 않겠다는 의도이다. 다른 하나는 잠을 자고 싶으니 이를 방해하는 커피는 마시지 않겠다는 의도이다.

❍ 훌륭한 경청자의 특징

"말하는 것은 지식의 영역이고 듣는 것은 지혜의 영역이다."라는 말이 있다. 미국의 경영학자 피터 드러커는 "가장 중요한 커뮤니케이션 능력은 상대방이 말하지 않는 것을 듣는 것이다."라고 맥락적인 경청을 강조했다.

- 상대방을 인정한다.
- 긍정적으로 듣는다.
- 상대의 말에 공감을 잘 해준다.
- 백트래킹(Backtracking)으로 상대가 말을 하면 그 말에 호응하며 반복해준다. "주말에 영화를 봤어요." "아~영화를 보셨군요!"

맞장구치는 말

수용의 맞장구 – "정말 그렇군요!"
놀람의 맞장구 – "아니, 그런 일이 있었나요?"
동의의 맞장구 – "저도 그렇게 생각해요."
전개의 맞장구 – "그 다음은 어떻게 됐어요?"
확인의 맞장구 – "지금 말씀하신 내용과 제가 이해한 의미가 맞나요?"

Family 기법

- Friendly 마음을 열고 우호적으로 듣기
  : 공감하며 상대방의 니즈(Needs)와 원츠(Wants) 파악
- Attention 상대에게 주목하기
  : 눈을 감거나 스마트폰을 만지작거리거나 한쪽 귀에 이어폰을 끼고 있지 말 것.
- Me too 동의나 공감의 표시
  : 고개를 끄덕거림, 눈빛이나 표정
- Interest 흥미를 보이기
  : 긍정의 반응으로 하나 더 맞장구치기
  "아 ~라는 거구나.", "그래서 어떻게 됐어?"
  상대의 말을 반복하거나 뒤의 상황이나 결과를 궁금해 한다.
- Look 눈맞춤을 잊지 말자.
- You 상대가 중심이라는 것을 몸소 보여준다.

나의 경청 점수는?

1. 상대를 이미 잘 알고 있더라고 선입견을 갖지 않고 상대의 말을 잘 들으려고 한다. (○ ×)
2. 상대의 말이 어렵거나 관심 없는 내용일지라도 집중하며 계속 듣는다. (○ ×)
3. 상대의 말이 답답하거나 나의 생각과 일치하지 않더라도 중간에 자르거나 막지 않는다. (○ ×)
4. 상대의 한풀이성 수다에 당장 해결책을 내놓으려 하기보다는 끝까지 잘 들어주는 편이다. (○ ×)
5. 상대가 나에 대한 지적이나 비판을 할 때 즉시 변명하기보다는 우선 상대방의 의견을 조용히 경청하고 이야기가 끝날 때까지 참고 기다리는 편이다. (○ ×)
6. 상대에 대한 개인적인 감정보다는 상대방이 지금 말하는 내용에 더 집중한다. (○ ×)
7. 대화 시 눈맞춤, 표정, 제스처 등을 통해 상대의 말에 경청하고 있음을 긍정적으로 표현한다. (○ ×)
8. 대화 시 상대가 말한 내용을 기억하기 위해 노력한다. (○ ×)
9. 상대의 말 이외의 신체적 반응을 통해서도 감정이나 기분상태를 눈치 챌 수 있다. (○ ×)
10. 상대가 말한 내용에 대한 판단을 내리기 전에 우선 그 의견 자체를 진심으로 수용하고 공감하려고 노력한다. (○ ×)

결과 분석 ○표 개수 × 10점

점수가 높을수록 경청 능력이 좋은 것이다. 내가 잘하고 있는 부분과 좀 더 신경 써야 할 부분은 무엇인지 살펴보자.

(출처 : 성공하는 직장인의 7가지 법칙 중에서)

갈등을 해소하는 대화법

레어드 화법

상대방이 정중한 응대를 받고 있다는 느낌을 받게 하는 화법을 말한다. 명령형을 청유형이나 의뢰형으로 바꾸어 조심스럽게 물어보듯이 한다.

"잠시만요." → "잠시만 기다려 주시겠습니까?"
"메모 남기세요." → "메모 남겨 주시겠습니까?"
"빈칸 채우세요." → "여기 빈칸을 채워 주시겠습니까?"

쿠션 화법

부탁을 해야 하거나 부정적인 말을 해야 할 때 쿠션과 같은 완충 역할로 부드러운 말을 먼저 하는 것이다. '바쁘시겠지만, 괜찮으시다면, 번거로우시겠지만, 힘드시겠지만, 죄송하지만' 등의 쿠션어가 있다. 쿠션어의 가장 좋은 활용은 호칭–쿠션어–청유형(의뢰형)이 순서이다.

"기다리세요." → "바쁘시겠지만 잠시만 기다려 주시겠습니까?"
"모르겠는데요." → "죄송합니다만 그 부분은 제가 아직 파악을 못했습니다."
"뭐라고요?" → "실례지만 다시 말씀해 주시겠습니까?"

Yes–but기법

- 상대가 자신과 의견이 다를 때 감정이 상하지 않게 말하는 화법이다.
- 이견이더라도 먼저 공감을 하고 자신의 생각을 제시하면 상대의 마음이 너

그러워진다.

● 언쟁이 생기지 않기 때문에 서로 다름을 인정하고 수용할 수 있다.

"아닙니다. 제가 조사한 바에 따르면…"
→ "네. 좋은 의견 감사합니다. 그런데 제가 조사한 바에 따르면…"

아론슨 화법

긍정의 내용과 부정의 내용을 같이 말해야 할 경우 부정의 내용을 먼저 말한 후에 긍정의 내용을 말하는 화법이다. 대부분 듣는 사람을 생각해서 긍정의 내용을 먼저 말하고 부정의 내용을 뒤에 말하는데 이럴 경우 긍정의 내용이 부정의 내용에 묻히고 만다.

상대가 의사결정이 필요한 경우이거나 상대를 설득해야 할 때 아론슨 화법을 사용하는 것이 좋다. 업무보고를 하는 경우에도 부정적인 내용을 보고한 뒤 긍정적인 내용을 보고하면 전체적으로 업무의 긍정적인 면이 부각된다.

"이 카메라는 최고급 사양인데 가격이 너무 비싸."
→ "가격은 너무 비싸지만 최고급 사양임에 틀림없어."

"이번 시제품이 시장점유율 1위를 차지했습니다. 하지만 경기침체 등 전반적인 사항으로 순이익이 높지는 않습니다."
→ "경기침체로 순이익이 높지는 않습니다. 하지만 이번 신제품이 시장점유율 1위를 차지했습니다."

I-Message

- 자신을 주어로 해서 진실한 감정을 솔직하게 표현하는 의사소통기술이다.
- 아무리 잘못한 사람이라도 비난의 화살에 언짢아지는데 '나' 전달법은 상대의 반감이 사라지는 효과가 있다.

- You-message는 상대에 대해 단정을 짓고 평가를 해서 비난과 비판이 될 확률이 높다. 그래서 상대의 반감을 산다.

You-message "너 왜 그렇게 음악을 크게 틀어 놓은 거야?
음악 소리 때문에 공부에 집중할 수가 없잖아." 반감 (○)

- '나' 전달법의 단계는 행동(상황)－영향－감정 또는 영향－행동(상황)－감정의 순서로 이루어진다. 마지막에 바람을 말하기도 한다.
  - 행동 : 상대의 행동을 비난이 섞이지 않는 객관적인 표현으로 설명
  - 영향 : 그 행동이 주는 영향을 밝히는 것
  - 감정 : 상대의 행동에 대해 느끼는 감정 표현
  - 바람 : 상대가 어떻게 해주면 좋겠다는 자신의 바람 언급

"네가 틀어놓은 음악 소리가 나한테는 너무 크게 들려서(행동 or 상황)
업무에 집중할 수가 없다.(영향)
오늘 마감인 과제를 완성할 수 없을 것 같아 걱정이야.(감정)"

"오늘이 마감기한인데 집중할 수 없을 만큼(영향)
음악소리가 너무 큰 것 같아.(행동 or 상황)
내가 좀 초조한데(감정)
소리 좀 줄여 줄래?(바람)"

❍ I-Message의 장점

관계 회복 화법

● 잘못을 솔직하게 인정하고 사과한다.

솔직하게 인정하고 사과하면 상대의 화도 누그러진다. 하지만 무조건 잘못했다는 저자세나 무엇이 화난지도 모른 채 잘못했다는 태도는 좋지 않다. 또 핑계를 대거나 변명을 하는 것도 오히려 화를 돋운다. 상대가 화난 자신의 행동이나 상황에 대해 분명하게 알고 사과해야 한다. 무엇보다 실수를 알아차린 즉시 대화를 시작한다.

"그 점을 내가 미처 확인을 못한 것 같아. 미안해."
"그건 제가 실수한 것 같습니다. 죄송합니다."

● 분노의 감정에 공감한다.

틀에 박힌 말이나 감정이 없는 목소리 등 형식적으로 사과하면 상대는 더 기분이 나빠질 수 있다. 사과 이전에 상대가 화난 부분에 대해 충분히 공감하고 그런 모습을 보여줘야 한다. '저도 당신 입장이라면 그럴 거예요.'라는 메시지를 전달한다. 상대가 공감한 것을 알면 화가 가라앉기 시작한다.

● 분노의 에너지에 대꾸하지 않는다.

화가 난 사람은 모욕적인 말을 할 수가 있다. 이때 대꾸하기 시작하면 더 큰 싸움이 일어나 관계를 회복하기 위해서 더 많은 노력을 기울여야 한다. 또한 상대가 화를 내는 것은 당연한 상황일 수도 있으니 상대의 입장이 되어 생각해본다.

MBC실험카메라에서 10일 동안 두 양파에게 말을 건넸는데 한 양파에게는 “사랑합니다.”, “고맙습니다.”와 같이 따뜻한 말을, 다른 양파에게는 “너 미워!”, “왜 이렇게 못 생겼니.” 등과 같은 차가운 말이었다. 바른 말, 고운 말을 먹고 자란 양파는 싱싱하게 자랐으며 밉고 좋지 않은 말을 먹고 자란 양파는 작고 시들했다. 좋은 말은 비단보다도 따뜻하고 말로 입힌 상처는 창으로 찌르는 상처보다 깊다고 하더니 사람이 아닌 양파마저도 감정을 느끼고 성장에 영향을 미친 것이다.

생각해 보기

1. 상대에게 들었을 때 기분 좋은 말, 상처받는 말은?
2. 마음을 사로잡은 언어표현은 무엇이 있을까?
3. 상대와의 대화에서 화가 나는 상황이라면 어떻게 표현해야 할까?

PART 4

센스있는 현대인의 생활매너

예의는 남과 화목함을 으뜸으로 삼는다.

- 논어 -

Chapter 14
관람매너

인기 예능프로그램에 출연하고 있는 웹툰 작가 K. 그는 (본인이 출연하고 있는) 함께 출연하고 있는 친한 형이자 배우인 S가 모델로 서게 된 패션쇼에 셀럽(유명인)으로 와서 관람해달라는 초대를 받았다. 난생처음 패션쇼에 초대받은 K는 한껏 들뜬 마음으로 쇼가 열리는 현장으로 갔다.
패션쇼를 보는 것도 처음이지만 자신의 옆에 앉은 유명연예인을 보며 신기하기도 하고 낯설기도 해서 어색하게 인사만 나눈 채 어쩔 줄 몰라 하며 무대만 물끄러미 쳐다보고 있을 뿐이었다.

어느덧 시간이 지나 쇼가 클라이맥스에 오를 무렵 모델로 변신한 배우 S가 무대 중앙을 향해 걸어 나오는 모습을 본 K. 그는 너무도 반가운 마음에 두 팔을 머리 위로 올려 환호를 보냈다. 심지어 엄숙함을 깨고 한 그의 한마디 외침.

"형~~~ S형~~".

후에 예능프로그램 녹화스튜디오에서 이 장면을 함께 본 배우S는

"진짜 미쳐버리는 줄 알았다",
"거기서 내가 K한테 어, 그래~~ 안녕~~하고 인사하러 갈 수는 없잖아?"

라고 소감을 말해 출연진들에게 웃음을 자아냈다.

클래식이나 뮤지컬 등의 공연을 감상하고 전시회에서 그림이나 사진을 관람한다는 것은 지친 일상생활에 활력소를 주는 도심 속 여가생활이라 할 수 있다.

물론 충전을 위한 목적이기에 '내가 좋으면 그만이지'라는 생각으로 마음가는 대로 행동하고 즐기면 얼마나 좋겠냐만 여기에도 공연을 위해 열심히 준비한 출연자를 생각하는 마음, 관람하는 다른 사람들을 위한 배려, 그리고 전시된 작품을 제대로 감상하는 법 등 좀 더 센스 있고 성숙하게 즐기는 매너가 있다.

1 공연(클래식, 뮤지컬 등)

복장

- 클래식 공연을 제외한 다른 공연들은 지나치게 노출이 심하거나 트레이닝복에 슬리퍼 차림만 아니라면 깔끔한 차림의 캐주얼한 복장은 가능하다.
- 전통 클래식 공연관람 시 비즈니스 슈트, 즉 정장을 입는 것이 원칙이나 비즈니스 캐주얼까지 가능하다.
- 공연장에 입장하기 전에 코트나 부피가 큰 가방의 경우는 보관소에 맡기는 것이 좋다.
- 모자나 올림머리 등은 뒷사람의 시야를 가릴 수 있다.

시간준수

- 진행요원이나 방송에서 안내멘트를 하는 시간 내에 들어간다. 대개 공연 시작 전 10~15분 전부터 입장이 가능하다.
- 너무 이른 시간에도 출연자들의 공연준비로 입장하지 못하는 경우가 많다. 공연 시작 후엔 입장이 불가하다.
- 공연시간에 늦은 경우는 쉬는 시간(Intermission)을 이용해서 입장할 수 있다.

공연 전

- 공연은 지정된 좌석에서만 관람한다.
  임의로 자리를 이동하지 않고 다른 사람에게 자리를 바꿔달라고 요구하지 않는다.
  장애인이거나 노인은 양해를 구하고 주최측 사정에 따라 이동이 가능하다.
- 다른 관객이 착석 후에 안쪽 좌석에 착석할 경우 "실례합니다." 등의 양해의 말과 함께 들어가도록 한다.
- 남녀가 함께 올 경우 남성이 여성을 먼저 안내하고 자리에 착석한 후 남성이 앉는다.
- 음악을 듣고 오거나 팸플릿, 해설집 등을 공연 전에 읽어둔다.
  당일 공연의 프로그램이 생소하다면 미리 관련된 음악을 듣고 오거나 실황공연을 보고 오는 것이 좋다. 또는 연주자나 공연 배우 등 작품에 대한 설명을 미리 읽으면 공연을 즐기는 데 도움이 된다.
- 휴대전화는 미리 전원을 꺼둔다.
  실제로 뉴욕 필하모닉 오케스트라 공연 중에는 휴대폰 벨소리 때문에 공연이 중단되는 사태가 벌어지기도 할 만큼 소음은 공연에 큰 방해가 된다.
  * 뮤지컬 공연 등에서는 공연 전 배우가 직접 무대에 나와서 공연과 같은 이벤트 형식으로 관객에게 휴대폰을 꺼줄 것을 자연스럽게 유도하기도 한다.

공연 중, 공연 후

- 일행과 이야기하지 않는다.
  작은 귓속말이라도 조용한 공연 중엔 특히 더 크게 들릴 수 있어서 옆자리 관객뿐 아니라 출연진들에게도 방해가 될 수 있다.
- 공연 중 몸을 앞으로 숙이지 않는다.
  더 가까이 보고 싶은 마음에 몸을 앞으로 숙이면 뒷사람의 시야를 가리게 된다.
- 공연 중 사진 촬영하지 않는다.
  플래시가 터지거나 촬영 소리가 나면 집중해서 공연해야 하는 출연진들에게 실례가 될 수 있다.
  사진은 커튼콜이 올라가거나 사전에 허락 공지가 있을 시에만 촬영하도록 한다.
- 부득이하게 공연장을 출입하게 될 경우 최대한 자세를 낮추고 허리를 숙인다.
- 공연 중, 공연 후 박수로 호응한다.
- 출연자가 무대를 나가기 전에 먼저 나가는 것은 실례다.

잠깐!

공연장 하우스 매니저(세종문화회관, 예술의 전당 등)가 뽑은 관크 best 5

- '관크'란?
  '관람 방해꾼', '치명적인 방해 행위'
  관객의 관람을 방해하는 행위를 일컫는 신조어. 관객 크리티컬(Critical)의 줄임말. 게임에서 결정적 피해를 보는 것을 일컫는 용어인 크리티컬(Critical), 일명 '크리'가 공연계로 넘어와서 쓰임

1. 시야(모자 · 올림머리 · 휴대전화 액정)
2. 소리(기침 · 괴성)
3. 냄새(음식 · 술 · 방귀)
4. 지각 관객임에도 당장 들여보내 줄 것을 요구하는 관객
5. 미취학 아동 입장 불가인 공연에 입장허가를 요구하는 관객

• 유형별 관크

	유형 이름	유형 설명
시각 방해꾼	수구리	시야를 가리는 관객. 등을 떼고 보거나 모자, 리본 머리끈과 같은 물건들을 착용
	폰딧불	핸드폰 액정 불빛으로 다른 사람들의 시선을 빼앗는 관객
	커퀴밭	커플 바퀴벌레의 약자로, 공연장에서 지나친 애정 행각을 하는 관객
	메뚜기관크	메뚜기처럼 빈자리를 찾아 이 자리, 저 자리 이동하는 관객
	레이트쇼	늦게 나타나서 가운데 자리로 들어가거나 자리를 찾느라 여기저기 돌아다니는 관객
청각 방해꾼	붕어관크	소리 없이 대사나 노래를 따라 하거나 발을 구르는 관객
	설명충	장면마다 설명을 덧붙이는 관객

공연 별 박수 시기

- 지휘자와 연주자가 입장할 때
- 지휘자가 지휘봉을 완전히 내린 후
- 출연자의 인사가 있을 때
- 곡이 끝난 후 잠시의 여유를 가진 후
  끝나자마자 박수칠 경우 곡의 여운을 느끼기에 방해가 될 수 있다.
- 교향곡과 협주곡은 악장과 악장 사이에는 박수를 치지 않는다.
  이는 자신의 음악을 신성시 하는 작곡가 바그너가 연주의 흐름을 깨고 연주자에게 방해가 된다는 이유로 금지시킨 것에서 시작됐다.
- 발레와 오페라는 사이 박수가 가능하다.
  발레리나(노)의 멋진 동작을 보고 박수를 치면 배우들은 더 힘이 난다.
  오페라는 서곡, 아리아, 중창, 합창 등이 끝날 때 언제든 박수를 쳐도 좋다.
  아리아, 중창이 끝난 후 박수가 터지면 주역 가수는 정지 상태에서 박수 소리가 사라질 때까지 기다린다.

• 판소리공연에서는 공연 중에라도 "얼쑤", "잘한다", "그렇지" 등의 호응을 보이면 좋다.

브라보라 부르고 앵콜이라 외친다.

보통 클래식 연주나 뮤지컬 끝난 후 공연에 만족하거나 감동할 때 "브라보"라고 하기도 하고 "앙코르"라고 하기도 한다. 그렇다면 어떤 것이 맞는 것일까?
브라보를 먼저 외쳐서 찬사를 보낸 후에 앙코르를 요청하는 것이 좋다.
브라보도 출연자에 따라 다르게 외칠 수 있다.

- 브라보(Bravo) : 주체가 남성일 경우
- 브라바(Brava) : 여성일 경우
- 브라비(Bravi) : 남녀 혼성이나 단체일 경우

이탈리아어로 브라보, 브라바, 브라비는 각각 '잘한다, 좋아' 등의 뜻을 지닌 갈채를 의미한다.
이런 환호는 발레에서도 마찬가지다. 발레리노일 경우 "브라보", 발레리나는 "브라바", 혼성일 경우 "브라비" 하고 환호를 보내주면 된다.
현대에 와서는 통상적으로 브라보라는 말로 호응을 하고 있다.
단, 바흐의 [마태 수난곡] 같은 엄숙한 종교 음악과 같은 경우 "브라보"는 외치지 않는 것이 매너라 할 수 있겠다.
우리가 "앵콜"이라고 하는 말은 불어의 앙꼬르(Encore)에서 온 말로 "다시"라는 뜻이다.
멋진 공연을 해줬을 때 지금 부른 곡을 다시 한번 불러달라고 요청하는 의미로 "앵콜" 또는 "앙코르"라고 외친다.
그럼 연주자들은 마지막 곡을 다시 연주하거나 공연 중에 가장 호응이 뜨거웠던 곳을 연주해 주는데 아예 새로운 곡을 연주해 주기도 한다.
지휘자나 연주자가 퇴장을 하더라도 계속해서 열심히 박수를 쳐주고 다시 나올 수 있게 유도를 하는 것도 관객들의 매너라고 할 수 있겠다. 사실 대부분의 연주자들은 앙코르 곡을 2~3곡 준비해 놓는다. 앙코르가 나오지 않으면 오히려 서운해 할 수 있다. 그러나 모든 연주자들이 앙코르 요청에 응해주는 것은 아니다. 출연진과 공연장의 사정에 따라 프로그램 순서에 있는 예정된 공연만 할 수도 있으니 서운해 하지 않는 것이 좋겠다.

#1. 한 기업이 후원한 신년음악회에 있었던 일이다.

신년음악회이니 만큼 클래식에 대한 견해가 없어도 아무나 부담 없이 즐겨야 한다는 회장의 뜻에 따라(오케스트라연주, 그리고 성악가와의 협연, 그리고 합창단의 공연까지 다채롭게 구성된 가운데) 광고와 인기 드라마에서 나왔었던 꽤나 익숙한 곡들로만 진행이 됐다. 준비된 프로그램이 끝난 후 관객들이 자리에서 일어나려는데 회장이 나와서는
"공연 재미있으셨습니까? 아쉬우시죠? 앙코르를 좀 요청할까요?"라고 했고 관객들은 자리에 다시 앉아서 보너스 공연을 즐기게 됐다.
'그리운 금강산'과 '애국가'까지 두 곡이 끝나고 난 후 관객들은 여기저기서 일어나 나가기 시작했다.
이를 본 회장은 "여러분 아직 안 끝났습니다. 앉아주세요. 앙코르 곡이 더 남았습니다. 앉아주세요."
어찌나 애잔하던지. 관객은 공연이 끝나고 출연진들이 무대를 완전히 나가기 전까지 기다려 주는 매너를 보여야 했다.
연주를 하는 이들도 동냥하듯 앙코르를 받는 것 같아 자존심이 상하지는 않았을까?

#2. 한 성악가의 독창콘서트에서 있었던 일이다.

'투우사의 노래'를 부르는 성악가가 노래를 부르기 전에 관객들에게
"여러분. 저는 성악가가 아니라 투우사입니다. 투우사가 소와의 싸움을 잘 할 수 있도록 다 같이 응원을 해주셔야 하겠죠? 만약 응원이 약할 땐 투우사가 그냥 나가버릴 수도 있습니다."라고 말했다. 그리고는
"제가 사인을 주면 여러분은 두 손을 들며 "올레"를 외쳐주시면 됩니다. 자… 그럼 한번 해보겠습니다. 오른쪽~~, 왼쪽~~~, 다음엔 가운데~~~
아주 잘하셨습니다. 다음엔 2층~~, 3층도~~~
다시 한번~~~"
이렇게 좌석의 층별로 구간별로 한 10분이 넘게 반복해서 리허설을 시킨 것 같다. 꽤 오랜시간 동안 반복됐기에 조금은 성가시거나 지루할 법도 한데 연습 때도 실제 공연 때도 관객들은 하나같이 "올레"를 흔쾌히 외쳤다.
이날 공연은 성악가와 함께 호흡하며 만들어낸 음악회였고 관객들의 매너는 더할 나위 없이 훌륭했다.

기억하자! 무대 위 출연자들은 관객의 박수와 호응으로 산다는 것을.

2 전시회

- 다른 사람에게 방해가 되지 않게 조용히 감상한다.
- 작품에 대해 함부로 비평하지 않는다.
  시각적 견해는 다를 수 있으니 작가의 의사를 존중한다.
- 작품에 손을 대거나 너무 가까이서 들여다보지 않는다.
  작품에 손상이 가거나 다른 관람객의 시선까지 가릴 수 있다.
- 여러 관으로 나눠져 있을 경우 관람 순서를 안내하는 화살표를 따라 이동한다.
- 도슨트(작품 해설가)가 있을 경우 설명을 들으면 작품을 이해하는 데 도움이 된다.
- 너무 한 작품에 오래 머물지 않도록 한다.
- 몰래 사진촬영을 하지 않는다.
  사진촬영이 가능한 전시회나 일부 허락된 사진에 한해서는 촬영이 가능하다.

3 스포츠

영화 '해운대'의 배우 설경구가 야구경기를 관람하는 장면을 촬영할 때였다. 촬영은 현장감을 위해 실제 롯데와 삼성이 경기를 하고 있을 때 진행이 됐다. 설경구 역시 롯데 극성팬의 모습을 제대로 연출하기 위해 실제로 소주 한 잔을 마시고 촬영했다.
롯데가 지고 있는 상황에서 영화감독은 설경구에게 그물에 올라서서 이대호 선수를 욕하라고 했고 실제 프로야구 경기 도중 이대호 선수에게

"이대호 이 돼지**야! 오늘 병살타 많이 치니까 배부르냐?"

등의 거침없는 욕설을 했다. 이를 들은 이대호는 몹시 불쾌한 표정을 하며 마치 싸울 듯한 기세로 관중석의 설경구를 한참을 바라봤다.
촬영이 끝난 후 미안하다고 이야기했지만 이대호 선수는 설경구를 외면했다. 후에 인터뷰에서 이대호는 "아무리 연기지만 진짜 감정 이입돼서 화가 났다."라는 그날의 심정을 얘기했다.

주말이 되면 야구장으로 축구장으로 내가 좋아하는 팀을 응원하며 환호하면서 한 주간의 스트레스를 해소하려는 사람들이 몰린다. 스포츠를 직접 즐기는 것과 경기를 관람하는 것은 현대인들이 가장 쉽게 접할 수 있는 여가생활이다. 열정을 발산하는 것도 중요하고 스트레스를 해소하는 것도 좋지만 그 가운데서 보여줘야 할 성숙한 시민의 관람매너가 존재한다.

- 경기의 규칙이나 특징 등을 사전에 알고 간다.
- 상대팀이나 성적이 부진한 선수에게 야유를 보내지 않는다.
- 경기가 마음에 들지 않는다고 휴지, 음료캔 등을 던지지 않는다.
  경기장에 던져야 할 것은 쓰레기가 아닌 선수를 향한 응원뿐이다.
- 주류는 반입이 허용된 곳에서만 가져가고 지나친 음주는 삼간다.
- 경기 중에는 자리를 이동하지 않는다.
- 골프 관람(갤러리)시 정해진 관람 선을 침범하지 않는다.
- 환호성을 할 때와 정숙할 때를 분별할 줄 알아야 한다.
  올림픽에 출전하는 양궁, 사격, 역도 선수들은 현장적응을 위해 소음훈련을 따로 받는다.
  작은 소음 하나에도 경기에 지장을 초래할 수 있으므로 각별히 조용해야 한다.

생각해 보기

1. 클래식 공연 관람 매너 중 새롭게 알게 된 매너는 무엇인가?
2. 성숙한 관람문화 정착을 위해 가장 노력해야 하는 부분은 무엇일까?
3. 온라인상에서 지켜야 하는 가장 중요한 매너는 무엇일까?

Chapter

경조사매너

살아가면서 우리는 주변 지인들의 생일, 결혼, 출산, 입학, 졸업식, 취업, 승진, 대회 입상 등의 경사스러운 소식을 듣게 된다. 그런가 하면 사고를 당했다거나 병을 앓고 있는 관계로 병원 신세를 지고 있다는 소식, 또는 부고(訃告) 등과 같은 안타까운 소식을 들을 때도 있다. 이 모든 일에는 진심으로 축하와 위로의 인사를 전하는 것이 인지상정(人之常情)이다. 경사와 조사 모두 당사자를 직접 만나서 안부를 묻는 것이 예의나 특히 안타까운 일에는 반드시 직접 가서 슬픔을 함께 나눠야 하는 것이 우리나라의 정서이자 오래된 문화라 할 수 있다.

1 조문 및 병문안

부고를 받을 시

- 가능한 빠른 시일 내에 방문한다.
  부득이한 경우 문자나 전화로 사유와 함께 위로의 말을 전한다.

평소 친한 사이라도 이모티콘이나 가벼워 보이는 말은 삼간다.
- 유족에게 많은 말을 걸지 않는다.
- 지나친 음주를 하지 않는다.
- 큰소리로 이야기하거나 지인을 볼 경우 큰소리로 부르지 않는다.
- 부의금(조의금)은 상주에게 직접 전달하지 않고 문상을 마친 후 부의함에 넣는다.
  들어가기 전에 방명록 접수와 함께 접수부에 전달하는 경우도 있다.

조문순서

- 입구에서 외투나 모자 등은 벗고 옷매무새를 갖춘다.
- 조객록에 이름을 적는다.
- 상주에게 인사한다.
  인사는 조용히 목례만 한다.
- 영정 앞에 분향이나 헌화를 한다.
  향을 끌 때는 입으로 불지 않고 손가락으로 지그시 눌러 끄거나 손으로 부채질해서 끈다. 헌화는 꽃봉오리가 영정을 향하게 두 손으로 공손히 단에 놓는다.
- 영정에 절을 한다.(2회)
  기독교와 같은 종교를 가진 조문객은 기도를 한다.
- 상제와 맞절한다.
  기독교와 같은 종교를 가진 조문객은 상제와 서로 목례를 한다.
  * 상주는 유가족 중 장자, 상제는 유족 모두를 뜻함
- 조의금(부의금)을 조의함(부의함)에 넣는다(요즘은 조객록을 적을 때 함께 하기도 한다).

잠깐!

장례식에 어울리는 복장은?

엉뚱하기로 소문난 팝 아티스트 N양이 모 연예인의 장례식에 몸에 딱 붙는 흰색 진 바지에 오렌지색의 깊게 파인 브이넥셔츠를 입고 가서 화제가 된 적이 있다. 급하게 가게 되는 경우라도 복장은 꼭 지켜야 할 에티켓이다.

- 남성의 복장은 검정색 정장에 검정색 넥타이, 흰색 셔츠를 입는다.
  만약 검정색 정장이 준비가 안됐다면 감색이나 회색도 가능하다.
- 여성의 복장은 검정색 계열로 입고 짧은 치마와 짙은 화장은 피한다.
- 화려한 색상이나 무늬양말, 또는 맨발은 피한다.

병문안

- 가능한 빨리 찾아가서 안부를 묻는다.
  단, 큰 수술을 한 경우는 2~3일의 회복기를 거친 후에 방문하는 것이 좋다.
- 문병시간은 오전 10~11시나 오후 3시 전후로 가는 것이 적당하다.
  그 외 의사 회진시간이나 식사시간 및 치료시간은 피하고 병원에서 지정된 시간 및 금지시간이 있는지 미리 확인하는 것이 헛걸음을 줄일 수 있는 방법이다.
- 환자 또는 가족에게 희망 시간을 확인하는 것이 좋다.
  잇따른 문안객들의 방문은 환자가 쉬지 못하고 피곤해 할 수 있다.
- 병실을 들어갈 때는 손을 꼭 씻고 들어간다.
  환자는 병균에 특히 약하기 때문에 감염의 위험이 있을 수 있다.
- 환자가 좋아할 만한 선물을 챙긴다.
  병문안엔 다과, 음료 등 중복되는 선물이 많기 때문에 가까운 사이라면 따로 필요한 것이 있는지 물어보는 것도 방법 중 하나다.

- 복장은 어두운색 계열의 옷보다는 밝은색을 입는 것이 좋다.
  단, 너무 화려한 색상의 옷은 피한다.
  어두운 복장은 장례식을 연상시키게 되므로 환자를 더 우울하게 할 수 있다.
- 병실에서는 장시간 머무르지 않고 큰소리로 떠들지 않는다.
  환자들은 예민하다. 특히 다인실인 경우 다른 환자에게 불편을 초래할 수 있다.
  오래 머물게 되는 경우 환자의 거동이 가능하다면 휴게실이나 병원 내 카페를 이용한다.
- 향기가 너무 지나친 꽃, 쉽게 시드는 꽃은 피한다.
- 너무 걱정하는 말보다는 가급적 즐겁고 희망의 말을 전한다.
  아무리 생각해서 해주는 말이라도 환자에겐 오히려 근심이 될 수 있다.

잠깐!

병문안 조문 시 어떤 인사를 해야 할까?

병문안 시	조문 시
• 좀 어떠세요? • 소식 듣고 많이 걱정했습니다. • 이만하길 다행입니다. • 좀 나아지셨다고 하니 감사한 일이네요. • 전보다 얼굴이 좋아 보이시네요. 곧 완쾌하실 것 같은데요. • 주변에도 비슷한 병명(부상)을 갖고 있는 지인이 있었는데 곧 회복됐습니다.	• 뭐라 드릴 말씀이 없습니다. • 삼가 조의를 표합니다. • 상심이 크시지요. • 무언의 위로 - 목례, 위로의 포옹
삼가야 할 인사	
• 얼굴이 말이 아니에요. 많이 야위셨습니다. • 이렇게 다치시고(이런 병에 다 걸리시고) 정말 어떻게 하면 좋아요? • 안녕하세요, 안녕히 계세요.	• 어떻게 돌아가셨나요? 자세히 좀 얘기해 보세요. • (오랜 투병 후) 그렇게 고생하시더니 잘 가셨네요. • (오랜 투병 후) 이제 좀 한시름 놓으시겠습니다.(편해지시겠습니다.) • 고생하세요. 수고가 많으십니다.

2 경사

결혼식 매너

뇌섹남으로 활약하고 있는 연기자 K씨가 친한 동생의 결혼식에서 참석했었다. 식이 한참 진행된 후에 들어왔음에도 불구하고 마치 "나 연예인이야~~"를 티내는 듯이 라이더자켓에 청바지를 입고 나타난 것이다. 아무리 유명브랜드에 비싼 옷이라 할지라도 결혼식에 맞는 옷이 있는 것이다. 최소한의 격식을 갖춘 복장을 하고 참석하는 것이 예의다.

- 결혼식엔 반드시 정장을 입는다.
- 흰색의 옷은 피한다.
  이날은 특히 신부가 빛나야 하는 날이므로 같은 색의 흰색을 입는 것은 신부를 배려하지 않는 행동이라 할 수 있다.
- 결혼식장에서 신랑 신부의 과거 연애 이야기 험담을 하지 않는다.
  주변에 가족이나 친지가 앉아 있을 수도 있다.
- 정시보다 일찍 도착해서 혼주(婚主)나 신랑 신부를 직접 만나서 축하인사를 건넨다.
- 본식을 참석하지 않는 채 식사만 하는 것은 실례가 된다.
- 가까운 사이라면 직접 필요한 목록을 물어 본 후 선물을 해주는 것도 좋은 방법이다.

❍ 각 주년 별 결혼기념일의 의미와 선물

결혼 후 특정한 주년(週年)마다 부부의 건재함을 축하하는 날로 경사 중에 대표 기념일이라 할 수 있다.

19세기 중엽의 영국 문헌에 의하면, 결혼 후 5년째는 나무[木], 15년째는 동(銅), 25년째는 은(銀), 50년째는 금(金), 그리고 60년째는 다이아몬드로 의미를 부여해서 5회로 기념했으나 미국에서는 75년째를 다이아몬드 결혼기념일로 정하고 기념하고 있다.

미국은 결혼기념일에 파티를 여는데 1~5년째까지는 매년, 그 이후는 5년마다 베푼다. 그 밖의 경우는 하고 싶은 가정에 따라서 소소한 축하모임을 갖기도 한다.

우리나라는 해로한 부부가 혼인한 지 60년째에 회혼례(回婚禮)를 올리는데 주로 자손들이 그 부모를 위해 베푼다.

결혼기념일에는 보통은 남자가 여자에게 선물하는 것이 풍습이었으나 요즘은 서로에게 선물을 주거나 가족이나 친척, 또는 지인들이 축하의 선물을 해주기도 한다.

주년	이름	선물	의미
1	지혼식(紙婚式)	그림이나 책 등의 종이로 된 선물	종이에 먹물이 마르지 않은 상태
2	고혼식(藁婚式)	밀짚, 무명으로 된 상품	지푸라기 구멍으로 의사소통이 이루어지는 상태처럼 서로 다름을 알아가는 시기
3	과혼식(菓婚式)	사탕이나 과자	둘 사이에 열매가 맺히듯 달콤한 사이
4	혁혼식(革婚式)	가죽으로 된 제품	생가죽을 맞대고 산 날이 꽤 되니 마음도 맞을 때가 됨
5	목혼식(木婚式)	나무로 만들어진 장식품	나무토막같이 무감각해질 수 있는 시기 거름을 주고 물을 주듯 가꿔야 함
7	화혼식(花婚式)	꽃다발, 또는 꽃으로 만든 상품	물을 주고 꽃이 피기 시작하니 시들지 않게 하기 위해 노력함
10	석혼식(錫婚式)	주석, 알루미늄 제품	결혼 때 산 놋그릇에 녹이 났으니 녹이 슨 부부사이도 갈고 닦아 새롭게 함
12	마혼식(麻婚式)	비단, 마, 삼베 제품	씨실과 날실을 짜서 엮듯 정성들여 가정을 만들어감

15	동혼식 (銅婚式)	수정으로 만든 제품	희로애락을 함께하며 영롱한 보석을 만드는 시기
20	도혼식 (陶婚式)	도기로 된 제품	한번 금이 간 건 없어지지 않으니 서로 상처나지 않게 조심함
25	은혼식 (銀婚式)	은제품	백년해로 중 4분의 1을 산 의미있는 시기 은쟁반에 얼굴을 비치면 서로의 풍파와 세월의 흔적이 보임
30	진주혼식 (眞珠婚式)	진주로 만든 보석제품	조갯살 속의 상처가 진주로 승화하듯 그동안의 상처는 흔적조차 없고 아름답게 보일시기
35	산호혼식 (珊湖婚式)	산호, 비취	해변의 휴양지에서 자유롭게 누릴 수 있는 시기
40	홍옥혼식 (紅玉婚式)	루비제품	따뜻한 햇살과 바람을 맞은 빨간 사과처럼 아직도 열정을 발산하기 충분함
45	녹옥혼식 (綠玉婚式)	사파이어제품	초록으로 무성한 잎을 드리는 여름날 고목처럼 부부가 많은 사람에게 생기를 전해주는 시기
50	금혼식 (金婚式)	금제품	반백년을 함께 한 금과 같이 귀한 사이
55	취옥혼식 (翠玉婚式)	에메랄드	항상 푸르른 봄날의 기운처럼 영원히 건강하고 행복한 날을 갖는 시기
60	회혼식 (回婚式)	다이아몬드	가장 귀한 보석과 같이 존경과 찬사를 받기에 부족함이 없음
75	금강혼식 (金剛婚式)		시간이 지나도 변하지 않는 보석처럼 둘의 사랑도 영원함

출산, 돌잔치

❍ 출산

- 병원이나 산후조리원은 가까운 사이가 아니라면 직접 방문은 자제한다. 방문 시에는 산모의 상태를 먼저 확인한다.
- 출산 후 2~3일 정도까지는 전화보다는 문자로 축하인사를 남긴다. 전화는 충분한 수면을 필요로 하는 산모에게 방해가 될 수 있다.
- 출산 직후에는 산모를 위한 꽃바구니, 과일이나 디저트 등의 선물이 적당하다.

- 자택 방문은 1개월 정도의 시간 경과 후에 하는 것이 좋다.
  * 우리나라는 삼칠일이라 해서 한 달 정도의 회복기간을 갖는 전통이 있다.
- 여성의 경우 긴 머리는 묶어주고 손톱은 깔끔하게 정리한다.
  아이를 직접 보게 될 경우 청결과 안전을 생각하기 위함이다.
- 방문시간은 30분에서 1시간을 넘기지 않는다.

❍ 돌잔치

- 돌잡이 이벤트나 사회자의 진행 시 자리를 비우지 않는다.
  함께 축하해 주는 자리이므로 음식을 뜨러 가거나 지인들과의 인사 등으로 자리를 이동하는 것은 예의가 아니다.
- 선물은 필요한 품목 있는지 물어 본 후에 사주는 것이 좋다.
- 아이에게는 후에 기념이 될 만한 축하카드나 방명록에 글을, 부모에게는 그동안의 수고를 인정해 주는 인사를 함께 전하는 것이 좋다.

각 상황별 인사문구

상황	인사문구
환갑, 고희 등	회갑(고희)을 진심으로 축하드립니다. 항상 건강하시기를 기도드립니다. 회갑(고희)을 경축 드립니다. 만수무강 하세요. 회갑(고희)을 진심으로 축하드리며 건강하시고 복된 날 보내시길 바랍니다. 회갑(고희)을 축하드립니다. 백년해로하시기를 기원합니다.
개업	개업을 축하하며 번영을 기원합니다. 개업을 진심으로 축하합니다. 개업 축하드립니다. 뜻하신 일 모두 성취하시기 바랍니다. 축하드립니다. 대박나세요. 개업 축하합니다. 사업의 무궁한 발전을 기원합니다. 개업 축하드립니다. 앞으로 하시는 모든 일 잘되시길 기도합니다.

승진/영전	승진을 축하드립니다. 앞날의 더 큰 영광을 기원합니다. 승진을 축하드리며 앞으로 더 승승장구하시기를 진심으로 기도합니다. 그동안의 열정과 노력으로 승진하신 걸 축하드립니다. 이번을 계기로 더욱더 발전하시기를 기원합니다. 영전 축하드립니다. 높으신 뜻 새롭게 펼치시길 기원합니다. 영전 축하드립니다. 계획하신 모든 일이 모두 이루어지시길 기원합니다. * 승진(昇進): 어떤 조직에서 직급이나 직위가 오를 때 쓰는 말 영전(榮轉): 전보다 더 좋은 자리나 직위로 옮길 때 쓰는 말
취임/퇴임	취임을 축하드립니다. 앞으로 더 큰 뜻을 펼치시길 바랍니다. 취임을 축하드리며 앞으로 더 무궁한 발전을 기원합니다. 영예로운 정년퇴임이 새 인생의 출발점이 되시기를 기도합니다. 명예로운 정년퇴임을 축하드립니다. 그간의 노력에 감사드립니다.
답례 인사	고맙습니다(감사합니다). 모두 염려해주신 덕분입니다. 이렇게 마음 써 주셔서 고맙습니다. 이렇게 신경 써 주셔서 감사합니다. 베풀어 주신 축하와 성의에 감사드립니다. 바쁘신데 찾아주셔서 감사합니다.

인사문구는 보통 꽃다발이나 화환을 보낼 때 쓰인다.

받는 이에게 더 특별하게 기억에 남고 싶다면 위의 문구를 참고로 진심과 개성이 담긴 나만의 인사카드를 선물상자에 넣어주는 센스를 발휘해 보는 것도 좋은 방법이 될 것이다.

3 선물

가난한 부부 델라와 짐은 집안형편이 예전보다 더 어려워졌음에도 불구하고 사랑만은 여전한 부부다.
그러나 다가오는 크리스마스를 앞두고 아내 델라는 고민에 빠지게 된다.
선물을 살 돈 한 푼 없는 델라는 결국 자신의 머리카락을 팔아 남편이 갖고 있는 시계줄 없는 금시계에 어울릴 만한 시계줄을 사서 남편에게 선물한다.
선물을 받은 남편의 복잡한 표정을 본 델라는 근심한 듯 묻는다.
"왜 그래요? 짐 시계줄이 마음에 안 드나요?"
남편 짐은 잠시 고민 끝에 선물을 아내에게 내미는데 선물은 다름 아닌 아내의 긴 금발머리에 꽂을 예쁜 머리핀 세트였다.
둘은 서로의 사랑을 확인하게 된다.

이 선물들이 쓸모없다고 누가 그래요? 이 시계줄이 없었다면 당신이 나를 이렇게까지 사랑한다는 것을 내가 어떻게 알았고, 또 이 핀들이 없었다면 내가 당신을 얼마나 사랑하고 있는지를 어떻게 당신에게 보여줄 수 있었을까?
이번 크리스마스는 정말 즐겁고 행복한 크리스마스네요.

- 오 헨리 단편소설 「크리스마스 선물」 중

- 선물의 목적과 받는 이의 기호를 생각한다.
- 시기와 상관없이 반가운 것이 선물이지만 선물도 타이밍이 중요하다.

 * 설, 추석 등의 명절 : 명절 전 여유있게
 생일 : 당일
 승진 : 소식을 들은 바로 직후, 가급적 빠른 시기
 승진 후 다른 부서나 지역으로 간다면 첫 출근 전에
 부임장소에 도착하게 하는 것도 좋은 방법

- 옷, 액세서리 등을 선물할 때는 신중해야 한다.
  내 취향이 아닌 상대의 취향에 맞춘 선물을 해야 한다. 상대의 취향을 모를 경우 피하는 것이 좋다.
- 선물의 포장 시 가격표는 떼어졌는지 확인한다.
  간혹 비싼 물건임을 나타내기 위해 가격표를 그대로 두는 경우가 있는데 오히려 부담을 느낄 수 있다.
- 축하, 감사 등의 내용의 글을 직접 써서 함께 동봉하도록 한다.
  주는 이의 마음이 느껴질 수 있어서 선물의 가치가 더해질 수 있다.

선물은 받을 때도 기본적으로 알아야 할 매너가 있다.

- 즉시 감사의 인사를 전한다.
- 선물은 받은 자리에서 반가움과 궁금함을 갖고 풀어보는 것이 예의다.
  그렇지 않을 경우 선물 준 사람은 상대가 달갑지 않아 하는 것으로 오해할 수 있다.
- 선물이 마음에 들지 않을 경우에 노골적으로 표현하지 않는다.
- 택배로 받을 경우 받은 후 즉시 잘 받았다는 인사를 전한다.
  연락이 없을 때는 잘못갔거나 제때 도착하지 않았다는 염려를 할 수 있다.
- 받은 선물을 다시 다른 사람에게 주지 않는다.
  받는 이의 정성을 무시하는 것이 된다.

선물과 뇌물의 차이는?

영국의 기업윤리연구소가 정의한 선물과 뇌물의 차이

첫째, 물건을 받고 잠을 잘못 이루면 뇌물, 잘 자면 선물
둘째, 언론에 발표됐을 때 문제가 되면 뇌물, 그렇지 않다면 선물
셋째, 자리를 바꾸면 못 받는 것은 뇌물, 자리를 바꿔도 받을 수 있으면 선물

선의로 받으면 선물, 받고 고뇌하면 뇌물, 서서 받으면 선물, 앉아서 받으면 뇌물, 잠이 잘 오면 선물, 설치면 뇌물이라는 직장인들 사이의 유머가 있다.
마음을 감동시키고 그 마음까지 살 수 있는 진정한 의미로서의 선물을 하는 건 어떨까?

생각해 보기

1. 장례식장에서 신경써야 할 매너는 무엇인가?
2. 병문안을 가거나 안 좋은 일을 당한 사람에게 해 줄 위로의 말은?
3. 축하의 인사를 전해야 할 사람이 있다면 어떤 인사가 가장 좋을까?

Chapter

교통매너

1 운전

"우리 붕붕이. 이제 달려볼까?"
흰색 망사 장갑과 선글라스로 한껏 멋을 낸 천송이는 핸드백은 사이드미러에 걸어놓은 채 도심 속 도로를 달리기 시작한다.
"♫천송이가 랩을 한다. 쏭~쏭~쏭~~
내 이름은~~~ 천. 송. 이. 우리 언니~~~ 만. 송. 이.~~~♫"
차선을 밟고 두 개의 차선을 장악하며 신나게 달리고 있을 무렵 주변에 다른 차들은 계속 경적을 울리는데 천송이는 천진난만하게
"네~~ 안녕하세요. 천송이에요…
아~~ 오랜만에 나왔더니 이렇게 격하게 인사를 해주네"
자기 차를 가로질러 차선을 바꾸며 가는 차들을 보고 하는 천송이의 한마디
"누가 운전을 개발새발 하나보네. 하여튼 운전 못하는 것들은 끌고 나오지 말아야 해."

- 드리마 '별에서 온 그대' 중에서

"내가 이러려고 면허를 땄나. 자괴감이…", "괜찮아요? 초보라서 많이 놀랐죠?" "거북이도 내가 답답하대.", "내 차도 내가 무섭대요."

이 문구들은 도로교통공단에서 주최한 초보운전 스티커 문구공모에 당첨된 문구들이다. 이것들만 보더라도 우리나라에서 초보운전자가 도로로 차를 갖고 나오는 것에 대해 얼마나 신경 쓰는가를 짐작할 수 있다. 물론 운전에 천부적 소질이 있고 경력 좀 된다는 운전자들의 입장에서 보면 본의 아니게 다른 운전자에게 피해를 입히는 초보운전자, 또는 차를 보지 못하고 지나가는 보행자를 본다면 그 마음이 얼마나 답답하고 화가 나겠냐만 반대로 내가 초보운전자였다면, 내가 보행자였다면 어땠을까?

운전에서도 역지사지의 배려문화가 필요하다.

- 소방차, 경찰차, 응급차 등의 급박한 상황의 차량에는 길을 양보한다.
  119구급대는 총 52만 8,247건 출동해 34만 3,497명의 환자를 이송했으며 하루 평균 1447건을 출동했다. 초로 환산하면 60초마다 한 건 꼴이다.(서울시 소방재난본부 2016년 통계)
  소방차와 같은 경우 골든타임 5분이 넘으면 불길은 걷잡을 수 없을 만큼 커진다. 현대판 '모세의 기적'이라 불리는 길 내주기 캠페인 활성화를 위한 운전자의 적극 협조가 필요하다.
- 운전 중에는 스마트폰을 보지 않는다.
  도로교통공단의 실험에 따르면 운전 중 스마트폰 사용에 대한 실험을 한 결과 시속 60㎞로 주행 중 2초간 화면 액정을 확인하는 시간을 가졌을 때 차량은 약 34m를 주행했다. 스마트폰을 사용하는 것은 눈을 감고 하는 졸

음운전과 마찬가지라고 보면 된다.(이데일리 2016.12.09)

미국 캘리포니아주 경우는 스마트폰을 손에 쥐고만 있어도 적발, 처벌이 가능하다. 우리나라도 한동안 스마트폰 사용 운전자를 철저하게 단속한 적이 있었다. 단속을 하기 때문에 자제하는 것이 아니라 내 안전을 위해, 다른 사람의 안전을 위해 스마트폰 사용은 자제하는 것이 좋다.

- 비상등으로 감사 혹은 사과의 의미를 표현한다.

  사고가 났을 경우 비상등을 켜고 이를 알리는 용도의 비상등이 있지만 끼어들기 양보를 받았거나, 무리하게 차선변경을 해서 뒤에 오는 차에게 피해를 주었을 때의 경우도 비상등을 활용한다.

- 난폭한 운전을 하지 않는다.

  한 해 난폭운전과 보복운전은 총 1만6천여 건이 접수됐다.(매일신문 2017.01.19) 난폭한 운전과 보복운전은 교통사고를 일으킬 뿐 아니라 살인에 이르는 인명사고로 이어지기도 한다.

- 차주라도 동승자가 있을 때는 금연을 하는 것이 좋다.

  비흡연자들에게 좁은 차안에서의 담배냄새는 특히 견디기가 힘들다.

  꼭 피우고 싶다면 양해를 먼저 구한 뒤 차문을 열고 최대한 짧은 시간을 활용한다.

- 사고 시 다른 차량의 진로를 방해하지 않도록 차를 가장자리로 이동 한 후 신속하게 처리한다.
- 차량의 과한 장식이나 소음은 다른 운전자의 운행에 방해가 될 수 있다.
- 물이 고여 있는 도로를 운전 할 시 서행하여 보행자에게 튀는 일이 없도록 한다.
- 낯선 곳에서 길을 물을 경우 감사 인사말을 전한다.

주행 시 매너가 있다면 주차 시에도 지켜야 할 매너가 있다.

- 주차라인 및 주차지역을 잘 준수한다.

  장애인용 주차공간과 소방차전용주차구역에는 주정차하지 않는다.

  소화전을 비롯한 소방용수시설 주변 5m 이내, 재래시장 · 상가지역상습불

법주차구간, 아파트 · 주택밀집지역 등 화재취약대상 및 화재경계지구 진입로 등에 불법주차 시 승합차는 5만원, 승용차는 4만원의 과태료가 부과된다.
긴급차량 출동을 고의적으로 방해하면 5년 이하의 징역 또는 3천만 원 이하 벌금이 부과될 수 있다.(도로교통법 제35조 3항 외)

- 집 앞이나 건물 등 사유지 주차장이 비어 있다고 임의로 주차하지 않는다. 부득이하게 주차 시에는 반드시 연락처와 이용시간 등을 남긴다. 사용 후엔 감사의 인사를 잊지 않는다.
- 이중 주차를 할 경우 핸들은 중앙에, 주차브레이크(parking brake, emergency brake)는 사용하지 않고 기어는 중립에 놓는다.
- 주차장에서 비상등을 켜고 주차하려고 하는 자리에 새치기 하지 않는다.
- 오른쪽 차량운전자가 문을 열 수 있는 공간의 여유를 두고 주차한다.

'운전스타일을 보면 그 사람의 인격이 보인다'는 말이 있다. 연애를 시작할까 말까 고민하는 상대가 있다면, 인사채용을 해야 하는데 지원한 사람의 인성이 궁금하다면, 아니면 사업이나 중요한 일을 함께 할 파트너에 대한 평소 인격이 궁금하다면 그 사람의 차를, 그 사람이 운전하는 차를 타고 한두 시간 함께 해 보는 것을 권한다. 평상시엔 아주 예의바른 모습, 차분한 모습을 보이다가도 운전대만 잡으면 돌변하는 사람들이 있다.

자주 급브레이크나 액셀을 밟는다거나 추월을 계속해서 가는 운전자, 경적을 자주 울리며 가는 운전자, 운행 도중 상대 차량에게 큰소리나 욕을 하는 사람이라면 고려해 보는 것이 좋다.

중국에는 만만디(慢慢的)라는 문화가 있다. 일을 천천히 여유를 갖고 하는 것을 말하는 것인데 우리나라도 운전문화, 운전의식만큼은 "빨리빨리" 문화에서 여유와 배려하는 마음으로서의 "만만디" 문화를 만들어가는 건 어떨까?

잠깐!

옐로카펫을 아시나요?

옐로카펫은 초등학교 인근 횡단보도에서 찾아볼 수 있는 아동 안전대기 공간이다. 아는 교통사고를 예방하기 위해 설치한 것으로 마치 그 모습이 도로 위에 카펫이 깔린 모습과 비슷하다고 해서 붙여진 이름이다.
옐로카펫은 어떤 원리에서 사고를 줄일 수 있는 것일까?

첫째, 횡단보도의 벽과 바닥에 펼쳐져 아동이 머무르고 싶게 만드는 넛지효과를 일으킨다.
둘째, 운전자는 횡단보도 진입부에 서 있는 아동을 잘 볼 수 있어 감속하게 된다. 실제로 옐로카펫이 설치된 곳에서 차량의 평균속도는 16km/h, 일반 횡단보도에서 차량의 평균속도는 33.6km/h를 주행한다는 결과가 나왔다.

(도로교통공단, 2017 연구결과)

출처: http://childmaeul.org

2 승하차

운전자가 해야 할 매너와 에티켓이 있다면 승·하차 시에도 지켜줘야 할 사항들이 있다.

우선 승차서열을 살펴보면 기사가 있는 경우와 자가운전일 경우로 나뉜다.

서열은 편리함, 안락함, 안전함을 고려해서 기사가 있는 경우 뒷자리 오른쪽, 왼쪽, 운전자 옆자리, 뒷자리 가운데 순이다. 자가운전자와 승차를 할 경우 운전석 옆, 뒷자리 오른쪽, 왼쪽, 가운데 순으로 앉는다. 일행이 운전할 때 무심코 뒤에 앉았을 경우 자신을 기사로 생각한다는 오해와 불쾌함을 줄 수 있으니 유념하는 것이 좋다. 만약에 동승자가 회사 대표나 스승, 집안 웃어른 등 자신보다 한참 윗분이라면 자가운전일지라도 뒷좌석 오른쪽으로 안내하는 것이 매너다.

- 운전자의 안전운행을 위해 너무 큰소리로 시끄럽게 대화하지 않는다.
- 장거리 운전 시 옆자리에 앉은 사람은 운전자의 안전 운행을 도와야 한다. 졸지 않으며 운전자의 피곤을 덜어줄 정도의 간단한 담소를 나누며 간다.
- 남녀가 택시에 동승하는 경우 남성이 차 문을 먼저 열고 탑승한 뒤 여성이 뒷자리 오른쪽에 탑승할 수 있도록 배려하는 것이 좋다. 이때 가운데 좌석에는 앉지 않도록 한다.
- 여성의 경우 스커트를 착용했을 시 몸을 문이 열리는 방향 쪽으로 바라본 채 상체 먼저 차 안으로 들어간 후 다리를 모아서 들어가고 하차 시엔 그 반대(다리–상체 순)로 한다.

3 대중교통

지하철매너 및 에티켓 10계명

하루 평균 대중교통 이용자는 1,000만 명이 넘고 그 중 지하철 이용객은 500만 명이 넘는다.(2018년 서울시 통계 기준) 배려만이 대중교통을 편리하게 이용할 수 있게 해준다.

1. 문이 닫히려고 할 때 무리하게 타지 않는다.
2. 노인, 임산부, 장애인 등 노약자에게 자리를 양보한다.
3. 선 하차, 후 탑승의 규칙을 지킨다.
4. 휴대전화는 진동으로, 통화할 땐 작은 소리로 한다.
5. 음악 및 영상은 볼륨을 줄이고 이어폰으로 감상한다.
6. 젖은 우산이나 젖은 옷이 다른 승객에 닿지 않게 한다.
7. 혼잡 시 백팩은 앞으로 메거나 다리 밑에 놓는다.
8. 부정승차하지 않는다.(적발 시 30배 요금 부과)
9. 냄새가 나는 음식은 지하철을 내린 후 먹는다.
10. 다리는 모으고 신문은 접어서 본다.

'뉴욕 지하철 6호선의 기적'

미국 뉴욕 지하철 6호선에서 일어난 일입니다.
한 흑인 여성이 여러 다발의 장미를 들고 사람들에게 팔고 있었습니다.
그런데 그 여성 앞으로 양복을 말쑥하게 차려입은 한 남성이 나타납니다.
그리고는 장미가 얼마인지 묻습니다.
한 송이에 1달러지만, 15송이를 14달러에 주겠다고 말합니다.
그런데 이 남성은 갑자기 140달러를 줄 테니 이 꽃 전부를 팔라고 이야기합니다.
그 말에 여성은 당황하고 답을 하지 못하는데, 남성은 처음 말했던 돈보다 더 많은 150달러를 내밀었습니다.
그리고는 한 가지 약속을 해달라고 합니다.
이것들을 팔지 말고 이 전철의 사람들에게 나눠달라고요.
재차 약속해달라는 남자의 말에, 꽃을 팔던 여성은 눈물을 참지 못하고 그렇게 하겠다고 말합니다.
그리고 남성은 그냥 전철에서 내렸습니다.
어떤 말을 해야 할지 몰랐던 이 여성은 울먹이며 사람들에게 소리칩니다.
"이 꽃을 원하시는 분들이 계시면 그냥 드릴게요."
여전히 울먹이는 그녀를 주변 사람들이 응원해 줍니다. 그녀는 다시 한 번 크게 외칩니다.
"공짜 장미예요!"
사람들은 그녀에게 박수를 쳐주며 응원해줬습니다.
하루 몇 송이를 팔기도 쉽지 않았을텐데, 이를 다 나눠줄 수 있다니 그녀는 얼마나 기뻤을까요. 그리고 이 꽃을 받는 사람들도 얼마나 행복했을까요?
한 남자가 건넨 150달러는 그 사람들뿐만 아니라 정말 많은 사람들을 행복하게 하고 있습니다. 지난 2013년 6월 유튜브에 올라온 이 영상은 3년이 지난 지금 863만 조회수를 기록하며 아직도 사람들에게 퍼져 나가고 있는 겁니다.
곳곳에서 힘들게 삶을 살아가고 있는 사람들을 만납니다. 한 번쯤은 우리도, 누군가에게 작은 기적을 선물할 수 있었으면 좋겠습니다.

- sbs뉴스 2016.07.01

버스매너 및 에티켓 10계명

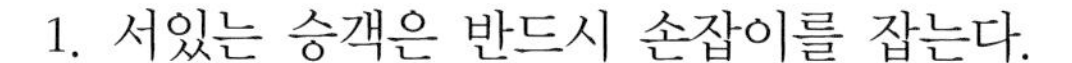

1. 서있는 승객은 반드시 손잡이를 잡는다.
2. 임산부, 어린아이 동반자, 노약자에게 자리를 양보한다.
3. 휴대전화는 진동으로, 통화할 땐 작은 소리로 한다.
4. 음악 및 영상은 볼륨을 줄이고 이어폰으로 감상 한다.
5. 버스를 기다릴 때 도로로 내려오지 않는다.

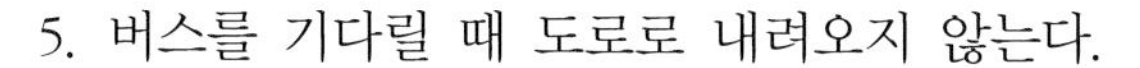

6. 발을 밟거나 신체적 접촉이 있을 시 바로 사과한다.
7. 기사의 허가 없이는 앞문승차, 뒷문하차를 원칙으로 한다.
8. 현금으로 이용 시엔 미리 잔돈을 준비한다.
9. 애완동물 동반 시 별도의 이동 가방을 이용한다.
10. 내용물이 새거나 흐를 수 있는 음식물은 가지고 타지 않는다.

(운전자는 승객의 안전을 위해하거나 피해를 줄 것으로 판단하는 경우 음식물이 담긴 일회용 포장 컵, 또는 그 밖의 불결, 악취물품 등의 운송을 거부할 수 있다는 조례가 서울시에서 2018년 1월 4일 신설되었다.)

4 자전거

오드리 햅번이 사랑한 자전거

세기의 미녀라 불리는 오드리 햅번.
오드리 햅번 하면 떠오르는 것이 무엇일까?
짧게 자른 뱅 스타일의 앞머리? 하얀 치아를 보이며 웃는 환한 미소? 봉사의 여신?
여러 가지가 있겠지만 그녀를 떠올리면 생각나는 또 한 가지가 바로 자전거이다.
'사브리나', '티파니에서의 아침을', 그리고 '마이페어레이디' 등 오드리 햅번이 출연한 영화에는 유독 자전거를 탄 장면이 많이 나온다.
그녀는 평소에 자전거 타는 것을 좋아해서 하루에 30분씩은 꼭 자전거를 탔다고 한다.
촬영장에서도 그녀가 요구한 것은 편히 쉴 수 있는 분장실과 자전거 한 대.
자전거의 어떤 매력이 오드리 햅번을 사로잡았던 것일까?

우리나라는 4대강 사업 이후 한강을 따라 경치를 보며 달릴 수 있는 자전거 전용도로가 생기면서 점점 더 많은 동호회가 생기고 스포츠레저 목적으로 자전거를 이용하는 사람들이 많아졌다. 그런가 하면 막히는 도로를 피해 출퇴근용으로 이용하는 사람들도 또한 꾸준히 늘어가고 있는 추세다.

그러나 아직까지는 몇몇의 전용도로를 제외하고는 차도에서 다니거나 인도에서 보행자와 함께 다니는 자전거보행자겸용도로가 대다수이므로 이용자로서의 특별한 주의와 배려가 필요하다.

- 보행자를 우선으로 보호한다.
  비교적 작은 이동수단이지만 보행자에게는 충분히 위협적인 교통수단이 될 수 있다.
- 교통 신호등을 지킨다.
  자전거는 운행 시엔 차와 같은 교통수단이기 때문에 무단횡단 등의 위반을 하지 않는다.
- 도로 역주행을 삼간다.
  앞에 오는 차량을 마주 볼 수 있다는 점에서 더 안전하다고 생각하지만 오히려 사고 위험도가 높다.
- 헬멧, 장갑 등의 안전장비를 착용한다.
  특히 야간에는 어두운 시야 확보를 위해 라이트와 안전등을 반드시 켠다.
  이때 라이트는 반대방향 이용자의 눈부심 방지를 위해 아래로 한다.
  또한 야광 액세서리나 복장을 착용하는 것도 사고 방지를 위한 방법 중에 하나다.
- 백미러를 자주 보고 수신호를 잘 활용한다.
  안전을 위해 뒤에 오는 차량이나 보행자에게 가고자 하는 좌우방향을 알려주거나 먼저가라는 표시를 하는 수신호를 활용하는 것이 안전에 도움을 줄 수 있다.
- 지나친 대열주행을 삼간다.
  자전거도로에서의 지나친 단체주행은 다른 사람들에게 위협과 불편을 초래한다.

- 지하철이나 버스 등을 이용할 때는 다른 사람에게 피해가 가지 않도록 조심한다.
  자전거 전용 칸이 있는 지하철을 이용하거나 접이식 자전거를 이용하도록 하고 가능한 출퇴근 시간은 피해주는 것이 좋다.
- 좁은 골목에서는 주변상황을 특별히 경계한다.
  멈춰있는 자동차라도 갑자기 문을 열고 나오는 운전자나 동승자가 있을 수 있다. 이때 충돌사고가 날 수 있다.
- 뒤따라오는 자전거나 보행자를 위해 급정차를 하지 않는다.
- 횡단보도를 건널 때는 반드시 자전거에서 내린 후 걸어서 건넌다.

자전거는 레저용이든 출퇴근용이든 손쉽게 이용할 수 있는 편리한 수단이지만 자동차에게도 사람에게도 안전사고에 노출되어 있는 위험할 수밖에 없는 수단이기도 하다. 안전하고 즐거운 자전거 문화를 위해 자칫 가볍게 여겨질 기본적인 매너와 에티켓은 꼭! 지키도록 하자.

전동킥보드 안전하게 즐기기

요즘 전동 휠, 전동킥보드 등과 같은 퍼스널 모빌리티(personal mobility)가 이동수단 및 레저용품으로 인기를 끌고 있다. 하지만 교통법규를 지키지 않은 채 달리거나 갑작스러운 출몰로 일어나는 사고가 적지 않게 있어 전동킥보드는 '킥라니(킥보드 + 고라니)'라는 별명이 붙여지기도 했다.
그렇다면 편리한 이동수단인 퍼스널 모빌리티를 사고 없이 안전하게 즐기려면 어떻게 해야 할까?

첫째, 안전보호구 착용은 필수
둘째, 면허증 소지자만 운전하기(원동기 면허증 이상, 만 16세 미만은 이용 불가)
셋째, 차도 제일 끝 차선 이용하기(도로나 자전거 이용도로는 불가 - 일부 허가지역은 가능)
넷째, 과속은 금지, 제한속도 시속25km 이하로 주행하기
다섯째, 반드시 1인 탑승할 것

첫째도 안전, 둘째도 안전! 꼼꼼히 살피는 운전매너로 안전하게 즐기자 !!

에스컬레이터 · 엘리베이터

에스컬레이터

우리나라는 월드컵유치 결정 후 성숙한 시민의식을 보이고자 에스컬레이터 이용 시 한 줄 서기 운동을 대대적으로 벌였었다. 이후 서서 갈 사람은 오른쪽, 빨리 걸어서 이용할 사람은 왼쪽에서 이동하는 것이 불문율처럼 자리 잡았지만 최근에 다시 한국, 일본, 영국, 중국 등은 안전성의 문제로 한 줄 서기에서 다시 두 줄 서기 운동을 하고 있다. 그러나 한 줄 서기가 이미 오랜 세월동안 자리 잡은 문화인지라 시민들에게 좋은 반응을 얻지 못했다.

다른 이용객들에게 불편을 주지 않도록 걷거나 뛰지 않으며 이용 시에 사고 예방을 위해 손잡이를 잡고 모두의 편의를 위해 두 줄 서기를 하는 것이 좋다.

또한 공항이나 마트에서 볼 수 있는 무빙워크에서도 움직이지 않고 정지한 상태에서 이용하고 걷거나 뛰어야 할 경우 무빙워크 옆 복도를 이용하도록 한다. 특히 마트의 경우 아이들의 사고가 적지 않게 일어나고 있으니 특별히 주의가 필요하다.

엘리베이터

손윗사람(직장 상사, 웃어른)과 방문객(거래처 사람), 여성이 먼저 타고 내린다. 먼저 탄 사람은 뒤에 타는 사람을 위해 뒤쪽 양옆 가장자리로 이동하고 뒤쪽 중앙–앞쪽 가장자리–중앙 순으로 탄다.

이용객이 많을 경우 먼저 탄 사람이 열림 버튼을 누른 채 기다려준다.

버튼 쪽에 서있는 사람은 안쪽에 있는 사람들을 위해 목적지 층을 물어보고 대신 눌러준다.

짐이 많을 경우 화물칸을 이용하거나 양해를 구하고 이용객의 불편이 없도록 최대한 몸 쪽으로 붙인다.

문이 닫히려고 할 때 무리하게 타지 않으며 아직 오지 않은 일행을 위해 버튼을 누른 채 장시간 기다리지 않는다.

6 보행

버스나 지하철, 택시, 자전거와 같은 편리한 이동교통수단이 있다면 무엇보다 가장 많이 이용하는 이동수단은 다름 아닌 사람의 발이라 할 수 있다. 보행 시에도 다른 교통수단이용만큼이나 지켜야 할 매너가 있다.

- 스마트폰을 보면서 걷지 않는다.
  보행 중 부주의한 스마트폰 사용은 교통사고의 주범이 될 수 있다. 2016년 9월 한국교통안전공단에서 1916명을 대상으로 실시한 스마트폰 사용 실태조사 결과에 따르면 조사 대상의 95.7%가 보행 중 스마트폰을 1회 이상 사용하고 있고 5명 중 1명 이상은 보행 중 스마트폰을 사용하다가 사고가 날 뻔한 경험이 있는 것으로 나타났다(실제로 사고가 난 경우 6.8%).
  스마트폰 사용 시 일어난 사고 중 자전거 오토바이 자동차와 충돌하는 경우는 총 39.5%에 이른다. 보행 중 스마트폰 사용 부주의로 일어난 사고는 심각한 수준의 사고로 이어질 수 있으므로 주의, 또 주의해야 한다.
- 자전거 전용도로표시가 있는 도로로 걸어 다니지 않는다.

- 다수의 일행이 통로를 막고 한 줄로 무리지어 걷지 않는다.
- 버스나 택시를 기다릴 때는 차로 쪽으로 들어가거나 내려가서 기다리지 않는다.
- 공공장소에서 특히, 보행 시 담배를 피우지 않는다.
  현재 우리나라는 버스정류장 반경 10M 이내 금연구역으로 지정된 곳들이 있다.
  서울의 경우 금연구역이 버스정류장과 어린이집 주변, 도시공원 등으로 점점 확대되는 추세다.

길빵은 무서워~~

금연구역이 늘고 단속도 강화됐지만 하루아침에 담배를 끊을 수 없는 흡연자들이 규제를 피해 길거리와 아파트 등 곳곳에서 담배연기를 뿜는 탓에 비흡연자들의 간접흡연 피해는 여전한 실정이다.
소위 '길빵'이라 불리는 길거리 흡연이 간접흡연의 대표적 피해사례다. 앞에서 길을 걸으며 담배를 피우면 아이 · 임산부 가릴 것 없이 뒤따르는 사람들 모두에게 연기가 갈 뿐 아니라, 쉽게 피할 수도 없는 탓에 비흡연자들이 고통을 호소하고 있다.

#1.

임신 8개월째인 임산부 조모씨(30)는 최근 출근하던 길에 봉변을 당했다. 지하철역으로 가는 좁은 길목에서 앞에서 가던 남자가 담배를 꺼내 불을 붙인 것이다. 조씨는 "뱃속 아기한테 안 좋을까봐 약도 안 먹으며 조심하는데 느닷없이 담배냄새를 맡으니 기분이 확 상했다"고 말했다.
또한 주부 유모씨(35)는 "임신 초기부터 출산할 때까지 길거리를 다닐 때마다 흡연자가 뿜는 담배연기 때문에 노이로제가 걸릴 지경이었다. 결국 마스크를 쓰고 다녔다"며 "아이를 데리고 다니는 지금도 걱정하는 건 마찬가지"라고 말했다.

#2.
직장인 김 모씨(35)도 "상쾌한 공기를 마시면서 산책하다가 길빵을 당하면 앞에 가는 사람의 뒤통수를 때리고 싶을 정도로 짜증이 확 난다"고 말했다.

#3.
2014년 대구에서는 길거리 간접흡연으로 인한 폭행사건까지 발생했다. 김모씨(40)는 한 커피숍 앞에서 서 모씨(41)가 뿜은 담배연기가 자신에게 온다며 얼굴을 때리고 머리채를 잡아 흔들다 경찰에 불구속 입건됐다.

길거리 흡연 외에도 아파트 창문 밖에서 담배를 피워 위층이나 아래층으로 담배연기가 올라가거나, 복도에서 담배를 피워 연기가 다른 집에 들어가는 등 간접흡연 피해사례도 잇따르고 있다.

- 머니투데이 2016.03.26 재정리

생각해 보기

1. 대중교통 이용 시 미처 행동하지 못했던 에티켓과 매너는 무엇인가?
2. 교통매너 중에서 새롭게 알게 된 사실은 어떤 것이 있는가?
3. 올바른 교통문화정착을 위해 새롭게 보완되어야 할 항목은 어떤 것들이 있는가?

Chapter

음주매너

우리나라는 예로부터 흥이 많은 나라로 음주가무문화가 발달한 나라다.

친구와의 생일파티를 할 때도, 시험이 끝났을 때도, 종강을 했을 때도, 신입생 환영회 및 졸업식에서도 술자리를 갖고 직장에서는 승진, 이직, 프로젝트 수주 등 여러 가지 이유로 회식자리에서 술과 함께한다.

학교에서도 직장에서도, 친목모임 같은 각종 모임에서도 우리나라는 술과 함께하는 사회라고 해도 과언이 아니다.

기분이 좋으면 좋아서 한잔, 슬프면 슬퍼서 한잔, 화가 나면 화가 난다고 한잔 하는 것이 바로 우리나라의 술 문화다.

그런 만큼 술로 인해 크고 작은 웃지 못할 사고가 일어나기도 하고 크게는 일행과의 폭행사고로 이어지기도 한다.

잘 마시면 흥을 돋우는 술이지만 지나치면 화가 되는 술. 지금부터 화가 아닌 득이 되는 올바른 음주매너를 알아보도록 하자.

1 술따르기

- 연장자, 또는 직위 순으로 따른다.
- 윗사람에게 따를 경우 "먼저 올리겠습니다."라는 말을 건넨 후 따른다. 술병의 목 부분, 또는 가운데 부분을 오른손으로 잡고 왼손으로는 술병, 또는 오른 손목 부분을 받치고 따른다.
- 자신이 마신 술잔으로 권할 경우 술잔을 티슈로 닦은 후 따른다.
- 직위가 낮아도 연장자의 경우 두 손으로 따르는 것이 매너다.
- 무리하게 권하지 않고 먼저 음주가능의사를 물어본 후에 따른다.

2 술받기

- 윗사람에게 받을 때는 반드시 두 손으로 받는다.
- 비슷한 연령대나 아랫사람도 초면이거나 공적인 업무로 만났을 경우는 두 손으로 받거나 한 손은 잔을 잡고 다른 한 손은 가슴 부분에 대고 존중의 표현을 하는 것이 좋다.
- 윗사람에게 받은 술은 고개와 몸을 돌린 후에 마신다.
- 첫잔은 마시지 않더라도 상대에 대한 예의로 받는 것이 좋다.

기타

- 흥이 무르익은 분위기에서 먼저 일어나게 될 경우 조용히 나온다.
  상황에 따라 다음날이나 술자리가 끝날 무렵 안부 문자를 남기는 것도 좋다.
- 자신의 주량이나 컨디션을 알고 마신다.
  심한 주사를 부리게 되는 경우 분위기를 망치거나 주변사람에게 불편을 줄 수 있다.
- 분위기에 취해 너무 큰소리로 이야기하지 않는다.
- 술기운으로 일행이나 다른 사람의 험담, 또는 불평불만 등을 이야기하지 않는다.

생각해 보기

1. 친구, 직장동료와의 술자리에서 놓치기 쉬운 음주매너는 무엇일까?
2. 술 따를 때와 술 받을 때의 매너 중 자신이 가장 중요하다 생각하는 부분은 무엇인가?
3. 내가 알고 있는 가장 인상깊은 건배사는? 나만의 건배사를 만들어본다면?

참 고 문 헌

공감생활예절, 성균예절차문화연구소, 시간여행, 2015
국제매너와 에티켓, 박오성, 현학사, 2015
글로벌 매너 5W1H, 김지아 외, 지식인, 2015
글로벌 에티켓과 매너, 조영대, 백산출판사, 2011
글로벌파워매너, 서대원, 중앙북스, 2010
따라하고 싶은 테이블매너, 오재복 외, 백산출판사, 2017
몸짓언어완벽가이드, 캐럴 킨제이 고먼, 날다, 2011
매너와 에티켓, 하진영 오선영, 파워북, 2014
매력의 조건, 잇시키 유미코, 21세기북스, 2016
비즈니스 매너에 날개를 달자, 강희선, 영진미디어, 2009
사진으로 보고 배우는 중국문화, 김상균 외, 동양북스, 2015
성공하는 직장인의 7가지 대화법, 정경진, 크레듀하우, 2008
새로운 일본의 이해, 공의식, 다락원, 2002
신데렐라 성공법칙, 캐리 브루서드, 김영사, 2006
와인&커피 용어해설, 허용덕, 백산출판사, 2009
알고 떠나는 해외여행, 이가아, 김영사, 2004
에티켓을 먹고 매너를 입어라, 손일락, 웅진 리빙하우스, 2009
인도바로보기, 고홍근 외, 네모북스, 2006
자기 가치를 높이는 럭셔리매너, 신성대, 동문선, 2016
중국, 중국인 그리고 중국문화, 공상철, 다락원, 2011
청소년을 위한 사회학 에세이, 구정화, 해냄, 2011
통하려면 똑똑하게 대화하라. 도리스 메르틴, 비즈니스북스, 2008
펼치는 매너 보이는 매너, 허윤정 외, 현학사, 2016
프레즌스, 에이미커디, 알에이치코리아, 2016

〈사이트〉
https://www.airport.kr
https://www.expedia.co.kr
http://www.kotra.or.kr
https://www.0404.go.kr/dev/main.mofa

저자소개

김은정

전) 공중파 리포터 및 케이블TV MC, 구성작가
현) 숭실대학교 초빙교수, 에스파워커뮤니케이션 대표
동부그룹 전체 신입사원 대상 입문과정(비즈니스매너) 5년간 진행,
다수의 기업과 교육공무원을 대상으로 매너특강 및 워크숍을 진행하고
삼성, LG 등 대기업과 중소기업을 비롯해 공기업에서 스피치,
커뮤니케이션 분야의 강의와 코칭을 해오고 있다.

E-mail : spowercom@naver.com

문시정

(주)더 핀트 대표
연성대학교 항공서비스과 외래교수
단국대학교 경영대학원 서비스경영 전공(석사수료)
삼성, LG 등 대기업과 가천대, 서강대, 이화여대 등 다수의 대학에서 러브콜을 받으며
서비스경영, 스피치, 커뮤니케이션 등의 분야에서 강의 및 컨설팅을 해오고 있다.

E-mail : thepint@naver.com

All that Manner(올 댓 매너)

2017년 3월 10일 초 판 1쇄 발행
2021년 8월 20일 개정3판 2쇄 발행

지은이 김은정·문시정
펴낸이 진욱상
펴낸곳 백산출판사
교 정 박시내
본문디자인 오행복
표지디자인 오정은

저자와의 합의하에 인지첩부 생략

등 록 1974년 1월 9일 제406-1974-000001호
주 소 경기도 파주시 회동길 370(백산빌딩 3층)
전 화 02-914-1621(代)
팩 스 031-955-9911
이메일 edit@ibaeksan.kr
홈페이지 www.ibaeksan.kr

ISBN 979-11-5763-224-4 93980
값 22,000원

• 파본은 구입하신 서점에서 교환해 드립니다.
• 저작권법에 의해 보호를 받는 저작물이므로 무단전재와 복제를 금합니다.
이를 위반시 5년 이하의 징역 또는 5천만원 이하의 벌금에 처하거나 이를 병과할 수 있습니다.